Holzbau für Gewerbe, Industrie, Verwaltung
Grundlagen und Projekte

Wolfgang Ruske

HOLZBAU
für Gewerbe, Industrie, Verwaltung

Grundlagen und Projekte

Birkhäuser – Verlag für Architektur
Basel · Boston · Berlin

Architektenverzeichnis Kapitel «Grundlagen»
Amann, Weilheim   40, 42
Derix, Niederkrüchten   14 (rechts), 28
Rolf Disch, Freiburg   16
Fischer + Friedrich Ingenieure, Stuttgart   18
Planungsgruppe Gerstering, Bremen   8, 10 (oben)
Grabow + Hofmann, Nürnberg   41
Reinhold Hellinger, Graz   43
Günter Herrmann Architekten, Stuttgart   18
Prof. Thomas Herzog + Partner, München   10 (unten)
Huf Haus, Hartenfels   12
Werner Hülsmeier, Osnabrück   17
Krebs + Kiefer, Darmstadt   14 (links)
Kresing Architekten, Münster   36, 37
Prof. Georg Küttinger, München   13, 30, 32, 33
Lamm-Weber-Donath, Stuttgart   11
L. M. Lang, Wien   26
Klaus-Dieter Luckmann, Coesfeld   24 (links)
Gerhard Meickl, Vettelschoß   24 (rechts)
Merk, Aichach   34
Merz + Kaufmann, Dornbirn   18
Natterer und Dittrich Planungsgesellschaft, München   26
Prof. Frei Otto, Warmbronn   8, 10 (oben)
Paul Reichartz, Korschenbroich   25 (oben)
Rhode, Kellermann, Wawrowsky + Partner, Düsseldorf   14 l.
Sailer + Stepan, München   10 (unten)
Siat Bauplanung, München   34
Dr. Speich + Dr. Hinkes, Hannover   8, 10 (oben)
Ing.-Büro Stapf + Partner, Stuttgart   11
Martin Wetzel, St. Georgen   25 (unten)

Bibliografische Information Der Deutschen Bibliothek.
Die Deutsche Bibliothek verzeichnet diese Publikation in der Deutschen Nationalbibliografie; detaillierte bibliografische Daten sind im Internet über http://dnb.ddb.de abrufbar.

Dieses Werk ist urheberrechtlich geschützt. Die dadurch begründeten Rechte, insbesondere die der Übersetzung, des Nachdrucks, des Vortrags, der Entnahme von Abbildungen und Tabellen, der Funksendung, der Mikroverfilmung oder der Vervielfältigung auf anderen Wegen und der Speicherung in Datenverarbeitungsanlagen, bleiben, auch bei nur auszugsweiser Verwertung, vorbehalten. Eine Vervielfältigung dieses Werkes oder von Teilen dieses Werkes ist auch im Einzelfall nur in den Grenzen der gesetzlichen Bestimmungen des Urheberrechtsgesetzes in der jeweils geltenden Fassung zulässig. Sie ist grundsätzlich vergütungspflichtig. Zuwiderhandlungen unterliegen den Strafbestimmungen des Urheberrechts.

Dieses Buch ist auch in englischer Sprach erschienen (ISBN 3-7643-7008-4).

© 2004 Birkhäuser – Verlag für Architektur,
Postfach 133, CH-4010 Basel, Schweiz
Ein Unternehmen von Springer Science + Business Media

Layout/Grafik: Continue, Basel

Gedruckt auf säurefreiem Papier, hergestellt aus chlorfrei gebleichtem Zellstoff. TCF ∞

Printed in Italy

ISBN 3-7643-7050-5

9 8 7 6 5 4 3 2 1

www.birkhauser.ch

INHALT

VORWORT 7

GRUNDLAGEN

CORPORATE DESIGN
Bauen mit Holz für Industrie
und Gewerbe 8

HÜLLE
Raumabschließende Holzbausysteme 18

HAUBE
Hölzerne Dachtragwerke 26

GESICHT
Fassadenkonstruktionen aus Holz 34

FEUER!
Brandschutz im Holzbau 40

PROJEKTE

Dienstleistung und Mischnutzung

AUSSICHTSPUNKT
Autobahnraststätte Baie de Somme/
Frankreich 46

FILTERFUNKTION
Nudelfabrik mit Restaurant in Fukushima/
Japan 52

KANZLEI
Rechtsanwaltsbüro in San Francisco/
USA 54

BAUMSTUMPF
Forst-Öko-Zentrum in Scottsdale,
Tasmanien/Australien 56

HANDWERK
Weiterbildungszentrum in Ober-Ramstadt/
Deutschland 62

WALDKULTUR
Forest Club in Nagano/Japan 66

WESTWÄRTS
Cityclub in Tokio/Japan 68

EQUIPMENT
Outdoor-Warenhaus in Seattle/USA 72

ERLEBNISWELT
Kundenzentrum eines Hausherstellers in
Rheinau/Deutschland 76

NUOVA FIERA
Messehallen in Rimini/Italien 82

RAUTENWERK
Messehallen in Friedrichshafen/
Deutschland 90

Produktion und Handwerk

BACKHAUS
Großbäckerei in Essen/Deutschland 98

DUFTKASTEN
Pharmaproduzent in Essen/
Deutschland 106

PRESSE
Olivenpresse und Weinkellerei bei
St. Helena/USA 112

ORGANIK
Weinkellerei in Mezözombor/Ungarn 114

WERKHAUS
Zentrum für Bauhandwerker und Wohneinrichter in Raubling/Deutschland 118

SCHAUKASTEN
Fahnenmastfabrik in Arnsberg/
Deutschland 122

NULLEMISSIONSFABRIK
Solaranlagenhersteller in Braunschweig/
Deutschland 128

LEUCHTRÖHRE
Leuchtenhersteller in Rellingen/
Deutschland 138

Büro und Verwaltung

ARCHE
Bürogebäude in Erkheim/Deutschland 144

BRÜCKENBAU
Bürotrakt in Roggwil/Schweiz 154

MODULAR OFFICE
Aufzughersteller in Ebikon/Schweiz 158

LANDGENOSSENSCHAFT
Verwaltungsgebäude in
Stainach/Österreich 162

ANGEDOCKT
Stahlfederfabrik in Surrey/Kanada 166

ANHANG

Index 169

Literaturverzeichnis 171

Abbildungsverzeichnis 172

Unsere Arbeitswelt

Die Kultur des Menschen ist zutiefst mit der Arbeit, der Arbeitswelt verbunden. Sein Wunsch, an der Gesellschaft schaffend mitzugestalten und durch dieses Schaffen den Lebensunterhalt für seine Familie zu verdienen, ist fundamental. Bedrohliche Ängste der Arbeitnehmer stehen dem in unserer modernen Arbeitswelt entgegen: Angst vor Mobbing, Angst vor Arbeitslosigkeit. Wirtschaftliche Zwänge bedrängen den Unternehmer. Unsere Epoche ist eine Zeit des Umbruchs – Wertewandel, Wohlstand und neue Armut, Konsum und Freizeit, Industriestaat und Dritte Welt sind Landmarken globaler gesellschaftlicher Entwicklungen, die zu einem Umdenken und zu einer Umgestaltung der Arbeitswelt führen müssen.

Das Planen und Bauen für gewerbliche und industrielle Auftraggeber muss, meist mehr als bei anderen Bauaufgaben, hohen Anforderungen gerecht werden und besondere Problematiken berücksichtigen. Im Kontext Mensch – Arbeitswelt – Umwelt sind Betriebsgebäude in ein Netz vielschichtiger Beziehungen eingebunden.

Zwischenmenschliche Beziehungen bestehen zwischen Unternehmer, dessen Mitarbeitern und Lieferanten, Kunden, Finanziers, Aktionären, Behördenvertretern und der allgemeinen regionalen Öffentlichkeit. Das Ansehen des Unternehmens wird dabei nicht nur durch *public relations, human relations, internal relations, community relations, financial relations* und andere Beziehungsmuster geprägt, sondern sprichwörtlich auch durch das Ansehen, das heißt durch das Betrachten des äußeren Erscheinungsbildes des Unternehmens – des Gebäudebestands.

Corporate Design ist in unserer visuell geprägten Zeit ein entscheidender Faktor für die zukünftige Entwicklung von Unternehmen. So mag es nicht verwundern, dass dieser Faktor bei vielen der in diesem Buch vorgestellten Projekte ausschlaggebend für die Wahl des Baustoffs Holz war. Corporate Design mit Holz bedeutet aber auch die Einbeziehung aller drei Kontextfaktoren Mensch – Arbeitswelt – Umwelt, denn mit welchem Material ließe sich eine humane, ökologisch orientierte und dabei ökonomisch ausgerichtete Arbeitsumgebung besser realisieren? So bedeutet zukunftsorientierter Industrie- und Gewerbebau zwar nicht zwangsläufig Holzbau, aber auf jeden Fall humanes und ökologisches Bauen.

Wolfgang Ruske

CORPORATE DESIGN

Industrie und Gewerbe: Warum heute mit Holz bauen?

Nur ein geringer Prozentsatz der Industriearchitektur ist von Architekten geplant. So sind die Bauwerke in Gewerbegebieten weltweit nach Meinung des Hamburger Architekten Meinhard von Gerkan «ästhetischer Unrat»; sein Münchener Kollege Christoph Hackelsberger sprach gar von «grellfarbiger Notdurft». Wenn Unternehmer wie Klaus-Jürgen Maack (ERCO, Deutschland) das Gefühl bekommen, «immer nur unscharf wahrgenommen zu werden», wird das Unbehagen an der Beliebigkeit der eigenen Bauten groß genug, um einer Profilierung durch Corporate Design Raum zu schaffen. In einer Zeit, in der Produkte austauschbar sind, wird Selbstdarstellung einschließlich des architektonischen Erscheinungsbildes zu einem Mittel der Unternehmens-Kommunikation, deren Aufwand sich auch nach betriebswirtschaftlichen Gesichtspunkten rechtfertigen lässt. Besonders dann, wenn Corporate Design zu Corporate Identity führt, der Mensch sich also in seiner Arbeitswelt so wohl fühlt, dass er sich mit seinem Unternehmen zu identifizieren beginnt. Die Produktivität wird sich steigern, der Mitarbeiter wird zum Werber für die Firma. Das Bauen mit dem Alternativbaustoff Holz hat aus Gründen, die im Verlauf des Buches noch näher erläutern werden, mehr Chancen als andere Baustoffe, im richtigen Kontext wahrgenommen und angenommen zu werden. Dies bezieht sich auf alle, die mit dem Unternehmen kommunizieren.

Unternehmenskultur unter hölzernen Dächern
«Bauen ist Verantwortung vor der Zukunft. Ein Bau steht in der Landschaft und wirkt; er fordert seine Umgebung und die Menschen, die mit ihm umgehen.» Dies sagte kein Architekt, sondern ein Bauherr, ein Unternehmer, nämlich Fritz Hahne Vorsitzender des Verwaltungsrates des Büromöbelherstellers Wilkhahn in Bad Münder (Deutschland). Fritz Hahne, dessen Produktionshallen in Holzkonstruktion mit Architekturpreisen ausgezeichnet wurden, «macht es wahnsinnig viel Spaß, wenn die Leute sich wohl fühlen und der Betriebsrat sich hinstellt und stolz und froh sagt: Das sind wir!»

Wilkhahn gehört zu den wenigen mittelständischen Unternehmen, die für sich in Anspruch nehmen können, Corporate Identity bereits begriffen zu haben, als dieser Begriff hierzulande noch gar nicht existierte. Haltung und Handlungen und Führungsstil dieses Unternehmens werden – so Theodor Diener, Vorsitzender der Geschäftsführung – von zwei Faktoren bestimmt, und zwar erstens von der Design- und Produktqualität und zweitens von der sozialen Partnerschaft, beide unter dem Dach, das er Wahrhaftigkeit nennt. Die Vermittlung dieser Unternehmensphilosophie – oder besser: der Unternehmensidentität – nach innen und außen ist eine Voraussetzung für das, was man als Unternehmenskultur bezeichnet.

Ein sichtbarer Ausdruck der Wilkhahn'schen Unternehmenskultur ist die Architektur der Gebäude. Die enge Verbindung zu Architekten, Designern und anspruchsvollen Kunden führte schon früh dazu, dass man bei Wilkhahn auch an die eigenen Gebäude und Anlagen hohe Maßstäbe anlegte. «Wir sehen Industriebau auch als eine Gestaltungsaufgabe an und sind durchaus der Meinung, dass er kein Sonderrecht auf Hässlichkeit haben muss. Misst man allerdings das reale Bild heutiger Gewerbe- und Industriebauten an dieser Feststellung, so wird man von starken Zweifeln geplagt», sagt Theodor Diener.
«Liegt es daran, dass wir tendenziell Industrie und Gewerbe nur als ein notwendiges Übel ansehen, um die Bedürfnisse des Daseins zu befriedigen? Stellt man unter diesem Gesichtspunkt einmal die städtebauliche Entwicklung und die Architektur nichtgewerblicher Bauten den architektonischen Hüllen für Industrie und Gewerbe gegenüber, so scheint sich diese Geringschätzung – um nicht zu sagen Missachtung – insbesondere in der ästhetischen Qualität auszuprägen. Es stimmt nachdenklich», sagt Theodor Diener, «dass in einer Zeit, in der die Industrialisierung noch als gesellschaftlicher Fortschritt gefeiert wurde, diese Wertschätzung auch in der Ästhetik der Industriebauten zum Ausdruck kam. Noch in den 20er Jahren des letzten Jahrhunderts wurden sehr viel mehr dieser Gebäude der Bedeutung des Geschehens gerecht, das sich in ihren Mauern abspielte als heute. Auch das ist ein Aspekt der Unternehmenskultur!»

Wilkhahns Fertigungspavillons aus Holz sind kleinere, überschaubare Fertigungseinheiten, die der hoch qualifizierten Arbeit entsprechen: Polstern und Nähen müssen nicht zwangsläufig in riesigen Hallen erfolgen, wenngleich die meisten Fertigungsplaner eben das als angeblich immer noch rationellste Methode vorrechnen. Die Grundsatzentscheidung für überschaubare Arbeitsgruppen, die dem Arbeitsablauf entsprechen, wurde zu einem sehr frühen Zeitpunkt getroffen. Dabei waren nicht nur die Ablaufplaner, sondern auch der Betriebsrat, der als Vertretung aller Mitarbeiter den ganzen Bau begleitet hat, einbezogen. Es hat viele Diskussionen gegeben, wer wo arbeiten wird, wie orientiert, mit wem zusammen und wem gegenüber. Ebenso wurden Fragen der Arbeitsplatzausstattung, zum Beispiel einer Fußbodenheizung für die Näherinnen oder des Ausblicks nach draußen diskutiert. Das hätte nicht günstiger laufen können, wobei man natürlich berücksichtigen muss, dass es wirklich schwierig ist, dem einzelnen Mitarbeiter eine Art Hochrechnung, eine konkrete Vorstellung von einem noch nicht existierenden Arbeitsplatz abzuverlangen.

GRUNDLAGEN

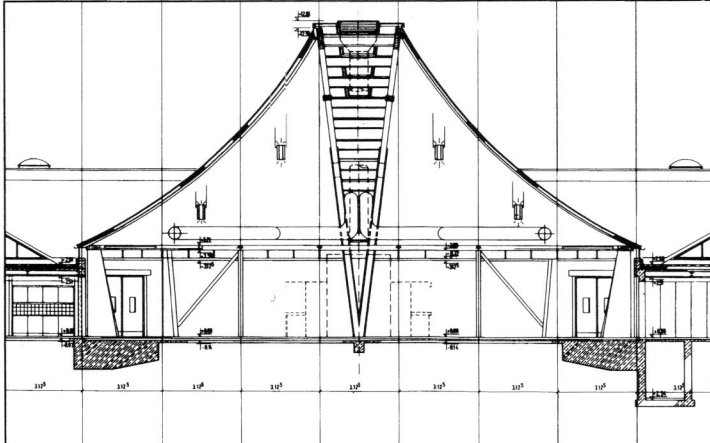

Wilkhahn-Pavillons

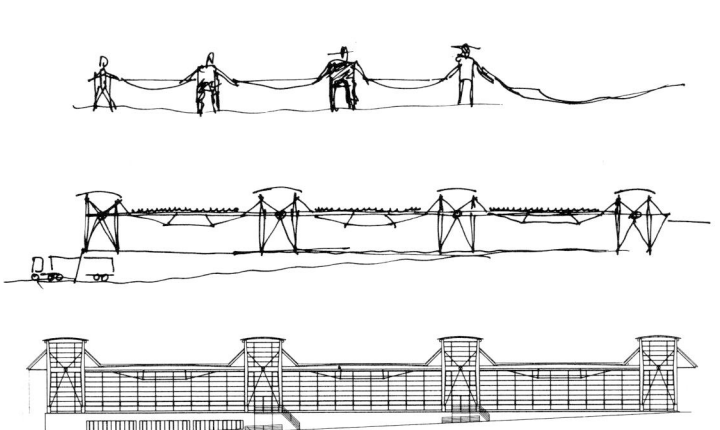

Entwurfsfindung: In einem zweiten Bauabschnitt 1992 wurden beim Büromöbelhersteller Wilkhahn in Bad Münder (Deutschland) neue Produktionshallen fertig gestellt.

Das Konzept der hölzernen Zelte ist ebenfalls ein Ausweis des Denkens und Handelns des Unternehmens Wilkhahn. «Es zeigt, dass wir uns bemühen, auch in unserer Arbeitswelt – wie bei unseren Produkten – ökonomische, ökologische, soziale und ästhetische Ansprüche auf einen Nenner zu bringen. Schon nach einem knappen Jahr erwies sich, dass Produktivität und Qualität gestiegen sind», zog der Unternehmer sein Fazit.

Die Porsche AG baute bereits 1985 ihr Casino- und Verwaltungsgebäude in einer sichtbar belassenen Holzkonstruktion mit der Begründung, es müsse «dem zukunftsorientierten Geist und der Dynamik des Hauses entsprechen».

Wenn Unternehmen, die Hightech-Produkte mit dynamischer Zukunftsperspektive wie ein Sportautomobil der Marke Porsche herstellen, mit Holz bauen, bleibt die Frage nach dem Image dieses traditionellen Baustoffs. Ein Wandel scheint hier vollzogen zu sein, ein Wandel vom Bild des improvisierten Billigbaus hin zum Hightech-Werkstoff mit ökologischem Mehrwert, der als Imagefaktor für das Unternehmen genutzt werden kann und genutzt wird. Hinzu kommen technische Vorzüge, die gerade für den gewerblichen Nutzer, auch und besonders in Nischenbranchen mit speziellen Anforderungen, interessant sein können.

Planungsvoraussetzungen

Bei der Planung von Industrie-, Gewerbe- und Verwaltungsgebäuden ist eine enge Zusammenarbeit von Bauherr, Baubehörden, Stadtplaner, Architekt, Fachingenieuren, Bauphysikern, Betriebsplanern, Unternehmensberatern, Bauunternehmen und Zulieferfirmen notwendig. Die Einbeziehung der Belegschaft in die Planungsstruktur schafft Vertrauen und eine Identifikation mit den neuen Betriebsgebäuden und -abläufen; Vorschläge der Mitarbeiter zu einem günstigen Raumklima und Arbeitsabläufen, die ihnen persönlichen Erfolg ermöglichen, lassen sich beizeiten integrieren. Nur so kann ein soziologisch-technisch-ökonomisches System wie es ein Industriebetrieb heute darstellt, funktionell und wirtschaftlich errichtet werden.

Ort und Anbindung

Eine Anbindung der Firmenbauten an die Infrastruktur und die vorhandene Bebauung sowie eine Einfügung in die Geländemodellierung sind stadtplanerische Möglichkeiten zur baulichen und sozialen Integration. Der Sitzmöbelhersteller Vitra in Süddeutschland hat beispielsweise durch einen Workshop mit der städtischen Bauverwaltung, regionalen und internationalen Architekten und Designern sowie Studenten Ideen für eine städteplanerische Gesamtgestaltung der Betriebsbauten und ihre Anbindung an die Stadt Weil am Rhein gesammelt. Der international tätige Holzwerkstoffkonzern Glunz baute für seine Verwaltung das Glunz Dorf in Hamm, eine Ansammlung von Holzskeletthäusern um das Communications Centrum im Mittelpunkt eines gestalteten Großbiotops.

Casino der Porsche AG in Stuttgart (Deutschland)

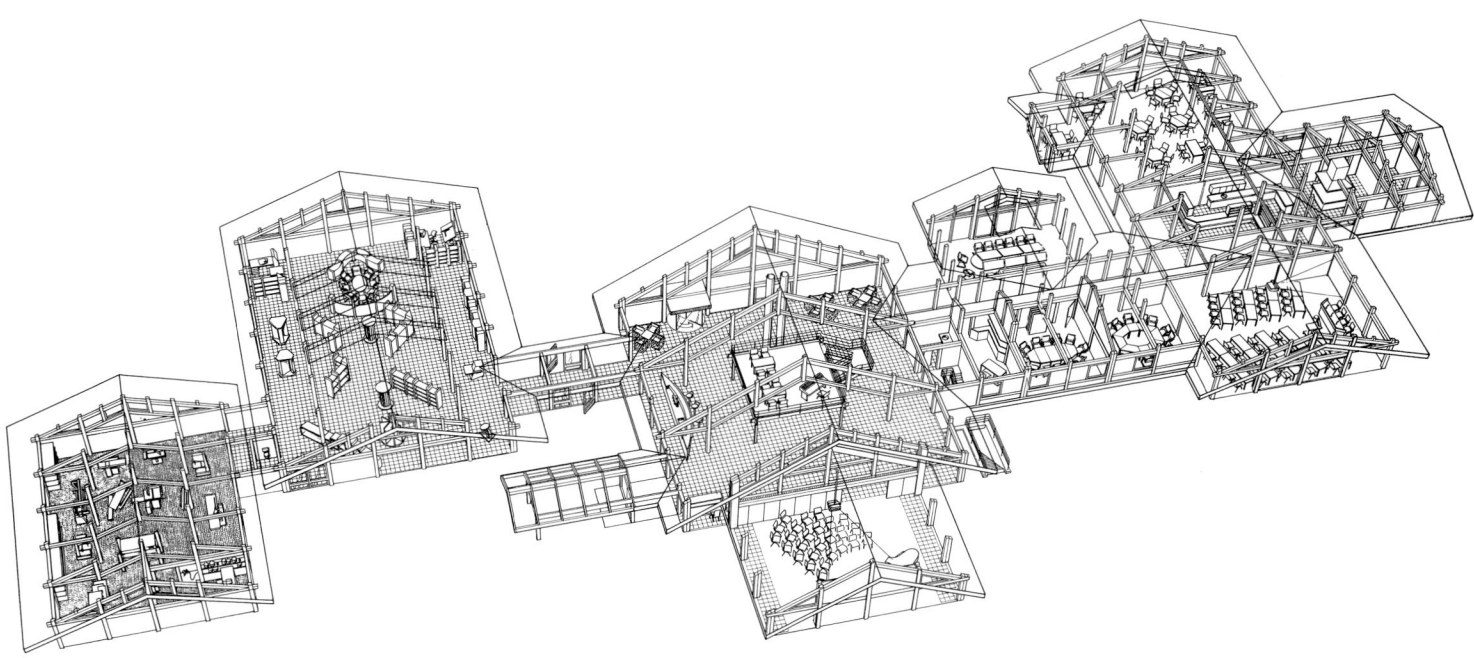

Das Communications Centrum des Holzwerkstoffkonzerns Glunz im Mittelpunkt des Glunz Dorfs in Hamm (Deutschland), eine Ansammlung von Holzskelettbauten um ein Großbiotop, 1990.

Nutzung

Die Funktion des Gebäudes, die sich aus der speziellen Nutzung, dem Einsatz von Betriebsmitteln und Fertigungsanlagen ergibt, muss primärer Ausgangspunkt für die Planung sein. Dabei lässt der Baustoff Holz aber durchaus Gestaltungsspielraum. Die Nutzung gibt auch schon Hinweise auf die Form des Bauwerks und das optimale Tragwerk, will der Unternehmer nicht eine dieser «Leergehäuse» (Prof. Dr. Degenhard Sommer, Technische Universität Wien) für beliebige Nutzungen benutzen. So ist es fast selbstverständlich, dass bei Schüttguthallen zum Beispiel ein Tragwerk kegelförmigen Querschnitts zum Einsatz kommt. Ein weiterer Aspekt für die Gestaltung des Bauwerks und die Konstruktion ist die Flexibilität des Systems. Umnutzung, Erweiterung und Demontage sollten technisch möglich und wirtschaftlich tragfähig sein.

Mensch – Gestaltung – Umwelt

Verantwortungsvolles, zukunftsfähiges Bauen orientiert sich am Prinzip der Nachhaltigkeit, der Veränderbarkeit, der Gesundheit für die Nutzer, an Energieeffizienz und Überschaubarkeit von Bauwerk, Technik und Abläufen. Die ganzheitliche Objektbetrachtung berücksichtigt also ökologische, soziale und ökonomische Aspekte. In Deutschland hat die Bundesregierung Leitlinien für nachhaltiges Bauen für Baumaßnahmen des Bundes verbindlich eingeführt, an deren Prämissen der Nachhaltigkeit wird sich der Industrie- und Gewerbebau in Zukunft auch orientieren (müssen). Hierzu gehören der Einsatz Energie sparender, umwelt- und gesundheitsverträglicher Baustoffe, die Vermeidung schwer trennbarer Verbundmaterialien, die Nutzung solarer Energiequellen für Heizung, Kühlung, Klimatisierung und ein kontrollierter Rückbau durch Recycling oder thermische Nutzung. Kriterien, die dem Holzbau förderlich sind.

Holzbau

Der Baustoff Holz erfüllt in hohem Maße alle Forderungen nachhaltigen Bauens und Wirtschaftens. Heute wächst in den meisten Wäldern der gemäßigten Zonen wesentlich mehr Holz nach, als genutzt wird, so dass genügend Werkstoffressourcen vorhanden sind. Der Baum verwendet zum Wachstum die Sonnenenergie, speichert dabei Kohlendioxid und gibt Sauerstoff an die Atmosphäre ab. Für Transport und Bearbeitung von Holz ist wenig Energie notwendig. Das haptische Material spricht die Sinne, die Psyche und den Verstand des Menschen an, wenn es sichtbar eingesetzt ist und somit in seiner Tragwirkung nachvollziehbar wird. Der Baustoff erfüllt aber auch wesentliche technische Voraussetzungen für wirtschaftliche Tragwerke großer Spannweiten.

Materialeigenschaften

Der anatomische Aufbau aus Fasern und Zellen sowie die chemische Zusammensetzung des Werkstoffs Holz bestimmen seine technischen Eigenschaften. Die Holzstruktur hat einen anisotropen Charakter, d.h. die Holzeigenschaften wirken richtungsabhängig. Längs zur Faser hält Holz hundert Mal höhere Zugkräfte und viermal höhere Druckkräfte aus als quer zur Faser. Ein Würfel von 4 cm Kantenlänge trägt 4 t – mehr als normaler Beton – und das bei einem geringen Eigengewicht des Holzes. Im zeitgemäßen Holzbau werden bevorzugt vergütete Holzwerkstoffe eingesetzt; mit ihnen lassen sich Spannweiten erreichen, die die Hundert-Meter-Marke längst überschritten haben.

CORPORATE DESIGN

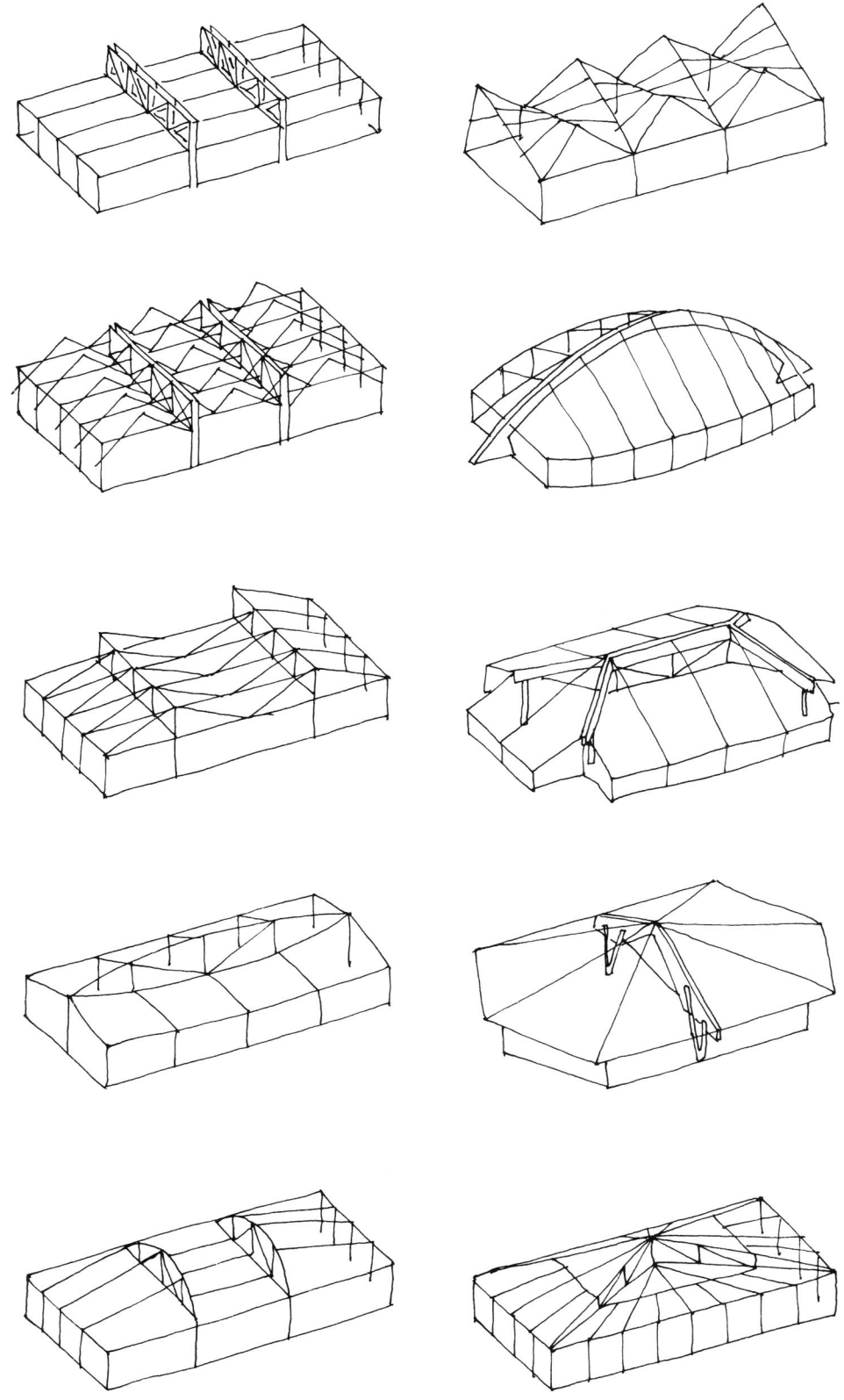

Die Baukörperfindung im Holzbau richtet sich nach dem Baugelände, den Erfordernissen der Nutzung und den Möglichkeiten natürlicher Belichtung.

Nordwest-Einkaufszentrum in Frankfurt/Main (Deutschland) 1985, Überdachung einer Fußgängerzone von 10 000 m² Fläche mit wellenförmig gebogenen Bindern aus Brettschichtholz und Glaseindeckung

Kohlemischhalle der Ruhrkohle AG in Bottrop (Deutschland), Bogenbinder aus Brettschichtholz mit 100 m Spannweite

Chemisch-aggressive Beanspruchung

Im Vergleich zu anderen Baustoffen besitzt Holz eine hohe Widerstandsfähigkeit gegen Säuren, Basen, Salze und andere Chemikalien. Beim Einsatz von Holzkonstruktionen in der chemischen Industrie, in Färbereien, Gerbereien, Galvanisierungsbetrieben, Akkumulatorenwerken, Salzlagerhallen, Kläranlagen, Deponie- und Recyclinggebäuden ist auf den Einsatz korrosionsbeständiger Verbindungsmittel zu achten.

Holzschutz

Holzzerstörende Pilze benötigen eine dauerhafte Holzfeuchte von mindestens 25 Prozent und holzzerstörende Insekten wie der gewöhnliche Nagekäfer und der Hausbock haben ihr Feuchtigkeitsoptimum zwischen 28 und 30 Prozent Holzfeuchte. Der beste Holzschutz ist also der Einbau trockenen Holzes und die Trockenhaltung der Konstruktion. Die Gefahr durch Insektenbefall wird ohnehin überschätzt. Bei dreiseitig freien (kontrollierbaren), unter Dach verbauten Holzbauteilen ist kein chemischer Holzschutz notwendig. Der konstruktive Holzschutz ist ein Bestandteil der Detailplanung und umfasst alle Maßnahmen zur Vermeidung dauerhafter Durchfeuchtung einschließlich Wasserdampfkondensation im Bauteilquerschnitt.

Erdbebensicherheit

In Anchorage (Alaska) wurde über einer Erdbebenspalte ein 20 m hohes Geschäftshaus errichtet. Aufgrund der Erdbebensicherheit wurde die Holzrahmenbauweise vom Bauamt vorgeschrieben. Überall auf der Erde gibt es durch Erdbeben gefährdete Gebiete. In solchen Gebieten können Holzkonstruktionen mit speziellen Wandscheiben, die die Lastableitung und Energiedissipation übernehmen, mit hoher Erdbebensicherheit errichtet werden.

Flexibilität

Der Holzbau hat eine lange Tradition in der Vorfertigung. So erfolgen die meisten Rohbau- und teilweise auch Ausbauarbeiten unabhängig von der Witterung in der Werkstatt bzw. in der Abbundhalle des Holzbauunternehmens. Der Einsatz von CNC-gesteuerten Abbundanlagen ist heute Standard; er ermöglicht die wirtschaftliche Fertigung individueller Bauteile und Konstruktionen mit höchster Präzision. Die Montage der Tragwerke geschieht meist in wenigen Tagen. Holzbauten bieten durch das flexible Bausystem Möglichkeiten zur problemlosen Erweiterung in der Bauebene und meist auch in der Höhe, zur Unterteilung in Produktionsabschnitte oder in Ebenen. Holzkonstruktionen können umgenutzt, verkleinert, demontiert und an anderer Stelle wieder errichtet, aber auch umweltbewusst recycelt, entsorgt oder thermisch verwertet werden. Der nachträgliche Einbau von Kranbahnen ist ebenso möglich wie von abgehängten Galerien oder anderen Installationen.

Unterhalt und Wartung

Die Lebensdauer von fachgerecht konzipierten Holzbauten ist praktisch unbegrenzt; werkstoffgerecht eingesetzt bedarf Holz im Innenbereich keiner Pflege. Anstriche und Beschichtungen an der Fassade müssen entsprechend der Bewitterung und dem gewählten Oberflächensystem in einem Rhythmus von mehreren Jahren oder Jahrzehnten nachbehandelt werden; unbehandelte Fassaden aus dauerhaften Hölzern ersparen die Anstricharbeiten. Reparaturen an der Konstruktion lassen sich bei Holzbauten ohne großen Aufwand durchführen, defekte Teile meist leicht austauschen.

CORPORATE DESIGN

In Anchorage (Alaska, USA) wurde über einer Erdbebenspalte ein 20 m hohes Geschäftshaus errichtet. Aufgrund der Erdbebensicherheit wurde die Holzrahmenbauweise vom Bauamt vorgeschrieben.

GRUNDLAGEN

Solarturm des Armaturenherstellers Hans Grohe in Offenburg (Deutschland) als Ausstellungsgebäude, Vorläufer des drehbaren Heliotrop-Bürohauses in Freiburg (Deutschland, 1994)

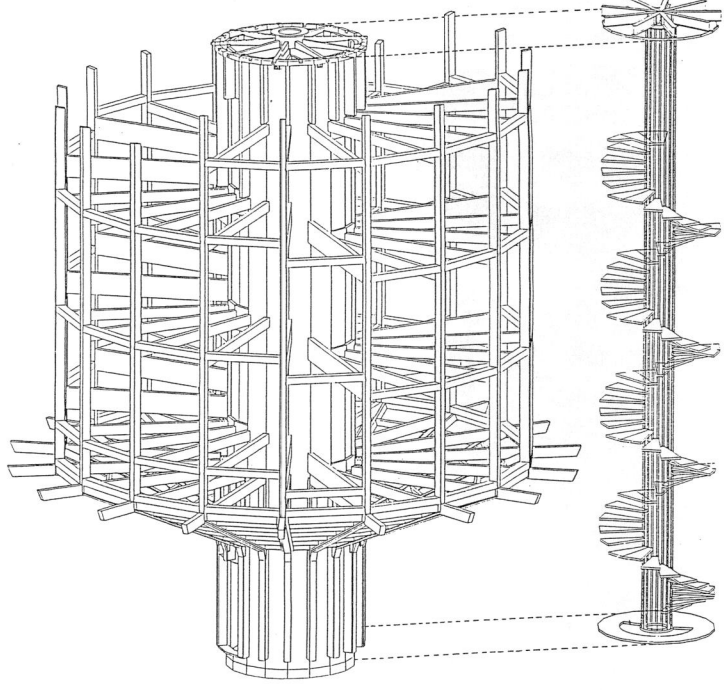

Solarturm, Isometrie der Holzskelettkonstruktion mit Treppenturm

Baukosten und Wirtschaftlichkeit

Die Wirtschaftlichkeit ist für den Unternehmer ein zentraler Ansatz im Industrie-, Verwaltungs- und Gewerbebau. Sie bemisst sich an den Baukosten, den Kosten für Gebäudeunterhalt und Gebäudebetrieb in Abhängigkeit der Nutzungsanforderungen. Ein billiges Leergehäuse für austauschbare Inhalte mag den vordergründig notwendigen Anforderungen genügen, wird aber dann teuer, wenn sich Produktionsstruktur, Logistik oder Raumbedarf ändern. Der Stellenwert der reinen Baukosten relativiert sich, wenn man bedenkt, dass sie in der langfristigen Gesamtbetriebskostenrechnung meist nur einen Bruchteil der Lohnkosten betragen und darüber hinaus zahlreiche Faktoren einschließen, die nicht oder nur bedingt messbar sind: Imagebildung (Corporate Design), humane Atmosphäre (Produktivität), volkswirtschaftliche Folgekosten (Umweltbelastung).

Holz ist ein leichter Baustoff mit hoher Tragfähigkeit, das reduziert die Gründungs-, Transport- und Montagekosten (auch in extremen Baulagen). Vorfertigung und kurze Bauzeiten reduzieren die Kosten für die Finanzierung. Bei erhöhter Wärmedämmung, wie sie in der Tragstruktur von Holzkonstruktionen leicht einbaubar ist, lassen sich die Betriebskosten für Heizung und Kühlung drastisch senken. Durch die relativ geringe Wanddicke einer Holzkonstruktion ergibt sich ein Zugewinn an Nutzraum von rund 10 Prozent (oder kleinere Baumaße). Wo gefordert, kann der Bauherr auch einen Großteil der Ausbauarbeiten in Eigenleistung durchführen lassen. Ein vorausschauender Unternehmer wird selbst den Rückbau und die schadstoffarme Entsorgung bereits bei der Planung im Auge behalten, weiß er doch, dass Umweltbewusstsein in Zukunft nicht nur immer teurer werden wird, sondern auch vom Unternehmer demonstriert werden muss.

Diskothek in Osnabrück (Deutschland), 1985

HÜLLE
Raumabschließende Holzbauweisen

Klassische Holzbauweisen

Blockbauweise

Die Blockbauweise als eines der ältesten Holzbausysteme hat eine bedeutende Bautradition. Diese Bauweise wurde nicht nur für Wohnhäuser angewendet, sondern auch für Türme, Kirchen, Brücken und andere Bauwerke bis zu fünf Stockwerken. Die traditionellen Eckverbindungen wie Überblattung, Verkämmung oder Schwalbenschwanz sind im Wesentlichen bis heute geblieben, nur werden sie durch den Einsatz präzise arbeitender Maschinen passgenauer ausgeführt. Darüber hinaus ermöglichen moderne Eckverbindungen den Anschluss von Wänden außerhalb des 90°-Winkels. Die Blockbalken oder Rundhölzer aus Nadelholzarten sind profiliert, zum Beispiel mit Nut und Feder. Zur Verbesserung des Stehvermögens der Blockbalken beziehungsweise des Setzverhaltens der Blockwand werden auch senkrecht verleimte Blockhölzer oder kreuzweise verleimte Kreuzbalken eingesetzt.

Man unterscheidet zwischen einer Vollblockwand und mehrschichtigen Wandaufbauten mit zusätzlicher Wärmedämmung. Nachteilig wirkt sich das hohe Setzmaß der Konstruktion bei Vollholzquerschnitten aus, so dass an den Öffnungsbereichen, an Fenstern, Türen, Stürzen und im Anschluss an Mauerwerk Gleitfugen notwendig werden. Das Setzmaß ist bedingt durch das Schwinden der Hölzer nach der Austrocknung und richtet sich nach der Einbaufeuchte, die im Mittel 20 Prozent nicht überschreiten sollte. Moderne Holzbauelemente wie Brettschichtholz besitzen eine Holzfeuchte von 15 +/- 3 Prozent oder weniger, so dass bei deren Einsatz die Schwind-Problematik weniger relevant wird. Die verdeckte Installationsführung ist im Blockbau problematisch. Vorteilhaft ist dagegen die große Holzmasse mit ihren wohnhygienischen Vorteilen für das Raumklima und die Pluspunkte für die Umwelt. Die Nachteile des Blockbaus – hohes Setzmaß, Dimensionsänderungen, Installationsführung – lassen sich in der Ausführung durch die Anwendung der hierarchischen Entkopplung (s. «Prinzip Oekotop», S. 25) vermeiden.

Bohlenbauweise

Beim Bohlenbau hat man die aufwendige Eckverbindung des Blockbaus durch senkrechte Stützen, in die die waagerechten Wandbauteile eingreifen, ersetzt. Somit stellt der Bohlenbau eine Mischkonstruktion dar. Diese Bauweise wird dennoch selten ausgeführt. Die Stützen sind zur Aufnahme der Bohlen seitlich genutet. Dabei sind verschiedene Verbindungsvarianten einschließlich einer Fremdfeder möglich. Bei modernen Ausführungen werden statt der Vollholzbohlen Sandwichkonstruktionen mit innen liegender Dämmung eingesetzt.

Fachwerkbauweise

Die traditionsreiche Bauweise mit geografischer Prägung war vor allem in Mitteleuropa verbreitet. Sie wird heute nur noch vereinzelt ausgeführt. Mit der Entwicklung computergesteuerter Bearbeitungsmaschinen sind allerdings auch handwerkliche Verbindungen, wie sie im Fachwerkbau ausgeführt werden, wieder wirtschaftlich herstellbar. Da mit diesen Verbindungen der Holzquerschnitt geschwächt wird, sind die Bauteile überdimensioniert. Die Konstruktion aus Schwellen, Pfosten, Riegeln, Rähm und Streben wird stockwerkweise aufgebaut, wobei die Streben in den Gebäudeecken so anzuordnen sind, dass die Windkräfte direkt in die Schwellen abgeleitet werden.

Die Wandkonstruktion kann mit verschiedenen Materialien ausgefacht werden, was jedoch nach unseren heutigen Anforderungen hinsichtlich der Wärmedämmung meist ungenügende Werte ergibt, so dass eine Wandverkleidung auf der Innen- oder Außenseite der Konstruktion mit zusätzlicher Dämmung erforderlich wird. Das Fachwerkgefüge wird vorgefertigt und ist ein abgebundenes, in sich steifes System. Neue Fachwerkbauten werden anstelle der Zapfen- und Versatzverbindungen häufig mit modernen Stahlverbindern zusammen gefügt. Dies ist jedoch ungünstig, da bei den kleindimensionierten Hölzern die Verbindungen wenig beansprucht werden und die Übertragung der senkrechten Lasten direkt über die Kontaktstöße des Holzes erfolgt.

GRUNDLAGEN

Klassische raumabschließende Holzbausysteme

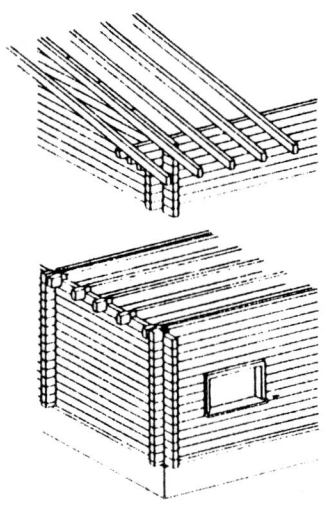

Blockbau

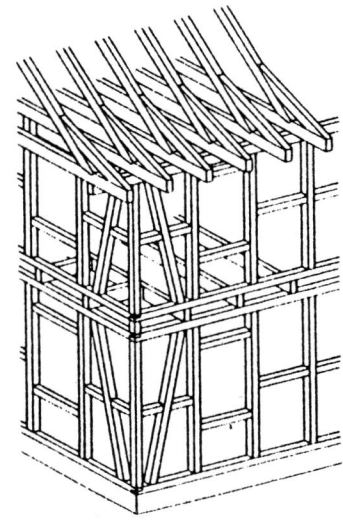

Fachwerkbau

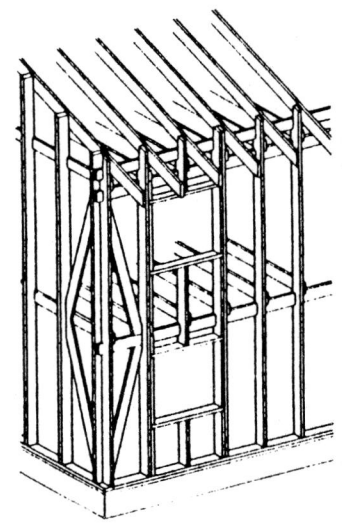

Ständerbau

Die drei vorgenannten historischen Bauweisen werden auch heute noch in geringem Umfang für Gewerbebetriebe eingesetzt, die von ihrer Herkunft her oder durch ihr Sortiment bedingt eine Beziehung zum traditionellen Holzbau besitzen: Landwirtschaftliche Betriebe, Winzereien, Genossenschaften, Handwerksbetriebe und Warenhäuser mit ökologischen sowie biologischen Sortimenten.

Skelettbauweisen
Beim Holzskelettbau bleibt das Tragwerk meistens sichtbar; die wandbildenden Elemente werden (oft als verglaste Felder) zwischen den Stützen angeordnet oder umschließen als fugenlose Gebäudehülle das Tragwerk. Das tragende Skelett aus Stützen und Trägern sowie Decken- und Dachbalken kann in einem Rastermaß bis zu acht Metern errichtet werden. Das bedeutet eine große Freiheit in der Grundrissgestaltung und -veränderbarkeit. Im Holzskelettbau werden wegen dieser großen Spannweiten vor allem Brettschichtholzelemente eingesetzt, da sie beliebig dimensioniert werden können und variabel in der Form sind (z. B. Rundstützen). Außerdem besitzen sie eine hohe Festigkeit bei verminderter Rissbildung und zeichnen sich durch große Feuerwiderstandsdauer aus.

Nach Anzahl und Zuordnung von Stützen und Trägern unterscheidet man im Holzskelettbau folgende Systeme:

Stützen und Zangen
Die Doppelträger können entweder mit Stabdübeln angeschlossen oder auf Stahlkonsolen gelagert werden. Verwendet man Stabdübel, müssen die Querschnitte der Unterzüge wegen der Holzschwächung durch die Bohrungen entsprechend größer dimensioniert werden.

Träger zwischen Doppelstützen
Die Deckenträger können durch Ausklinkung von Trägern und Stützen zwischen den Stützen angebracht werden. Bei durchgehenden Trägern wird der Zwischenraum zwischen den Stützen mit einem verleimten Futterholz ausgefüllt. Bei beiden Varianten erfolgt die Verbindung mit verschraubten Bolzen.

Einteilige Träger und Stützen
Bei diesem System muss man ein- und zweigeschossige Bauweise unterscheiden. Es ergeben sich mehrere Möglichkeiten der Verbindung von Balken und Stützen mit Stahl- und Holzverbindungsmitteln. Bei eingeschossigen Bauten liegen in der Regel die Balken auf Trägern, die wiederum auf den Stützen aufgelagert sind. Bei mehrgeschossigen Bauwerken sitzen die Träger zwischen den in der Höhe durchgehenden Stützen. Die Balkenlage ist entweder zwischen den Trägern angeordnet, sodass sich ein Rost ergibt, oder sie liegt auf den Trägern.

Rahmenbauweise
Rund 95 Prozent der nordamerikanischen Bauten werden in Holzrahmenbauweise ausgeführt, wobei vielfach Verblendungen Steinbauten vortäuschen. Die «platform frame»-Bauweise mit dem Prinzip des geschossweisen Aufbaus wird in Nordamerika für Bauten bis zu acht Stockwerke eingesetzt. Sie wurde auch auf europäische Verhältnisse zugeschnitten und hat sich in Mittel- und Nordeuropa als wirtschaftliches Holzbausystem durchgesetzt.

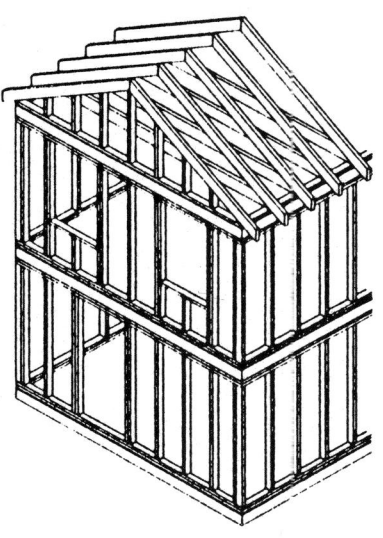 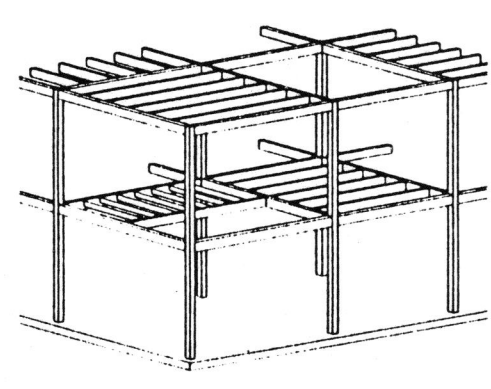 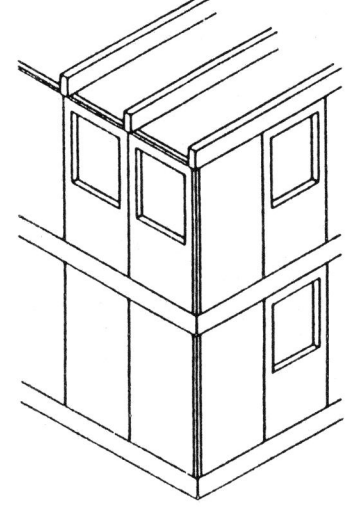

Rahmenbau   **Skelettbau**   **Tafelbau**

Das Konstruktionsprinzip ist einfach: geschosshohe Ständer, die in relativ kleinen Rasterabständen von 62,5 cm stehen, bilden zusammen mit Schwelle und Rähm den Wandrahmen, der durch beidseitige Beplankungen aus Bausperrholz, OSB- oder Spanplatten ausgesteift wird. Der Vorteil dieser Bauweise liegt in den wenigen standardisierten Vollholzquerschnitten und der einfachen Verbindungsweise durch Nageln. Die Dämmebene liegt innerhalb der Tragwerksebene als innen gedämmtes System. Zusätzliche Bekleidungen sind auf der Innen- und Außenseite notwendig. Durch Standardquerschnitte ergeben sich eine bessere Holzausnutzung und ein geringerer Bearbeitungsaufwand. In Europa wird heute vorwiegend Konstruktionsvollholz mit einer Holzfeuchte von 15 Prozent eingesetzt.

Die Holzrahmenbauweise eignet sich besonders gut für den Geschossbau, also beispielsweise für Verwaltungsbauten, weil der Aufbau eines solchen Gebäudes geschossweise erfolgt. Die Methode hat zwei gravierende Vorteile: Zum einen dient die Zwischendecke als Arbeitsplattform für die Errichtung des folgenden Geschosses, zum anderen werden Setzungen, die sich aufgrund des Schwindverhaltens von Holz bei Trocknungsprozessen ergeben, reduziert. Üblicherweise wird im Holzbau Holz mit einem Feuchtigkeitsgehalt von rund 18 Prozent und höher verwendet. Während des Gebrauchs trocknet das Holz auf eine Ausgleichsfeuchte von etwa 9 Prozent zurück, so dass die Einzelquerschnitte schwinden. In Längsrichtung der Holzfaser ist das Schwinden vernachlässigbar gering; bei waagerechten Bauteilen quer zur Holzfaser jedoch nicht. Bei ein- und zweigeschossigen Bauten ergeben sich bei gleichmäßigen Setzungen keine Probleme, wenn Bauteile mit anderem Verformungsverhalten elastisch oder gleitend angeschlossen werden.

Doch was bedeutet das Schwindverhalten von Holz im Mehrgeschossbau? Es liegt auf der Hand, dass sich die Setzungen eines Geschosses entsprechend der Anzahl der Stockwerke addieren. Hinzu kommen Verformungen aus der Belastung des Gebäudes. Die Schwindverformungen und damit Setzungen nach Erreichen der Holzausgleichsfeuchtigkeit von rund 9 Prozent betragen bei einem viergeschossigen Rahmenbau aus Vollholzbauteilen von 12 bis 13 m Höhe 5 bis 8 cm. Rechnet man die Verformungen aus der Belastung hinzu, kommt man auf ein Mindermaß von 8 bis 13 cm. Wird jedoch anstelle der quer zur Holzfaser belasteten und verformungsanfälligen Vollholzbauteile Furnierschichtholz geringerer Dicke verwendet, sieht die Setzungs-Bilanz wesentlich günstiger aus, da Furnierschichtholz bereits werkseitig auf eine Holzfeuchte unter 10 Prozent eingestellt wird.

Furnierschichtholz erlaubt außerdem eine größere Druckbeanspruchung quer zur Holzfaserrichtung. Schwellen und Rähme ergeben eine etwa 1,5-fache zulässige Tragfähigkeit gegenüber Vollholz. Beispielsweise bei einem viergeschossigen Holzrahmenbau von 12 m Höhe mit waagerechten Bauteilen (Schwelle, Rähm und Randbohle der Zwischendecken) aus Furnierschichtholz entsteht ein vergleichsweise geringes Setzungsmaß von 2 bis 3 cm; dieser Wert entspricht tatsächlich dem von Massivbauten.

GRUNDLAGEN

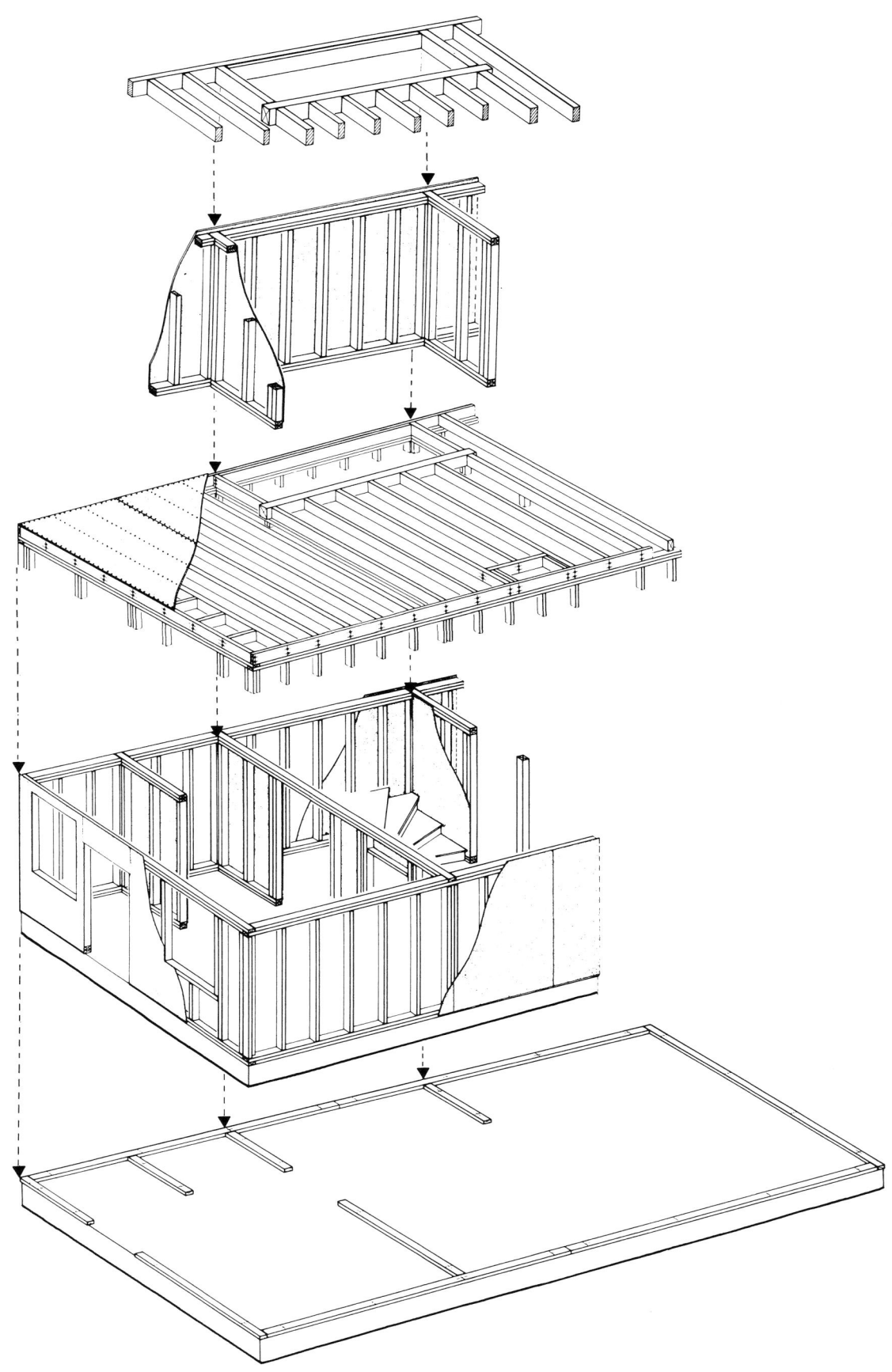

In Amerika, Skandinavien und in anderen Gebieten ist die Holzrahmenbauweise (timber frame) vor allem in der Variante eines geschossweisen Aufbaus gebräuchlich; sie hat sich mittlerweile auch in Mitteleuropa als einfache und preiswerte Holzbauweise durchgesetzt.

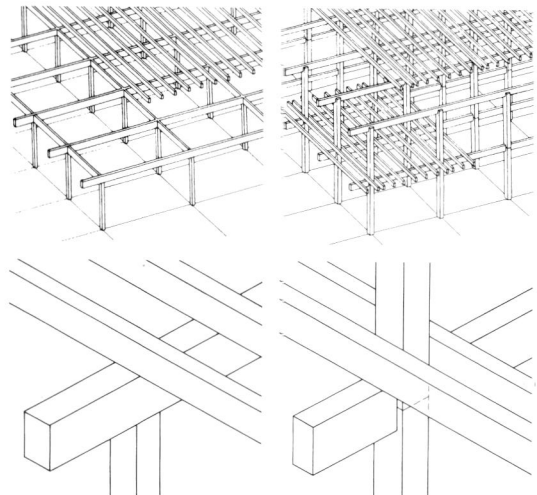
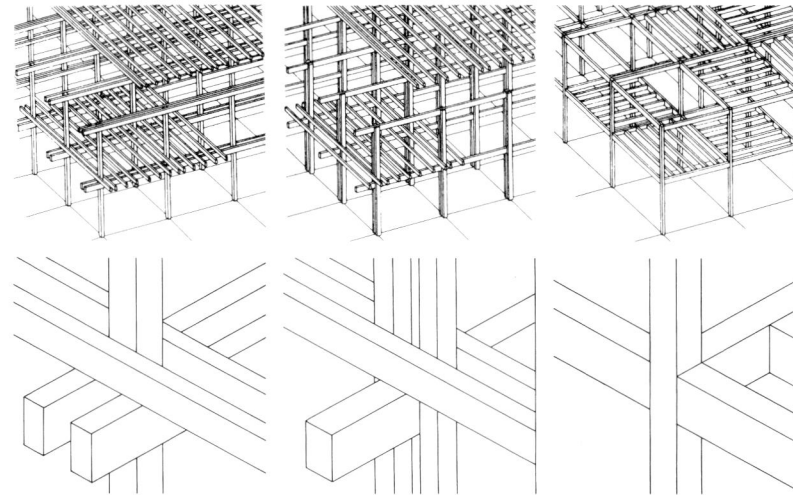

Varianten der Holzskelettbauweise

Ständerbauweise

Die Holzständerbauweise ist eine Rahmenbauweise, bei der die Rippen der Wandkonstruktion über zwei oder mehr Geschosse durchgehen. Diese Bauweise entspricht dem amerikanischen System «balloon frame». Den unteren und oberen Abschluss bilden Schwelle und Rähm. In Europa ist der Ständerbau relativ bedeutungslos.

Tafelbauweise

Während ein Bauwerk in Holzrahmenbauweise handwerklich auf der Baustelle entsteht, werden die im gleichen Rahmenbau-Prinzip hergestellten Tafelelemente im Werk in Wandgröße mit Dämmstoffen versehen und fertig beplankt gefertigt und auf der Baustelle innerhalb kürzester Zeit montiert. Dies ist das bekannte Prinzip des Fertigbaus, wie es sich im Europa der Nachkriegszeit entwickelt hat. Die Wandtafeln können kleinformatig oder bis zur Fassadenbreite angefertigt werden; Fenster und Türen sind in der Regel bereits integriert, wenn sie zur Baustelle transportiert werden. Der Einsatz beschränkt sich auf Verwaltungsbauten und kleinere Handwerksbetriebe.

Raumzellenbauweise

Um den Vorfertigungsgrad noch weiter zu erhöhen, werden Bauelemente zu zwei-, drei- oder vierseitig geschlossenen Raumzellen mit Boden und Decke im Herstellerwerk vorgefertigt, zur Baustelle transportiert und dort zu Gebäuden zusammengefügt. Die Einsatzmöglichkeiten beschränken sich auf Verwaltungstrakte und Wohncontainer für Arbeitskräfte auf Baustellen zur temporären Nutzung. Ein Beispiel für die kreative Anwendung ist das Bürogebäude des Aufzugherstellers Schindler (s. S. 158).

Neue Holzbausysteme

Brettstapelbauweise

Die Idee, einfache Bretter hochkant aneinanderzustellen, zusammenzunageln, und als flächige Bauteile zu verwenden, ist so einfach wie genial. Diese Idee ist bereits einige Jahrzehnte alt, wurde in den letzten Jahren wieder entdeckt und zu der so genannten Brettstapelbauweise weiter entwickelt. Es wurden bereits zahlreiche Projekte wie Warenhäuser und Industriebauten in dieser Holzbauweise realisiert, wobei Wände, Dächer und Decken in Brettstapeltechnik entstanden sind. Ein Beispiel für den Einsatz als Dachelement ist das Schulungszentrum eines Farbenherstellers (s. S. 62).

Durch die kontinuierliche Nagelung entsteht ein beliebig breites Holzbauelement. Wichtig ist die Verwendung getrockneter Bretter, um eine Querverformung durch Schwinden und Quellen des Holzes bei Feuchtigkeitswechsel zu reduzieren. Brettstapelelemente werden meistens in der Werkstatt vorgefertigt, um eine kurze Bauzeit zu erreichen, können sie aber auch handwerklich auf der Baustelle entstehen (s. Schulungszentrum S. 62).

Die Brettstapeltechnik erfüllt die heutigen Anforderungen an eine moderne, wirtschaftliche Holzbauweise:
– Sie ist sehr einfach und kann von jedem Handwerksbetrieb durchgeführt werden; das Know-how ist frei verfügbar.
– Brettstapelelemente können wetterunabhängig im Betrieb vorgefertigt werden. Das System bietet die Möglichkeit, ein gesamtes Gebäude in der Werkstatt als Element-Baukasten vorzufertigen und auf der Baustelle in kürzester Zeit zu montieren.

- Es werden keine besonders hohen Anforderungen an die Festigkeitsklasse der Hölzer gestellt (Mindestfestigkeiten sind allerdings einzuhalten). Auch minderwertige Seitenbretter können eingesetzt werden.
- Brettstapelbauteile können roh, gehobelt und oberflächenbehandelt sichtbar eingesetzt oder ein- beziehungsweise beidseitig gedämmt und beplankt werden.
- Durch geringe Wanddicken bei hoher Tragfähigkeit und guter Wärmedämmung ist die Bauweise Flächen sparend. Die Möglichkeit, in kürzester Zeit einen wetterfesten Rohbau zu erstellen, der mit hohem Eigenleistungsanteil durch den Auftraggeber vollendet werden kann, macht sie für kapitalschwache Gewerbeunternehmen geeignet.
- Die Holzoberfläche mit der für das Holz spezifischen Oberflächentemperatur begünstigt ein behagliches Arbeitsklima bei niedrigeren Heiztemperaturen.
- Durch die massiven Holzbauteile ist der sommerliche Wärmeschutz gewährleistet.
- Als Holzmassivbauweise wirkt das System ausgleichend auf den Feuchtigkeitshaushalt des Raumklimas und ökologisch durch hohe Kohlendioxidbindung.

Brettschichtholz-Elemente

Zu Flächenelementen verleimte Brettschichtholz-Elemente werden mittlerweile in Längen bis 20 m, Breiten bis 2,30 m und in Dicken von 6 bis 24 cm hergestellt. Die Elemente eignen sich als Boden-, Wand-, Decken- und Dachbauteile und können in allen Bereichen des Bauwesens eingesetzt werden.

Brettlagen-Elemente

Elemente dieser Art können durch eine massive Querschnittsausbildung, kreuzweise verleimtes Vollholz und Großformatigkeit charakterisiert werden. Zurzeit beträgt die maximal mögliche Elementdicke 29 cm; 14,80 m in der Länge ist Standard, bis 20 m möglich, Elementbreiten sind bis 4,80 m machbar. Mit solchen Größenordnungen lassen sich vier Geschosse hohe Außenwände in einem Stück fertigen.

Der Schichtaufbau der Platte ist immer symmetrisch; die Mindestzahl liegt bei drei Lagen. Der Aufbau der Elementtypen hat Einfluss auf die Festigkeit und Steifigkeit der Platte. Die Bauteile sind winddicht und ermöglichen eine diffusionsoffene Konstruktion ohne Folienlagen.

Holzblocktafeln

Holzblocktafeln bestehen aus drei bis sieben Brettlagen, die kreuzweise und mit Abstand miteinander verleimt sind, so dass Hohlräume im Wandaufbau entstehen. Im System enthalten sind Wand- und Deckentafeln, die auf dem Rastermaß aufbauen. Verleimte Schwellen und Rähme sind zum Wandaufbau notwendig, Eckpfosten und Brüstungsprofile ergänzen das System.

Steko-Module

Das Kernstück dieses Wandbausystems ist ein Holzmodul, das sich auf einfachste Weise durch einen speziellen Steckverbund zu ganzen Wänden zusammenstecken lässt. Das Wandsystem ist so konzipiert, dass alle üblichen Decken- und Ausbauteile problemlos integriert werden können. Die «Bausteine» sind in sich abgesperrt, das heißt kreuzweise verleimt und bilden deshalb maßstabile Einheiten. In den Hohlräumen der Module können Installationen geführt werden. Ein Ausfüllen mit flockigen Dämmstoffen erhöht den Wärmeschutz, mit schweren Stoffen den Schallschutz. Die Wandoberflächen können sichtbar belassen oder mit zusätzlichen Dämmstoffen und Fassadenbekleidungen auf der Außenseite und dekorativen Bekleidungen auf der Innenseite gestaltet werden.

Hohlkastenelemente

Hohlkastenträger aus verleimten Brettern werden durch Verbindung mehrerer Elemente zu flächigen Bauteilen für große Spannweiten und hohe Belastung, jedoch ohne übermäßige Konstruktionshöhen. Die Hohlräume lassen sich zur Verlegung von Installationen nutzen und für alle bauphysikalischen Erfordernisse präparieren (Wärmedämmung, Schalldämmung, Speichermasse etc.). Der Einsatz als Wand-, Decken- und Dachbauteil hat sich bewährt.

Verkaufsgebäude für Biokost in Coesfeld (Deutschland), Holzblockbauweise

Gewerbebau in Holzskelettbauweise

Im Holz eingelassenes Verbindungssystem für Holzskelettbauteile

Skelettbau aus Kreuzbalken und Induo-Knoten

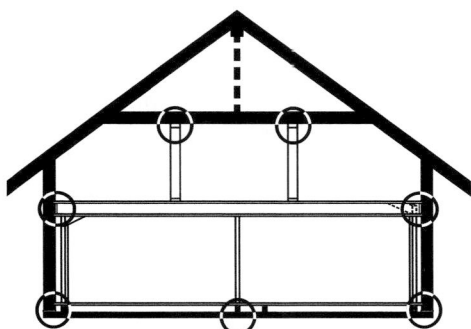

Das Prinzip der Entkoppelung aller relevanten Bauteile eines Gebäudes löst alle Problembereiche im Holzbau und schafft die Voraussetzung für einen neuen Standard beim Bauen mit Holz. Außenhülle in jeder Bauweise möglich, Innenkonstruktion Holzständerwerk.

Prinzip Oekotop

Holz als Baumaterial hat sehr positive Eigenschaften (Ökologie, Wohngesundheit, Anmutung, Wärmedämmung, Festigkeit etc.), jedoch einen großen Nachteil, der sich insbesondere bei Massivholzkonstruktionen bemerkbar macht: es verändert seine Dimensionen bei Änderung der (Luft-) Feuchtigkeit. Dadurch können vielschichtige Probleme und Schadensfälle bei ausgeführten Bauten entstehen. Ein im Grunde sehr einfaches Prinzip, nämlich alle relevanten Bauteile eines Gebäudes zu entkoppeln, löst in dieser Konsequenz alle Problembereiche im Holzbau und schafft die Voraussetzung für einen neuen Standard beim Bauen mit Holz. Mit der so genannten hierarchisch modularen Entkoppelung der kompletten Außenhülle von der Innenkonstruktion werden die Dimensionsänderungen des Holzes unwichtig gemacht. Dabei ist auch der Einsatz unterschiedlicher Außenwandbaustoffe in Kombination mit einem Innentragwerk aus Holz vorteilhaft.

Das Prinzip der hierarchisch modularen Entkoppelung bedeutet, dass alle Bauteile konstruktiv (elastisch, thermisch) voneinander getrennt sind, selbst bei der Innenwand bis zur letzten Schraube, um eine Fugen, Schall- und Wärmebrücken freie Konstruktion zu schaffen.
Entkoppelung im Einzelnen:
– Fundament zu Bodenplatte und Wänden
– Außenhülle zur Innenkonstruktion
– Innenwand zu Innenwand
– Innenwand zu Bodenplatte
– Innenwand zur Decke
– Innenwand zur Dachschräge
– Bauteile innerhalb der Innenwände
– Böden/Decken zur Außenwand
– Bauteile innerhalb der Böden und Decken

Das als «Prinzip Oekotop» geschützte Verfahren wird sich mit SIcherheit in Zukunft in weiten Bereichen des Holzbaus durchsetzen.

HAUBE

Dachtragwerke für Verwaltungsbauten und Hallen

Der entscheidende Vorteil des Baustoffs Holz für Dachkonstruktionen ist sein geringes Eigengewicht im Verhältnis zur Tragfähigkeit. Das geringe Gewicht begünstigt Fundamentierung, Wandkonstruktion, Transport und Montage und wirkt sich damit auch günstig auf die Kosten aus. Vorfertigung und Abbund haben Tradition im Holzbau, so dass die passgenaue Montage schnell und damit relativ unabhängig von der Witterung erfolgen kann. Innovative Holzbaustoffe wie Brettschichtholz, Furnierschichtholz, Furnierstreifenholz ermöglichen große Spannweiten und neue Dachformen.

Dächer können nach verschiedenen Kriterien eingeteilt werden:
– nach der Nutzung (Hausdach, Hallendach, Sonderformen wie Kragdächer)
– nach der Form (Sattel-, Pult-, Walm-, Mansard-, Shed-, Zelt-, Bogen-, Kuppeldach, Faltwerke und Schalen)
– nach der Dachneigung (geneigt, flach)
– nach der Konstruktion (unterstützt, freitragend)
– nach der Statik (bestimmt, unbestimmt)
– nach der bauphysikalischen Beanspruchung (belüftet, unbelüftet, gedämmt)
– sowie nach den verwendeten Dachbauteilen (Binderform, Flächenbauteile, räumliche Tragwerke) und
– nach der Spannweite.

Dachkonstruktionen

Die im Handwerk überlieferten Grundformen sind das Pfettendach und das Sparrendach als geneigte Dachtypen, wobei das Pfettendach in seiner einfachsten Form als Flachdachkonstruktion eingesetzt werden kann.

Pfettendächer

Pfettendächer bestehen aus Fuß-, Mittel- und Firstpfetten, einem Dachstuhl, auf dem die Mittelpfetten oder die Firstpfetten aufgelagert sind, und den Sparren. Dieser statisch einfache Aufbau kann bei beliebigen Dachformen und Grundrissen eingesetzt werden. Die Lasten werden beim Pfettendach hauptsächlich auf die Innenwände übertragen. Die Außenwände werden dadurch nur mäßig belastet.

Flachdächer sowie einfache und zusammengesetzte Pultdächer aus geneigten Sparrenlagen können als einfachste Form eines Pfettendaches angesehen werden. Je nach Dachgröße und Spannweite werden Pfettendächer mit einfach stehendem Dachstuhl (in Längsrichtung als Unterstützung der Firstpfette und ohne Mittelpfetten) bis zu vierfach stehendem Dachstuhl über drei Dachgeschosse konstruiert. Dabei können auch Abstrebungen eingesetzt werden.

Sparrendächer

Sparrendächer überspannen stützenfrei den Dachraum und eignen sich für Dachneigungen zwischen 30° und 60°. Die Sparren werden im First verbunden, wobei Dreigelenk-Stabzüge entstehen – eine statisch bestimmte Konstruktion. Die Dachlasten werden ausschließlich über die Außenwände abgetragen, was einen größeren konstruktiven Aufwand am Sparrenauflager erfordert. Für Dachausschnitte, Dachgauben, Walmdächer und gewinkelte Grundrisse sind Sparrendächer weniger geeignet.

Kehlbalkendächer

Kehlbalkendächer sind im Grunde Sparrendächer mit aussteifenden Riegeln unterhalb des Firstes. Dadurch erlauben sie bei gleichen Holzquerschnitten größere Stützweiten als das Sparrendach.

Flachdächer

Um Wasseransammlungen auf der Dachfläche zu vermeiden, sollten Flachdachkonstruktionen mit einem Mindestgefälle von 2 Prozent errichtet werden. Vollholzbalken eignen sich als Einfeldträger bis zu Stützweiten von etwa 4,5 m, als Durchlaufträger bis zu 6,0 m. Darüber hinaus empfiehlt sich die Verwendung von Brettschichtholz oder anderen verleimten beziehungsweise zusammengesetzten Bauteilen.

Aussteifung

Die Aussteifung der Dachkonstruktion ist in Gebäudequerrichtung durch das Dachtragwerk gegeben; in Gebäudelängsrichtung werden zur Aufnahme der Windlasten und Stabilisierungskräfte aus Wänden und Stützen Aussteifungen erforderlich. Diese können Windrispen oder Dachscheiben aus Holzwerkstoffplatten übernehmen.

Ein Tragwerk, angepasst an seine Nutzung: Schüttgutlagerhalle für Kohle

Hallendächer

Zur wirtschaftlichen Überbrückung mittlerer und großer Stützweiten stehen im Holzbau unterschiedliche Systeme für Primär- und Sekundärtragwerke zur Verfügung. Diese Bauelemente können aus Vollholz, verleimten Schichten (Brettschichtholz, Furnierschichtholz, Furnierstreifenholz etc.), zusammengesetzten Querschnitten (Stegträger, Hohlkastenträger) oder aus Fachwerken (Fachwerkträger verschiedener Systeme, räumliche Systeme) bestehen. Die Verbindungsmittel dieser Bauelemente reichen von konventionellen Nägeln bis zu innovativen Knotenpunkten aus Stahl. Jeder dieser Konstruktionsformen kann ein Spannweitenbereich zugeordnet werden, der von der Statik, der bauaufsichtlichen Zulassung und der Wirtschaftlichkeit bestimmt wird.

Flachdachkonstruktionen

Flachdachkonstruktionen werden im Industrie- und Gewerbebau häufig aus Kostengründen eingesetzt. Unsachgemäße Verarbeitung der Dachhaut und Materialien für die Eindeckung, deren Langzeitfunktionen nicht sicher gestellt waren, haben in der Vergangenheit kostenaufwändige Sanierungen erfordert, die die Baukosten relativierten.

Für Flachdächer eignen sich Konstruktionen aus
– Kantholz, festigkeitssortiertem Konstruktionsvollholz, Duo-, Trio- und Kreuzbalken: Stützweite bis 7 m
– Brettschichtholz: Stützweite 7 bis 40 m
– Parallelfachwerkträgern: Stützweite 5 bis 50 m
– Parallelfachwerkträgern aus Brettschichtholz: Stützweite 20 bis 80 m
– Unterspannten Trägern: Stützweite 8 bis 80 m
– Trägerrosten: Rosttragwerke bestehen aus Trägerscharen, die sich in einem bestimmten Winkel kreuzen und an diesen Kreuzungspunkten biegesteif miteinander verbunden sind oder biegesteif durchlaufen. Durch diese Kopplung sind alle Träger an der Lastabtragung beteiligt.
– Ebene Schalen: Normalerweise besteht ein Dachtragwerk aus Haupt- und Nebenträgern. Verwendet man plattenförmige Werkstoffe mit hoher Tragfähigkeit, ist eine Reduzierung der Tragstruktur möglich. Die vertikalen Verkehrslasten und die Aussteifungskräfte werden über die Platte abgetragen. Die Verlegung der Platten erfolgt dabei quer zum Haupttragsystem, wobei die Längsstöße über den Trägern angeordnet werden. Löst man den Dachflächenquerschnitt durch Unterspannung in eine Druckzone (Plattenwerkstoff) und eine Zugzone (Stahl-Unterspannung) auf, entsteht quasi ein räumliches Fachwerk. Durch diesen «Speichenrad-Effekt» können größere Spannweiten mit relativ dünnen Holzwerkstoffplatten stützenfrei überspannt werden.

DACHTRAGWERK

Bezeichnung	Statisches System	System-Skizze	Spannweite l (m)	Binderhöhe	Binderabstand	Dachneigung $(a)°$
Fachwerkträger	Dreieckförmiger Binder		7,5 bis 30	$h \geq \frac{l}{10}$	4 bis 10 m	12 bis 30°
			7,5 bis 20	$h_m \geq \frac{l}{10}$	4 bis 10 m	12 bis 30°
	Trapezförmiger Binder		7,5 bis 30	$h \geq \frac{l}{12}$	4 bis 10 m	3 bis 8°
			7,5 bis 30	$h_m \geq \frac{l}{12}$	4 bis 10 m	3 bis 8°
	Parallelbinder		7,5 bis 60	$h \geq \frac{l}{12} - \frac{l}{15}$	4 bis 10 m	–
			7,5 bis 60	$h \geq \frac{l}{12} - \frac{l}{15}$	4 bis 10 m	–
			7,5 bis 60	$h \geq \frac{l}{12} - \frac{l}{15}$	4 bis 10 m	–
Fachwerkrahmen	Dreigelenkrahmen		Kantholzrahmen 15 bis 30	$\frac{l}{12}$	Kantholzrahmen e=4 bis 6 m	20°
			Rahmen mit Stützen aus Brettschichtholz 25 bis 50		weitgespannte Rahmen e=6 bis 10 m	–
	Dreigelenkrahmen einhüftig		10 bis 20	$\frac{l}{12}$	e=4 bis 6 m	3 bis 8°
	Zweigelenkrahmen		Kantholzrahmen 15 bis 40	$\frac{l}{12}$	Kantholzrahmen e=4 bis 6 m	3 bis 8°
			Rahmen mit Stäben aus Brettschichtholz 25 bis 60		weitgespannte Rahmen e=6 bis 10 m	–
Kastenträger	Kastenträger mit Plattenstegen (Parallelquerschnitt)		genagelt: bis 20 geleimt: bis 40	bis 1,5 m	5 bis 7,5 m	–
	Kastenträger mit Plattenstegen (Satteldachträger mit horizontalem Untergurt)		genagelt: bis 20 geleimt: bis 40	bis 1,5 m	5 bis 7,5 m	3 bis 8°
	Kastenträger aus Brettschichtholz		bis 40	bis 1,5 m	5 bis 7,5 m	–
Brettschichtträger	Einfeldträger parallel		10 bis 35	$\frac{l}{17}$	5 bis 7,5 m	–
	Einfeldträger satteldachförmig		10 bis 35	$\frac{l}{16} / \frac{l}{30}$	5 bis 7,5 m	3 bis 8°
	Einfeldträger geknicktes Satteldach		10 bis 35	$\frac{l}{16} / \frac{l}{30}$	5 bis 7,5 m	max. 12°
	Einfeldträger Pultdach		10 bis 35	$\frac{l}{18} / \frac{l}{25}$	5 bis 7,5 m	8 bis 12°
Trägerrost in Brettschichtbauweise	Trägerrost in Brettschichtbauweise		bis 25	$\frac{l}{18} / \frac{l}{25}$ der kürzeren Stützweite	–	–

GRUNDLAGEN

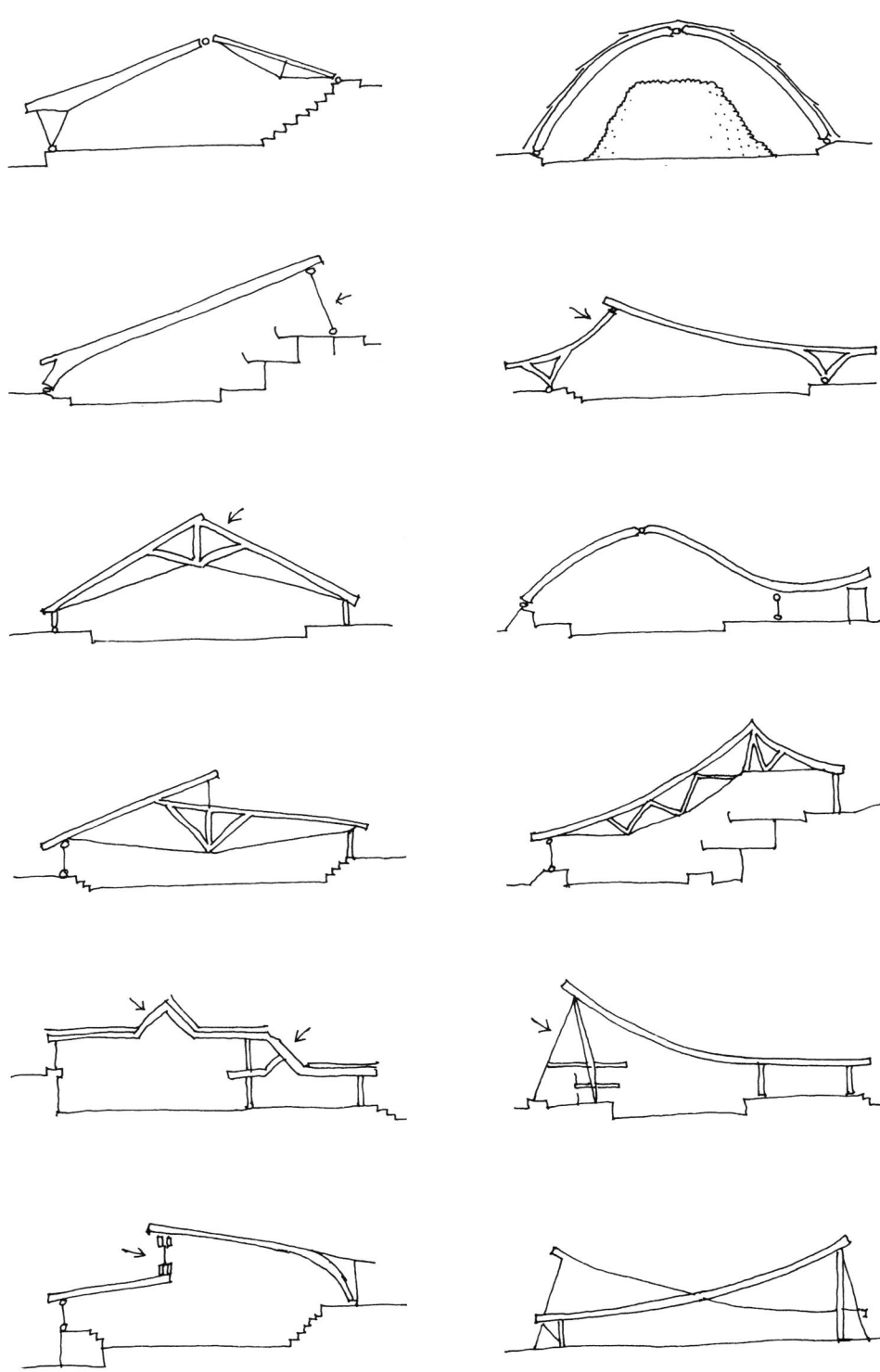

Beispiele für die Anpassung von Holztragsystemen an unterschiedliche Entwurfsbedingungen wie Geländeanpassung, Nutzung (Schüttgut) oder Belichtung

Satteldachkonstruktionen

Für kleinere Gebäude, Büros, Werkstätten, eignen sich klassische Sparren-, Kehlbalken- und Pfettendächer mit Neigungswinkeln zwischen 30 und 60 Grad und maximal 10 m Spannweite. Im Hallenbau mit seinen großen Spannweiten kommen vergütete Holzwerkstoffe und/oder zusammengesetzte Holzbauteile zum Tragen.

Für Satteldächer eignen sich Konstruktionen aus
- Brettschichtholzbindern mit geneigten Obergurten (Trapezbalken): Stützweite 12 bis 30 m
- Dreieckfachwerkbindern: Stützweite 7,5 bis 30 m
- Dreieckfachwerkbindern mit angehobener Traufe: Stützweite 20 bis 50 m
- Dreigelenkfachwerkbindern: Stützweite 20 bis 70 m
- Zweigelenkfachwerkrahmen: Stützweite 10 bis 60 m
- Dreigelenkbindern aus Brettschichtholz und anderen Bauteilen: Stützweite 15 bis 35 m
- Dreigelenkrahmen aus Brettschichtholz: Stützweite 15 bis 40 m
- Zweigelenkrahmen aus Brettschichtholz: Stützweite 15 bis 30 m

Pultdachkonstruktionen

Das Pultdach bietet mehr Sicherheit als das Flachdach, wobei alle Tragwerke, die für Flachdächer geeignet sind, prinzipiell auch auf Pultdachkonstruktionen anwendbar sind.

Konstruktionen mit
- Kantholz, festigkeitssortiertem Konstruktionsvollholz, Duo-, Trio- und Kreuzbalken: Stützweite bis 7 m
- Brettschichtholz: Stützweite 7 bis 40 m
- Parallelfachwerkträger: Stützweite 5 bis 50 m
- Parallelfachwerkträger aus Brettschichtholz: Stützweite 20 bis 80 m
- Pultdachfachwerkbinder: Stützweite 7,5 bis 20 m
- Pultdachfachwerkbinder mit angehobener Traufe: Stützweite 7,5 bis 35 m
- Unterspannte Träger: Stützweite 8 bis 80 m

Tonnendachkonstruktionen

Einfach gekrümmte Dachflächen eignen sich für große freitragende Spannweiten (Messebau) und für Hallen, die bedingt durch ihre Nutzung ein entsprechendes Lichtraumprofil benötigen.

Als Konstruktionselemente für Tonnendächer eignen sich
- Brettschichtholzbinder (Zweigelenkbogen): Stützweite 20 bis 100 m
- Brettschichtholzbinder (Dreigelenkbogen): Stützweite 20 bis 60 m
- Bogenfachwerk: Stützweite 40 bis 120 m
- Rauten-Lamellen-Konstruktionen: Die aus der Zollinger-Lamellenbauweise (Zollbauweise) hervorgegangenen Varianten, zum Teil auch mit Brettschichtholz, ermöglichen größere Spannweiten mit kleindimensionierten einheitlichen Bauteilen, die durch Verschraubung an den Knotenpunkten montiert werden. Dadurch lassen sich solche Dächer auch leicht wieder abbauen. Die Lamellen werden einseitig entsprechend der Dachform gekrümmt zugeschnitten und an den Enden abgeschrägt. Beispiele dafür sind die Messehallen in Friedrichshafen (s. S. 90) und Rimini (s. S. 82).

Kuppeln, Hängewerke, Faltwerke und räumliche Schalen

Die Überdachung großer stützenfreier Räume mit ansprechenden dynamischen Lösungen ist eine Domäne des Ingenieurholzbaus. Dabei erweisen sich Flächentragwerke als besonders vorteilhaft, weil sie Tragwirkung und raumabschließende Funktion mit ästhetischer Raumwirkung vereinen. Zudem bestehen in der Formgebung reichhaltige Möglichkeiten. Kuppelkonstruktionen können aus Einzelstäben in Form einer Stabrostkuppel oder aus Brettschichtholz-Rippen in radialer Anordnung aufgebaut sein. Faltwerke bestehen aus ebenen Flächenbaustoffen, die schubfest miteinander verbunden sind. Ein- oder zweidimensional gekrümmte Schalenkonstruktionen lassen sich aus Stabnetzwerken und/oder Holzwerkstoffplatten bauen.

Montage vorgefertigter Lignotrend-Akustikelemente für Dach und Decke

Mögliche Dachtragsysteme im Holzbau bei unterschiedlicher Lastabtragung

Lastabtragung durch:	**1** Träger	**2** Stabzüge	**3** Rahmen
Auflagerkräfte unter Vertikallast		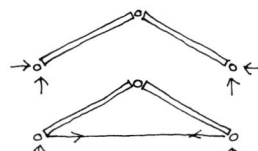	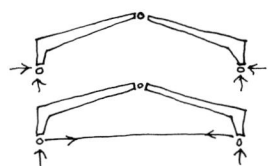
Vorwiegend auf Druck beansprucht	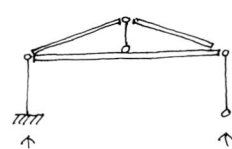	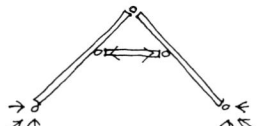	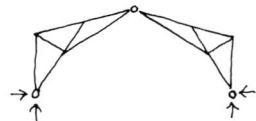
Vorwiegend auf Zug beansprucht	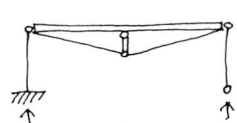	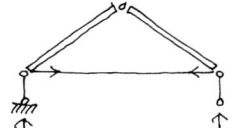	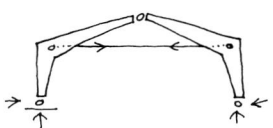
Vorwiegend auf Druck und Zug beansprucht	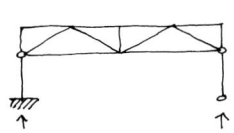	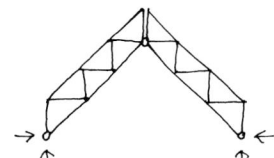	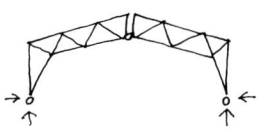
Vorwiegend auf Biegung beansprucht		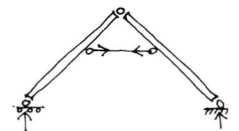	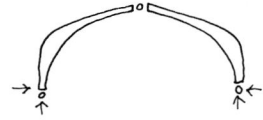
In radialer Anordnung	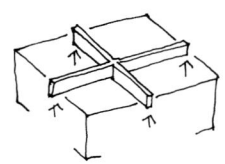	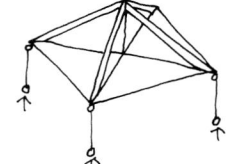	
Aus Flächen zusammengesetzt	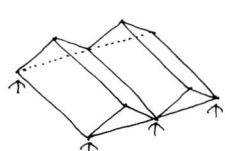	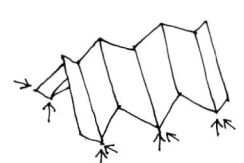	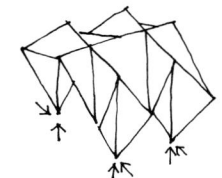

DACHTRAGWERK

GESICHT
Fassaden aus Holzwerkstoffen

Als äußerste Schicht der Gebäudewand bestimmt die Fassadenbekleidung weitgehend die Gebäudegestaltung. Daneben muss die Außenbekleidung die Funktion des Wetterschutzes übernehmen. Holz und Holzwerkstoffe sind dafür gut geeignet, weil sie optisch gut wirken und bei richtiger Bauausführung lange halten. Darüber hinaus können im Schadensfall (beispielsweise bei Beschädigung durch Kraftverkehr) einzelne Teile der Bekleidung leicht ausgetauscht werden. Bei der Planung und Ausführung von Fassaden sind Kriterien wie Holzauswahl, Holzschutz, Brandschutz und Oberflächenbehandlung zu berücksichtigen.

Werkstoffe

Massivholz
Die meisten Holzbekleidungen bestehen aus Schnittholz beziehungsweise Hobelware, massiven Brettern, die je nach Querschnittsform und Profilierung eine entsprechende Verlegeart fordern und unterschiedliche Flächenwirkungen ergeben.

Ein organischer Baustoff wie Holz besitzt Eigenschaften, die sich am anatomischen Zellaufbau orientieren. Entsprechend der gewachsenen Struktur sind die mechanischen und biophysikalischen Eigenschaften und Werte unterschiedlich hinsichtlich der Faserrichtung. Diese Anisotropie zeigt sich insbesondere bei der im Außenbereich besonders relevanten Eigenschaften des Quellens und Schwindens. Holz ist hygroskopisch und damit bestrebt, durch Aufnahme oder Abgabe von Wasserdampf einen Ausgleichszustand mit der Umgebungsluft herzustellen. Bis zum so genannten Fasersättigungspunkt, der im Mittel bei 28 Prozent Holzfeuchte liegt, dehnt sich bei Wasserdampfaufnahme die Holzstruktur aus beziehungsweise schwindet im umgekehrten Fall – in Faserlängsrichtung vernachlässigbar gering, radial im Mittel 4,3 Prozent und tangential durchschnittlich 8,3 Prozent. Das Ausmaß dieser Dimensionsänderungen ist abhängig von der Holzart, deren Rohdichte sowie deren anatomischem und chemischem Aufbau. Solche Maßänderungen sind bei der Holzauswahl, bei den Abmessungen, bei der Montage und schließlich bei der Oberflächenbehandlung zu berücksichtigen. Als Faustformel für geeignete Querschnitte von Fassadenbrettern gilt: Dicke mindestens 18 mm, Breite maximal 160 mm. Die Holzfeuchte sollte bei der Montage bei 18 Prozent ± 6 Prozent liegen und möglichst der zu erwartenden Holzausgleichsfeuchte entsprechen.

Schindeln
Holzschindeln werden aus Fichtenholz, Lärche, Eiche und Western Red Cedar in verschiedenen Formen und Größen hergestellt. Es werden konisch und parallel gesägte und gespaltene Schindeln angeboten. Die Verlegung erfolgt in der Regel mehrfach überlappend und fugenversetzt mit einem seitlichen Abstand von einigen Millimetern auf einer engen Lattenunterkonstruktion beziehungsweise auf einer Blindschalung. Der Einsatz von Holzschindeln im Gewerbebau ist vor allem in nordamerikanischen Gebieten verbreitet.

Massivholzplatten
Neben den Massivholzprodukten werden heute vorwiegend Holzwerkstoffe in Plattenform, auch komplette Systeme mit Profilen für jedes Detail, im Außenbereich eingesetzt. Sie sind dimensionsstabiler als Vollholz und bieten andere Gestaltungsmöglichkeiten. Abgesperrte Drei- und Fünfschichtplatten aus Nadelholz mit Dicken zwischen 16 und 75 mm haben sich als Fassadenbaustoff gut bewährt. Die kreuzweise verleimten Brettlagen werden vor allem aus Lärche und Douglasie hergestellt, dauerhaften Außenhölzern, die auch ohne Oberflächenbehandlung eingesetzt werden können. Mit ihnen lassen sich großflächige Fassadenbekleidungen erzielen.

Sperrholzplatten
Baufurniersperrholz gilt als «wetterfest», wenn es eine wasserbeständige Verleimung aufweist. Doch die Bezeichnung «wetterfest» ist noch keine Gewähr für die Eignung im Außenbereich, denn die unterschiedlichen Quellspannungen der Deckschicht gegenüber der quer liegenden zweiten Furnierschicht beziehungsweise der darunter liegenden Leimschicht können zu Teilablösungen führen. Bei Fassadensperrhölzern sollten deshalb jene Produkte eingesetzt werden, deren Hersteller sie ausdrücklich für den Fassadenbau als geeignet empfehlen und auch die Gewährleistung übernehmen.

Salamander-Schuhhaus in Münster (Deutschland), 1993, Sonnenschutzlamellen aus Furnierschichtholzplatten mit High-Solid-Polyurethanbeschichtung

Furnierschichtholz
Bei einer Plattenbreite von 2,50 m bietet Furnierschichtholz neue Möglichkeiten in der großflächigen Fassadengestaltung. Es besteht aus Furnierschichten, die jedoch nicht immer im Winkel von 90° verleimt sind, sondern bei manchen Produkten gleichlaufende Faserrichtung aufweisen oder auch teilweise mit Furnieren quer laufender Faserrichtung kombiniert sind. Gegenüber dem Sperrholz weist Furnierschichtholz eine höhere Biegebeanspruchbarkeit in Längsrichtung der Furniere auf. Festigkeitsmindernde Schwachstellen im Holzaufbau sind durch die Lagenverleimung großflächig verteilt, was die Festigkeitseigenschaften erhöht. Der Absperreffekt macht den Plattenwerkstoff relativ formstabil, der selbst bei einseitiger oder stärkerer Befeuchtung kaum mit Maßänderungen reagiert. Dies ist besonders bei Außenbekleidungen wichtig. Die Materialien lassen sich bei entsprechendem Radius auch biegen.

Zementgebundene Spanplatten
Span- und Faserplatten mit dem Bindemittel Zement sind sehr dauerhaft und obendrein schwer entflammbar, sodass sie auch dort eingesetzt werden können, wo geringe Grenzabstände den Einsatz von anderen Holzwerkstoffen ausschließen oder wo ein Brandüberschlag bei mehrgeschossigen Gebäuden verhindert werden soll. Sie verziehen sich nur wenig bei Feuchtigkeitsänderungen. Allerdings ist die Bearbeitung schwieriger als bei massivem Holz und verleimten Holzwerkstoffen.

Zementgebundene Holzplatten werden roh, geschliffen und mit farbiger Oberfläche angeboten. Sie können mit handelsüblichen Anstrichsystemen und Putzen beschichtet werden.

Unterkonstruktion und Befestigung
Ob im Außenbereich grundsätzlich eine Unterkonstruktion gewählt werden muss, die eine hinterlüftete Ausführung gewährleistet, ist in Fachkreisen umstritten. Vorrangig kommt es darauf an, dass kein Schlagregen hinter die Fassade dringen kann. Werden hinterlüftete Bekleidungen ausgeschrieben, ist in der Regel eine Konterlattung erforderlich. Bei Boden-Deckel-Schalungen ist die Hinterlüftung bereits durch eine Unterkonstruktion aus quer liegenden Latten gegeben. Für die Unterkonstruktion kommen Dachlatten mit den Abmessungen 24/48 mm und 30/50 mm und Kanthölzer ab 40/60 mm in Frage, die höchstens 20 Prozent Holzfeuchte besitzen. Der Lattenabstand richtet sich nach der Brettdicke: 18 mm erfordern 40 cm Abstand, bei 22 mm Bekleidungsdicke genügen 55 cm. Bei großformatigen Platten ist besonderer Wert auf eine sichere Unterkonstruktion und Befestigung zu legen. Belüftungsöffnungen sollten mit Ungezieferschutzgittern versehen werden.

Die Befestigung von massiven Profilbrettern kann auf der Unterkonstruktion mit Spezialklammern verdeckt oder sichtbar mit Nägeln oder Schrauben aus rostfreien VA-Stählen oder Aluminium erfolgen. Glattkantbretter und plattenförmige Holzwerkstoffe werden in der Regel sichtbar verschraubt, wobei selbstbohrende Schrauben bevorzugt werden. Doch sollte auch bei dieser Schraubenart vorgebohrt werden, um ein Aussplittern des Holzes zu vermeiden. Eine verdeckte Befestigung von Holzwerkstoffplatten lässt sich durch ineinander greifende Latten oder Befestigungssysteme aus Metallprofilen erreichen.

Anordnung
Senkrechte Brettbekleidungen sind waagerechten grundsätzlich vorzuziehen, da bei ihnen die Wasserableitung problemloser vonstatten geht. Hier bieten sich Nut-und-Feder-Verbretterung, Boden-Deckel-Schalung, Boden-Leisten-Schalung oder Leisten-Deckelschalung an. Jede Verlegeart hat ihren eigenen gestalterischen Reiz. Schalungen mit Brettern und Leisten, jeweils so festgeschraubt, dass Dimensionsänderungen des Holzes nicht behindert werden, bieten den Vorteil, dass Teile ausgetauscht werden können, ohne dass die gesamte Bekleidung beschädigt wird. Für eine waagerechte Verkleidung können Profilschalungen (mit Nut und Feder) verwendet werden (wobei die Nut immer nach unten kommt, um Wassernester zu vermeiden) oder verschiedene Arten von Stülpschalungen, die aufgrund der besseren Wasserableitung den erstgenannten vorzuziehen sind. Gefalzte und ungefalzte Stülpschalungen werden überlappend verlegt, wobei die Überlappung mindestens 12 Prozent der Deckbreite betragen soll.

Rostartige, auf Abstand befestigte Holzlamellen sind in letzter Zeit in Mode gekommen, bieten sie doch oft gestalterisch reizvolle Alternativen mit optischen Funktionen (Lichtlenkung, Verschattung). In solchen Fällen ist auf eine Wasser abführende zweite Schicht zu achten.

Akademiegebäude Klausenhof in Rhede (Deutschland), 1995, Fassade aus Mehrschichtholzplatten mit High-Solid-Polyurethanbeschichtung

Konstruktiver Holzschutz

Unter bestimmten Klima-Zeit-Bedingungen kann Holz als organischer Werkstoff von Pilzen und Insekten befallen werden. Im Außenbereich sind neben dem immer notwendigen konstruktiven Holzschutz, der den Sinn hat, eine rasche Wasserabfuhr zu ermöglichen und unkontrollierten Insektenbefall zu verhindern, gegebenenfalls auch chemische Holzschutzmaßnahmen einzuplanen, wenn keine natürlich resistenten Holzarten verwendet werden. Die im Holz eingelagerten Inhaltsstoffe sind nicht nur für die natürliche Dauerhaftigkeit verantwortlich, sondern auch für die Holzfarbe. Wasserlösliche Holzinhaltsstoffe können gelegentlich störende Verfärbungen bei Anstrichen verursachen. Isoliergrundierungen vermeiden dieses Problem. (s. S. 38)

Zum konstruktiven Holzschutz an der Fassade gehören ausreichender Dachüberstand, Abdeckung waagerechter Kanten mit Z-Profilen, die Versiegelung von Hirnholzflächen, ausreichender Abstand zum Boden (mind. 30 cm) als Spritzwasserschutz, also Maßnahmen, die das Eindringen von Wasser in Hirnholz sowie Wassernester in der Konstruktion vermeiden und das rasche Abführen von Feuchtigkeit begünstigen. Die Fuge ist nicht allein Gestaltungsmittel der Fassade, sondern ein technisches Detail, dessen Ausbildung durchgeplant sein will. Die Anzahl waagerechter Fugen sollte so gering wie möglich gehalten werden; Überlappung und Metallprofile begünstigen die Wasserableitung. Senkrechte Fugen können mit Latten hinterlegt oder mit Leisten abgedeckt werden.

Unbehandelte Oberfläche

Holz ohne Oberflächenbehandlung altert im Außenbereich mit Anstand und Würde und dieses Altern, das mit einer Vergrauung durch die UV-Licht- und Wetterbeanspruchungen, mit feinen Rissen und einem rau werden der Oberfläche einhergeht, ist fast zu einem Markenzeichen geworden. Es wird ebenso wie Unregelmäßigkeiten im gewachsenen Holz vom Bauherrn in Kauf genommen, wenn der Alterungsprozess nicht mit verkürzter Lebensdauer einhergeht. Die Veränderungen durch die Witterungseinflüsse auf unbehandeltem Holz sind aber nie gleichmäßig. Sie hängen von den Klimabedingungen, der Himmelsrichtung, Vordächern, Schattenwurf und Bepflanzung ab und können selbst innerhalb derselben Fassadenfläche unterschiedlich ausfallen. Die bewirkten Farbveränderungen («Patina») reichen vom hellen Silbergrau bis zu bräunlichem Schwarz.

Chemischer Holzschutz

Die Bauaufsichtsstellen in den einzelnen Staaten regeln nicht nur Belange der Standsicherheit (Statik) von Bauwerken, sondern beziehen oft auch nicht tragende und nicht aussteifende Bauteile ein, wenn durch unsachgemäßen Einsatz Gefahren für die allgemeine Sicherheit gegeben sein könnten. Dies wäre bei einem Versagen der Befestigung von Außenbekleidungen der Fall, wenn eine entsprechende Schädigung durch Pilz- oder Insektenbefall vorläge. Deshalb fordern manche Auftraggeber chemische Holzschutzmaßnahmen. Holzbauteile können im Kesseldruckverfahren imprägniert werden. Das Verfahren sollte mit chromatfreien Holzschutzmittel-Typen durchgeführt werden, die die Umwelt nicht übermäßig belasten.

Bertelsmann-Ausstellungspavillon in Hannover (Deutschland), 2000, Fassadenbekleidung aus amerikanischen Fassadensperrholzplatten, reliefgebürstet und lasiert

Restaurant in Hannover (Deutschland), 2000, Fassadenbekleidung aus Profilholz in Kiefer, naturbelassen

Südfassade des Dold-Logistikzentrums in Buchenbach (Deutschland), Montage von Dold-Dreischichtplatten in Fichte, kiefernholzfarben lasiert

Oberflächenbehandlung

Im Außenbereich braucht Holz im Grunde keine Oberflächenbehandlung. Soll der natürliche Alterungsprozess, der keinen technischen Mangel darstellt, vermieden werden, bieten nur pigmenthaltige Anstriche Schutz gegen die UV-Strahlung. Je mehr Pigmente mit einem Anstrich aufgebracht werden, desto besser ist die UV-schützende Wirkung. Klarlacke und farblose Lasuren sind also für Holzoberflächen, die der Witterung und der Sonnenstrahlung ausgesetzt sind, mit Ausnahme hochelastischer High-Solid-Beschichtungssysteme auf Polyurethan-Basis, nicht geeignet. Die Intensität der Wetterbeanspruchung hängt von der geografischen Lage, der Himmelsausrichtung und den klimatischen Beanspruchungsbedingungen des Bauteils ab. Entsprechend ist der Aufbau des Beschichtungssystems zu wählen.

Die Art der mechanischen Bearbeitung der Holzoberfläche beeinflusst auch die Wirkung von Anstrichen, und zwar sowohl aus dekorativer Sicht als auch hinsichtlich der Dauerhaftigkeit der Beschichtung. Gute Untergründe für Anstriche sind glatte (geschliffene oder hydrogehobelte) Holzoberflächen ohne aufgefaserte Stellen. Sägeraue Oberflächen sind sehr saugfähig und bieten bei dünnflüssigen (niedrigviskosen) Anstrichsystemen eine gute Haftung. Geringer ist die Haftfähigkeit dagegen bei hochviskosen Beschichtungen, da winzige Luftpolster an der Oberfläche die Dauerhaftigkeit des Anstrichs beeinträchtigen. Bei Einsatz solcher Systeme sollten Kanten gerundet sein, um die Haftfähigkeit in diesen Extrembereichen zu erhöhen.

Grundierung
Als Teil eines Anstrichsystems übernimmt die Grundierung in erster Linie die Aufgabe, die Haftfestigkeit der Beschichtung zu gewährleisten. Darüber hinaus gibt es Grundierungen mit fungiziden Wirkstoffen gegen Bläue- und/oder Schimmelpilzbefall und Grundierungen, die gegen Verfärbungen durch Holzinhaltsstoffe absperren. Meist sind sie farblos, können aber auch pigmentiert eingesetzt werden.

Lasuren
Kennzeichnend für Lasursysteme ist die halbtransparente Einstellung mit einem Bindemittelgehalt, der bei Dünnschichtlasuren bei rund 30 Prozent, bei Dickschichtlasuren zwischen 30 und 60 Prozent liegt. High-Solid-Anstriche haben bis zu 85 Prozent Festkörperanteil und können in einem Arbeitsgang aufgebracht werden. Je geringer die Pigmentierung ist, desto deutlicher wirkt die Maserung des Holzes. Gering pigmentierte Lasuren eignen sich wie farblose jedoch nicht für bewitterte Bauteile. Dünnschichtlasuren ergeben Trockenschichtdicken zwischen 20 und 60 μm, Dickschichtlasuren 60–80 μm. Diese Trockenschichtdicke genügt für maßhaltige Bauteile. Lasuren werden in unterschiedlichen Holztönen und einer Reihe von Farben angeboten, als lösemittelhaltige oder wasserbasierte Systeme.

Lacksysteme
Deckende Beschichtungen auf der Basis von Alkydharz, Acrylatharz und anderen Kunstharzen bilden nach dem Aushärten eine geschlossene Schutzschicht auf dem Holz. Sie werden auf einer zum System gehörenden Grundierung aufgebracht. Heute werden fast ausschließlich wasserbasierte Lacke eingesetzt. Je nach Einsatzbereich und dessen Anforderungen kommen diffusionsoffene Lacke mit einer Diffusionswiderstandszahl μ unter 5 000 (Holzbekleidungen) oder diffusionsdichte Beschichtungssysteme (μ-Werte über 12 000) für Fenster und andere maßhaltige Elemente zur Anwendung. Die Farbtonvielfalt von Lacken ist nahezu unbegrenzt und es kann jeder gewünschte Farbton gemischt werden.

Fassadenbekleidung aus Kaufmann-K1-Multiplan-Dreischichtplatten in Lärche. Die unbehandelte Holzoberfläche beginnt nach einigen Jahren zu vergrauen; die Vergrauung ist abhängig von der Witterung und der Ausrichtung.

Fassade eines Kaufhauses der Giga-Sportcenterkette in Österreich. Fassadenbekleidung aus Kaufmann-K1-Multiplan-Dreischichtplatten in Lärche

Brandschutz

Bei Gebäuden geringer Höhe dürfen in der Regel normal entflammbare Fassadenbaustoffe eingesetzt werden. Damit können Holzwerkstoffe aller Art Verwendung finden. Bei höheren Gebäuden können in manchen Ländern schwer entflammbare Baustoffe vorgeschrieben sein. Hier lassen sich zementgebundene Spanplatten oder mit Flammschutzmitteln imprägnierte Holzplatten einsetzen. Ungeachtet dieser Regelungen sind je nach Fall bauaufsichtliche Befreiungen möglich, wenn bestimmte Bedingungen hinsichtlich der Konstruktion, der Brandausbreitung, der Fluchtwege oder der Gebäudeabstände erfüllt werden.

Instandhaltung

Es gibt kein Material, das nicht mit einem der chemischen Bestandteile der Luft und des Wassers oder mit der UV-Strahlung des Sonnenlichts reagieren oder auch von mechanischen Beeinträchtigungen der Bewitterung geschädigt würde. Anstriche und Beschichtungen sind davon nicht ausgenommen. Wenn Fassadenbauteile über die Zeit ihre Funktionsfähigkeit behalten sollen, müssen sie in regelmäßigen Abständen kontrolliert, gewartet und bei Bedarf instand gesetzt werden. Unter Wartung versteht man Maßnahmen, die zur Erhaltung des gegenwärtigen Zustands beitragen, die Instandsetzung soll den funktionsfähigen Zustand wieder herstellen.

Schulungsgebäude in Hamburg (Deutschland), 2001, Fassadengestaltung mit feuerhemmend (F 30 B) behandelten Furnierschichtholzplatten Merk-Igniplan in Gelb und Rot

FEUER!
Brandschutz im Holzbau

BRANDSCHUTZ

Verwaltungsgebäude des Holzbauunternehmens Lux in Georgensmünd (Deutschland), 1993. An die Skelettkonstruktion aus Brettschichtholz wurden keine brandschutztechnischen Anforderungen gestellt, da die umlaufenden Wartungsbalkone mit Zugang zum Garten rasche Fluchtmöglichkeiten im Brandfall bieten.

Flugzeughangar am Flughafen Köln-Bonn in Westdeutschland in Mischbauweise mit einer sichtbaren Dachkonstruktion aus Holz errichtet. Der 94 m weit gespannte Hauptfachwerkbinder aus Holz musste nach der Landesbauordnung mit einer Feuerwiderstandsdauer von 30 Minuten (F 30-B) ausgeführt werden. Bauherrenwunsch war jedoch eine erhöhte Forderung nach 60 Minuten (F 60-B), die allein durch den Querschnitt der Träger erreicht wurde. Die Feuerwiderstandsdauer der Sekundärbinder aus Brettschichtholz und der übrigen Holzkonstruktion beträgt wie gefordert F 30-B.

Holzbauteile im Brandfall

Organische Baustoffe wie Holz zersetzen sich bei hohen Temperaturen (Pyrolyse). Die Entzündungstemperatur ist unter anderem abhängig von der Holzfeuchte und der Dauer der Erhitzung. Man unterscheidet drei Arten von Bränden. Der Schwelbrand ist eine langsame Pyrolyse ohne Flammentwicklung; der Baustoff verkohlt unter Rauchentwicklung.

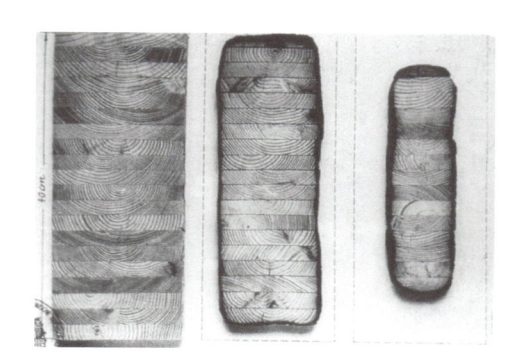

Wie soll man es deuten, dass in Deutschland einige Neubauten von Feuerwehrstützpunkten als Holzkonstruktionen errichtet wurden? Denn Holz ist bekanntlich ein brennbarer Stoff und seine Anwendung zahlreichen Vorschriften unterworfen, die (oft ungerechtfertigte) Grenzen abstecken. In der Beurteilung des Brandverhaltens von Holz und Holzbauten zeichnet sich jedoch gegenwärtig ein Wandel ab. Die simple Erkenntnis, dass Holz brennbar ist, ist eben nicht alleine ausschlaggebend für die Bewertung eines Baustoffs im Brandfall. Unter dem Aspekt von Schäden an Leben, Gesundheit und Sachgütern durch Brand kommt zum Beispiel die Branddirektion München zu der berechtigten Aussage, dass der Grad der Verwendung von Holz dabei völlig unerheblich sei. Im Hinblick auf seine Brandparallelerscheinungen ist Holz relativ harmlos. Da gerade die Brandparallelerscheinungen Rauchdichte und Toxizität den Brandverlauf in Hinblick auf Personenschäden entscheidend beeinflussen, zeigt aus der Sicht der Feuerwehr, dass Holz im Vergleich zu anderen Baustoffen ein günstiges Verhalten aufweist. Es wird bei vielen Baustoffprüfungen nicht risikogerecht beurteilt und dadurch benachteiligt.

Querschnitt eines Biegeträgers aus Brettschichtholz nach 30 Minuten und 60 Minuten Brandbeanspruchung. Aufgrund der bekannten Abbrandgeschwindigkeit bei Holz ist die rechnerische Bemessung einfacher Rechteckquerschnitte völlig problemlos.

Das durch entsprechende Brandschutzbestimmungen der Länder vorgegebene Maß des baulichen Brandschutzes kann durch individuelle Brandschutzkonzepte erreicht werden. In der Regel werden lange Hallenbauwerke dabei durch Brandwände in einzelne Brandabschnitte (von beispielsweise 40 m) unterteilt, um eine schnelle Brand- und Rauchausbreitung zu behindern. Eine solche Aufteilung ist jedoch nicht immer möglich. Bei Abbundhallen der Holzbauindustrie oder bei Flugzeughangaren beispielsweise sind durchgehende Hallenflächen notwendig. Aber auch bei Bauwerken solch spezieller Nutzung werden Brandschutzkonzepte gefunden, die eine Holzkonstruktion ermöglichen. So wurde ein

Brandbeanspruchte Vollholzstütze mit Kopfbändern nach 40 Minuten Brandbeanspruchungsdauer

GRUNDLAGEN

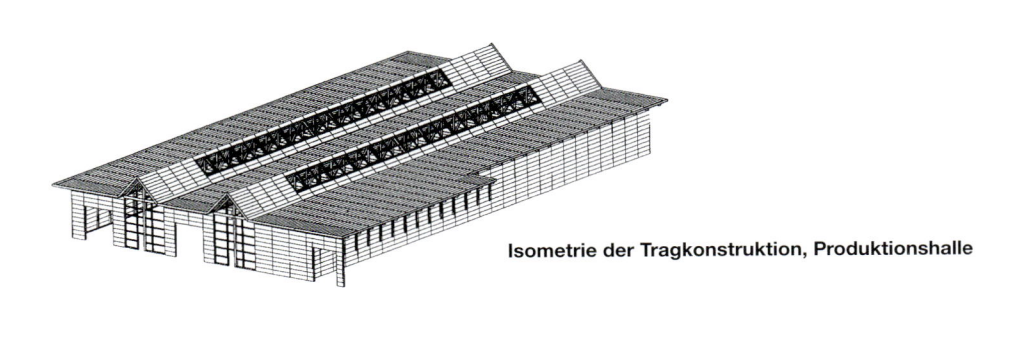

Isometrie der Tragkonstruktion, Produktionshalle

Produktionshalle für Lignotrend-Holzblocktafeln in Weilheim-Bannholz (Deutschland), 1997, Nutzfläche 3 500 m².

Produktionshalle. Die Dachkonstruktion besteht aus 3,40 m hohen Fachwerkträgern aus Brettschichtholz, von denen vier hintereinander über die gesamte Hallenlänge von 80 m gespannt sind. Bei der Produktionshalle wurde eine Sprinkleranlage eingebaut, so dass hinsichtlich des Brandschutzes keine Anforderungen an den Holzbau gestellt wurden.

Gelangt ausreichend Luft an Glutnester verkohlten Holzes, kommt es zum Glimmbrand. Ein offener Brand mit Flammenbildung kann durch Fremd- oder Selbstentzündung bei andauernder Erwärmung als Folge einer Pyrolyse bei rund 200° C entstehen.
Der Nachweis der brandschutztechnischen Eigenschaften von Baustoffen und Bauteilen kann durch entsprechende Prüfungen anerkannter Materialprüfanstalten und Institute erfolgen und wird in der Regel in einem Prüfzeugnis dokumentiert. Dies ist bei Einsatz klassifizierter Bauteile und Baustoffe nicht mehr notwendig. Daneben können Bauteile aus Holz mit einem anerkannten Rechenverfahren hinsichtlich tragender Restquerschnitte berechnet werden. Die Abbrandgeschwindigkeiten sind für Nadelholz und Buche mit 0,8 mm/min bei Vollholz bzw. 0,7 mm/min bei Brettschichtholz festgelegt; Laubholz (außer Buche) besitzt eine Abbrandgeschwindigkeit von 0,56 mm/min.

Kaum Wärmedehnung

Holz als brennbarer Stoff ist also für feuerwiderstandsfähige Bauteile gut geeignet. Dafür sind Eigenschaften maßgebend, die Holz anderen tragenden Baustoffen voraus hat, nämlich einerseits eine schlechte Wärmeleitung und andererseits eine vernachlässigbar geringe Wärmedehnung, die bei Sicherheitsüberlegungen hinsichtlich der Gesamtstabilität von Gebäuden eine Rolle spielt. Bei einem Brand wird die Holzoberfläche in Holzkohle umgewandelt, wodurch sich die Abbrandgeschwindigkeit nochmals über 50 Prozent reduziert. Je größer der Querschnitt, desto höher also die Feuerwiderstandsdauer, die theoretisch bis zu zwei Stunden möglich ist. Bereits einen Zentimeter unter seiner Oberfläche bleibt Holz tragfähig, egal ob die Brandtemperatur 600° oder 1200° C beträgt. Die Verbindungen und Verbindungsmittel aus Stahl sind meist die brandschutztechnischen Schwachstellen innerhalb einer Holzkonstruktion. So muss man gegebenenfalls im Holz verdeckt liegende Systeme verwenden oder die Verbindungsstellen mit Holz bekleiden.

Chemische Feuerschutzmittel können zur Imprägnierung von Holz, vor allem auch von dünnen Holzbekleidungen eingesetzt werden. Sie werden je nach System im Streichverfahren oder durch Kesseldrucktränkung auf- oder eingebracht und machen das Holz schwer entflammbar. Die schaumbildenden Schutzanstriche können transparent oder deckend eingesetzt werden.

Brandschutzkonzepte

Ziel eines wirksamen Brandschutzkonzeptes ist der Personenschutz, der Sachschutz und der Objektschutz. Dazu gehören als vorbeugender Brandschutz alle Maßnahmen, die zur Verhinderung eines Brandausbruchs, einer Brandausweitung und zur Sicherung der Rettungswege notwendig sind. Brandwände, Feuermeldeanlagen, Sprinkleranlagen, Rauch-Wärme-Abzugsanlagen und sichere Rettungswege können zu einem maßgeschneiderten Brandschutzkonzept führen. Die Bauordnungen in den einzelnen Staaten und Bundesländern sind in vielen Bereichen durchaus interpretierbar und lassen alternative Lösungswege offen, wenn das Schutzziel nachgewiesenermaßen erreicht wird. Zahlreiche Beispiele im folgenden Teil des Buchs zeigen das.

BRANDSCHUTZ

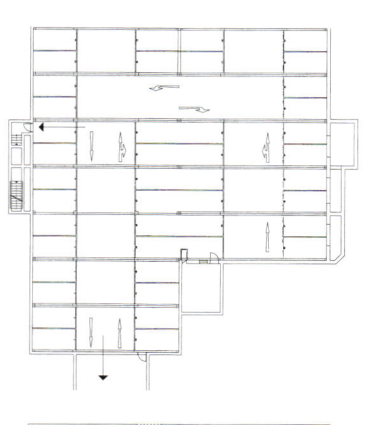

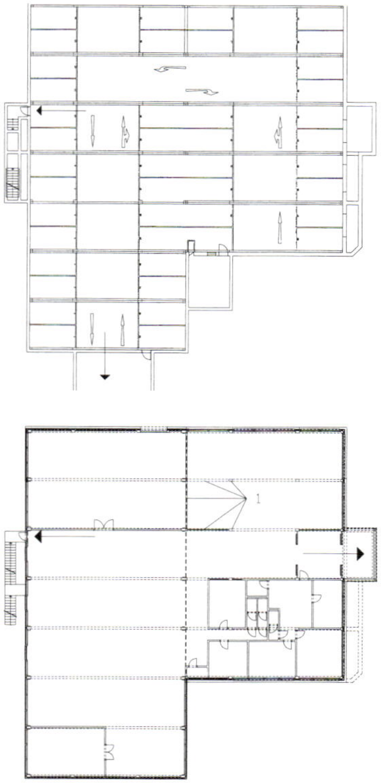

1 Geschäftshaus mit zwei darunterliegenden Parkdecks in Murau (Österreich). Alle drei Ebenen sind in Holzbauweise aus Brettschichtholz – Stützen und Unterzüge – errichtet. Die Brandschutzanforderung an das Parkhaus lautete F 30, der Holzbau war möglich. Höhere Brandschutzanforderungen ergaben sich aus der Nutzung der obersten Ebene als Geschäftshaus, nach der regionalen Bauordnung F 30-B (30 Minuten Brandwiderstand) beim Dach und F 90-B (90 Minuten Brandwiderstand) für Decken, Stützen und Unterzüge.

2 Innenansicht des Parkdecks

3 Grundriss des untersten Parkdecks und der oberen Geschäftsebene (unten). Im Wesentlichen beruht das Brandschutzkonzept auf einem ausreichenden Feuerwiderstand der Holzkonstruktion und vorhandenen Fluchtwegen. Eine Brandmeldeanlage ist direkt mit der Feuerleitstelle verbunden.

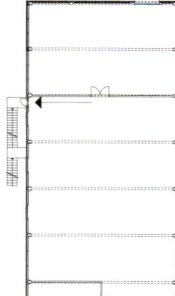

4 Temperaturverlauf für vierseitig beanspruchte Holzquerschnitte

5 Bei einer Raum abschließenden Holzbalkendecke mit Bohlenbeplankung wird der Holzbalken von drei Seiten im Brandfall beansprucht, die Bohlenlage einseitig.

6 Die Beanspruchung von Stützen im Brandfall richtet sich auch nach ihrer Anordnung. Von oben: freistehend vierseitige Brandbeanspruchung, vor einer Wand – dreiseitig, in einer Wand – zweiseitig, in einer Wand – einseitig

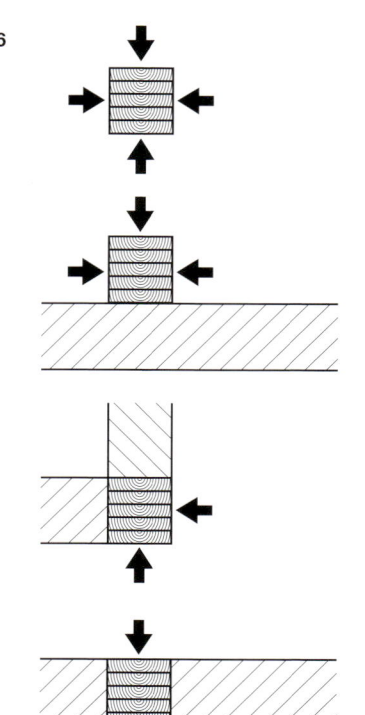

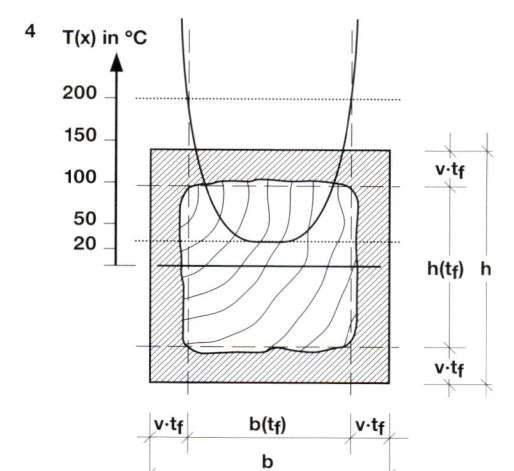

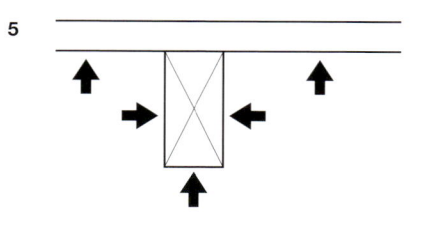

DIENSTLEISTUNG UND MISCHNUTZUNG

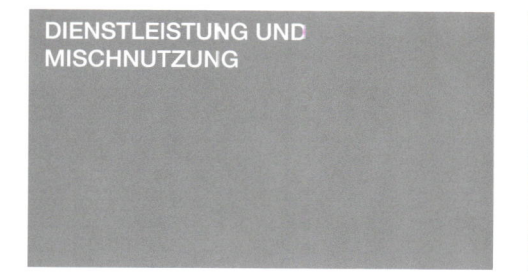

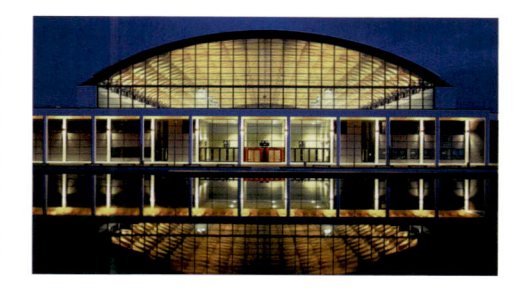

DIENSTLEISTUNG UND MISCHNUTZUNG

Architekt: Bruno Mader

AUSSICHTSPUNKT
Autobahnraststätte Baie de Somme / Frankreich

Im Norden Frankreichs, zwischen dem Fluss Somme und dem Ärmelkanal, bildet die Autobahnraststätte Aire de la Baie de Somme an der A 16 bei der Stadt Abbeville einen Blickpunkt in der weiten, bis zum Horizont flachen Landschaft. Die Natur dieser Ebene hat Auftraggeber und Planer dazu inspiriert, anstelle einer üblichen Raststätte – Tankstelle mit Snackbar – eine Art Erlebnispark zu konzipieren, bei dem die Natur dieser Region im Mittelpunkt steht.

Die Natur näher bringen
Der Grundriss der Anlage fügt sich in die Parzellierung der Felder ein und ist so angelegt, dass der Autobahnverkehr so weit wie möglich abgeschirmt ist. Die Zufahrten sind an den äußersten Rand des Geländes gelegt, die Parkplätze in einer tieferen Ebene angeordnet und durch Kanäle abgetrennt. Dadurch stören die Autos nicht den Blick in die Landschaft. Die Kanäle, nicht ungewöhnlich in der Sumpflandschaft der Umgebung, werden durch das Regenwasser gespeist, das an der Autobahn gesammelt und an der Raststätte aufgefangen wird. Sie dienen gleichzeitig als Wasserreservoir für den Brandfall.

Unter einem weitläufigen Dach in Holzkonstruktion sind die einzelnen Servicebereiche der Raststätte angeordnet. Gegenüber der eigentlichen Tankstelle sind drei Betonkuben, die die Tankstellenkasse, die Sanitäranlagen und die Küche des Selbstbedienungsrestaurants aufnehmen, platziert. Die Zwischenräume dieser Baukörper wirken wie Bilderrahmen um Landschaftsgemälde der Picardie. Das Restaurant, ein Geschäft mit Spezialitäten der Region und ein Raum für Ausstellungen bieten dem Rastenden eine kurzweilige Möglichkeit, sich mit der Umgebung auf vielfältige Weise vertraut zu machen, vor allem, da die Seite zum angrenzenden Sumpfgebiet großflächig verglast ist. Diesen Einblick in die Region kann der Besucher noch mehr vertiefen, wenn er über die große, zur Landschaft hin geöffnete Terrasse den Rundbau der Aussichtsplattform erreicht. Im Innern dieses Zylinders werden Fauna und Flora der Baie de Somme auf Bildschirmen in Szene gesetzt. Neben diesem «elektronischen Informationsangebot» besteht die Möglichkeit, von der Dachterrasse den Blick in die Sumpflandschaft schweifen zu lassen.

Holz, Beton, Kieselsteine
Das Holzdach, ein Bindeglied aus natürlichen Baustoffen zwischen Straße und Landschaft, wird von vier Reihen mit Rundstützen aus verleimtem Lärchenholz getragen. Sie korrespondieren zu vier Baumreihen, Eschen, die in Fortsetzung der Holzsäulen gepflanzt wurden. Die Stützen scheinen das Dach zu durchdringen und erinnern dort an die Pfähle der Austernbänke des nahen Ärmelkanals. Das Tragwerk des Daches besteht aus Brettschichtholzbindern, zwischen denen verleimte Pfetten angeordnet sind. Der Dachaufbau besteht aus wärmegedämmtem Stahlwellblech von 120 mm Dicke (0,35 W/m^{2}K), auf dem Kanthölzer angebracht sind, die eine Brettlage aus 25 mm dickem Lärchenholz als Dachabschlusslage aufnehmen. Die Stirnholzenden der Pfosten sind mit Blechhauben geschützt. Im Innern bildet eine Akustikdecke aus Sperrholz, mit Okouméholz furniert, die Untersicht.

Die Wände der Dienstleistungsblöcke bestehen aus Beton, dessen Sichtseiten mit grauen Kieselsteinen aus der Mündungsbucht des Flusses Somme bestückt wurden, und bilden einen Kontrast zu dieser glatten Holzdecke. Dieses Detail ist nicht nur als Hinweis auf die raue Natur der Landschaft, sondern auch auf die traditionelle Architektur der Region zu sehen.

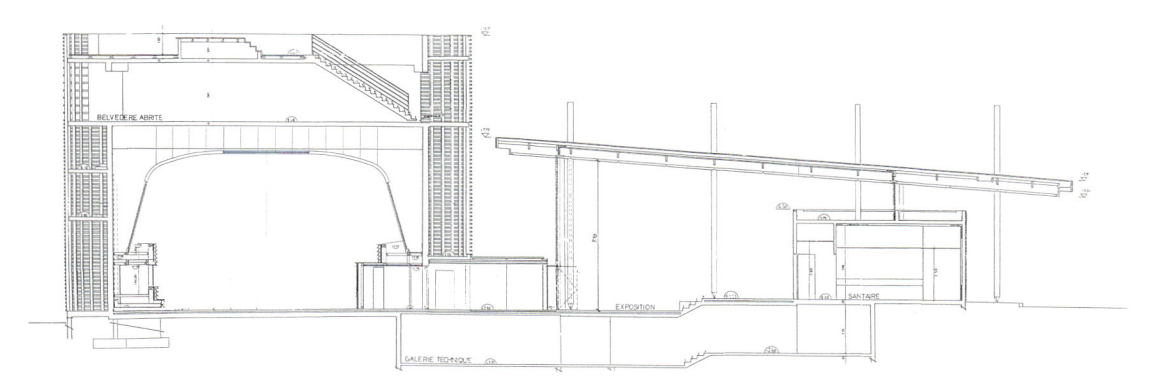

Querschnitt durch Rastanlage und Aussichtsturm

DIENSTLEISTUNG UND MISCHNUTZUNG

Südost-Ansicht

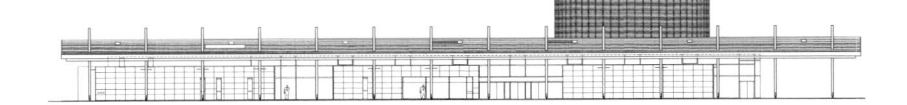

Nordwest-Ansicht

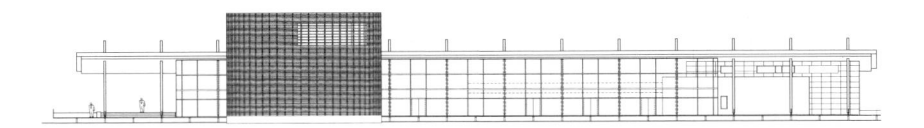

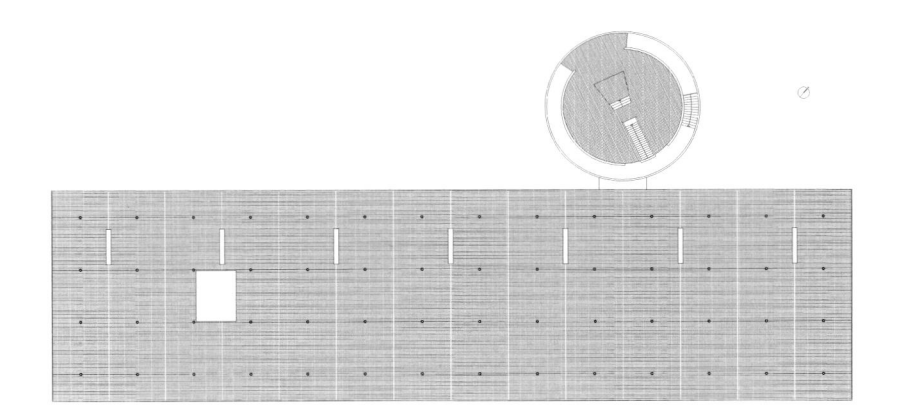

Dachaufsicht

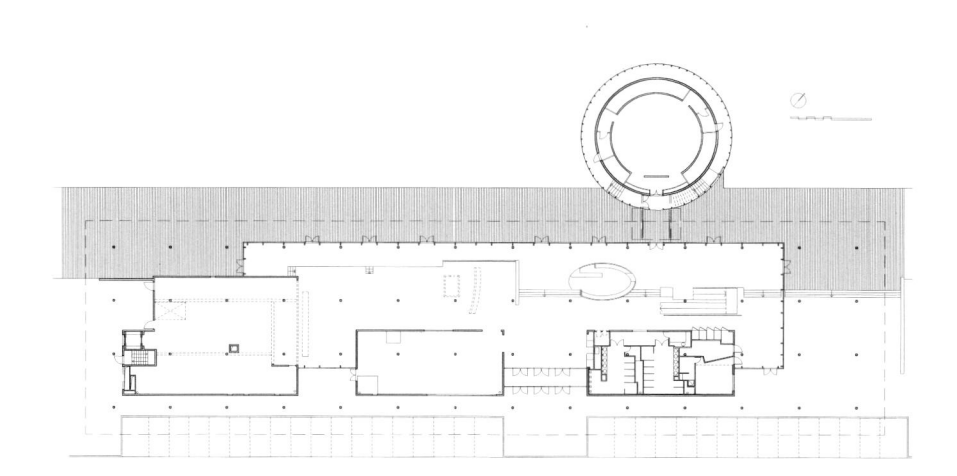

Grundriss der Rastanlage

AUTOBAHNRASTSTÄTTE, BAIE DE SOMME

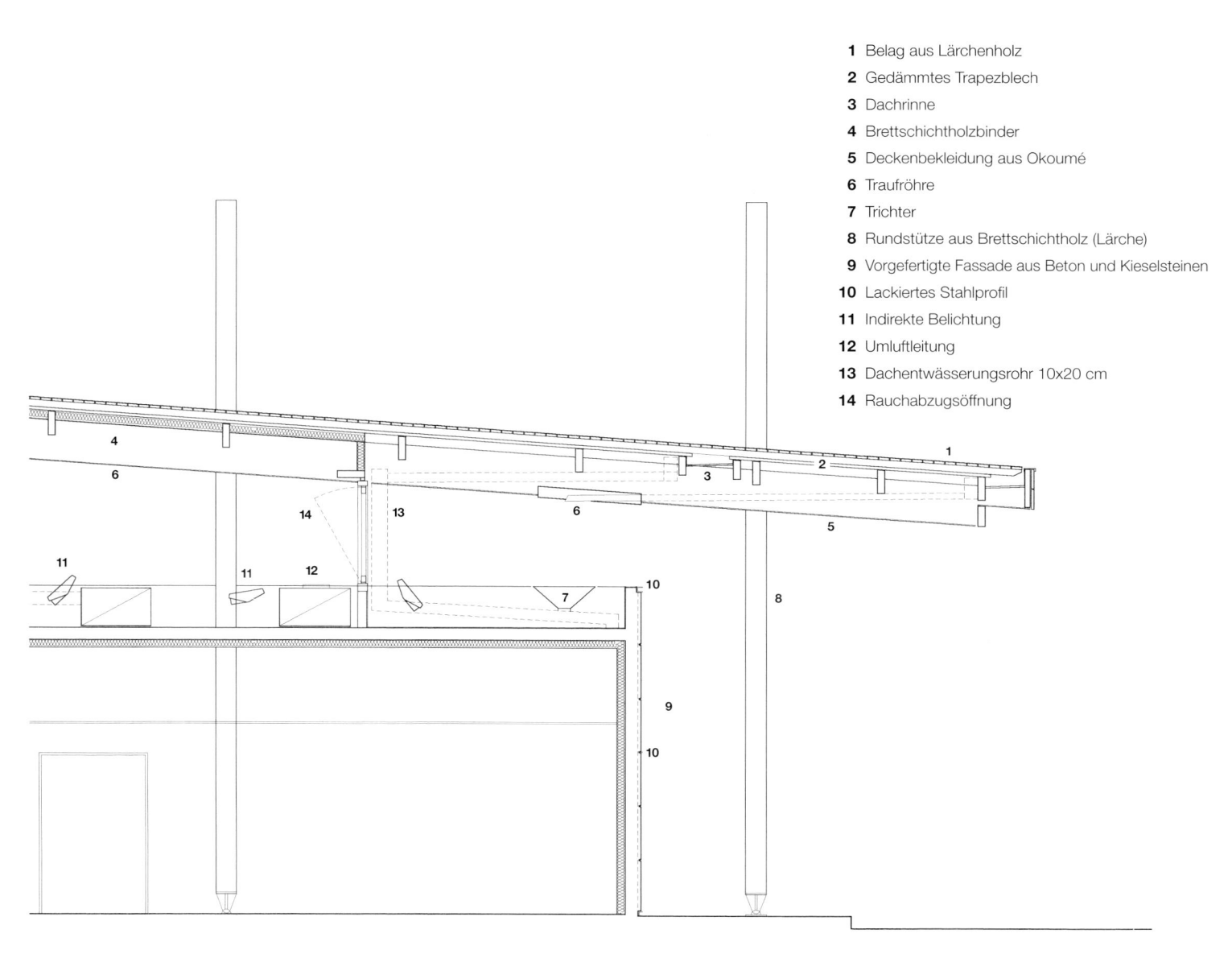

1 Belag aus Lärchenholz
2 Gedämmtes Trapezblech
3 Dachrinne
4 Brettschichtholzbinder
5 Deckenbekleidung aus Okoumé
6 Traufröhre
7 Trichter
8 Rundstütze aus Brettschichtholz (Lärche)
9 Vorgefertigte Fassade aus Beton und Kieselsteinen
10 Lackiertes Stahlprofil
11 Indirekte Belichtung
12 Umluftleitung
13 Dachentwässerungsrohr 10x20 cm
14 Rauchabzugsöffnung

Teilquerschnitt mit Dachentwässerung und indirekter Belichtung

Auch der Aussichtsturm besitzt einen Zylinderkern aus Beton. Die äußere Haut jedoch, die den Umgang um den Innenzylinder umschließt, besteht aus sägerauen Lärchenholzbrettern, die auf Abstand montiert sind und im Laufe der Zeit eine altersgraue Farbe annehmen werden. Die Sichtschlitze zwischen den Brettern erschließen eine Panoramabewegung der Landschaft bis zum Aussichtspunkt, wenn der Besucher die Stufen um den Kern nach oben steigt.

Windenergie deckt den Bedarf
Die Holzkonstruktion des Daches wird durch die Betonkuben und einem einzigen Kreuzverband aus Stahl ausgesteift. In den Dachaufbau sind eine indirekte Beleuchtung, Belüftungsanlagen und die Dachentwässerung integriert, die in Wasserspeiern zu den Kanälen mündet. Konstruktive Details und technische Ausstattungen wurden in wirkungsvoller, aber schlichter Einfachheit gehalten, die dem Gebäude und seinem Landschaftsbezug entsprechen. Auch die Tankstelle musste sich in der Gestaltung dieser Vorgabe anpassen.

Die Vorhangfassade aus doppelverglasten Aluminiumprofilen mit einem Wärmedämmkennwert von 2,6 W/m^{2}K wird von dem weit überstehenden Dach beschattet. Die Holzlage auf dem Dach wiederum fördert die Luftzirkulation und vermeidet eine Überhitzung im Sommer. Die kontrollierte Be- und Entlüftung arbeitet mit Wärmerückgewinnung. Im unteren Bereich der Glasfassade verhindert bei Bedarf ein Gebläse das Beschlagen der Glasscheiben. Die jährliche Stromerzeugung von einer halben Million kWh eines Windenergiegenerators deckt den Strombedarf des Gebäudes; der Überschuss wird in das öffentliche Stromnetz eingespeist. Nachts sind die Wege und Wasserkanäle Bestandteil einer Lichtinszenierung, die den Besucher in den Informationsturm führt.

Tragwerk Vorder- und Seitenansicht

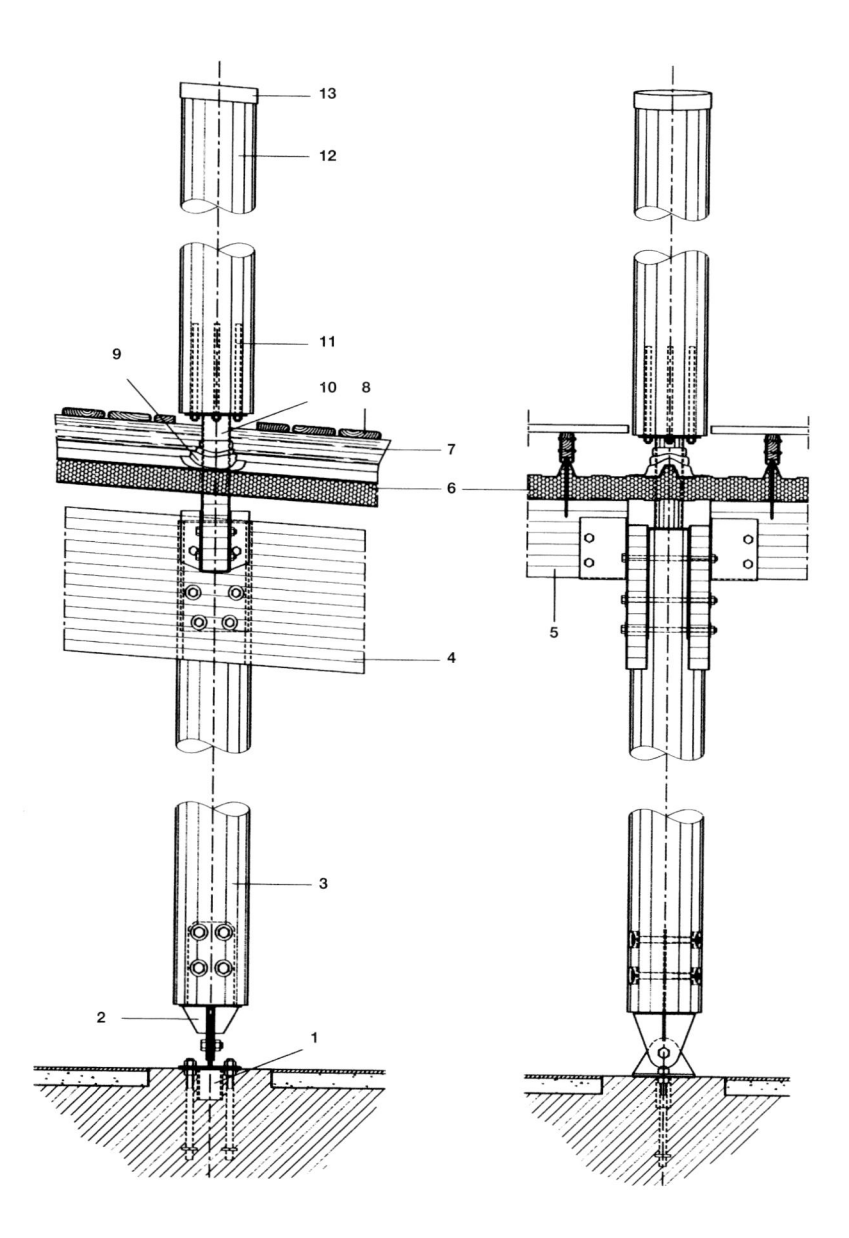

1 Stahlverankerung mit Gelenkverbindung
2 Stützenfuß
3 Rundstütze aus Brettschichtholz, Durchmesser 240 mm
4 Brettschichtholz-Zange
5 Pfetten
6 Stahlprofilblech mit Wärmedämmung 120 mm
7 Kanthölzer
8 Bohlenbelag Lärche 25 mm
9 Dichtungsmanschette
10 Stützenanker
11 Eingeleimte Gewindestangen zur Befestigung auf der Ankerplatte
12 Rundstütze aus Brettschichtholz, Durchmesser 240 mm
13 Pfeilerabdeckung aus Zinkblech

AUTOBAHNRASTSTÄTTE, BAIE DE SOMME

Standort Autobahn A16 bei Abbeville/Frankreich

Bauzeit 8/1997–5/1998

Bauherr Department Somme und SANEF

Architekten Bruno Mader, Paris;
Mitarbeit: Pascal Boisson

Tragwerksplanung Holzbau Sylva Conseil

Planung Haustechnik Inex, Cegef

Landschaftsarchitektin Pascale Hannetel

Generalunternehmer Quille

Holzbau Mathis

Nutzfläche 4 828 m²

DIENSTLEISTUNG UND MISCHNUTZUNG

Nudelfabrik mit Restaurant in Fukushima/Japan
FILTERFUNKTION
Kengo Kuma & Associates

Kengo Kuma ist kein Architekt vordergründiger Selbstdarstellung, sondern ein Analytiker der Tradition, welcher mit der Ruhe einer Zen-Konzentriertheit, mit Mut zum Experiment und mit der Bescheidenheit eines Wissenden baut.

An einem Ort, der typisch für die japanische Provinz ist, entstand so der Neubau einer Nudelfabrik mit angegliedertem Restaurant. Ein Teil des Grundstücks ist durch die Naturszenerie der Wasserfälle des Abukuma-Flusses geprägt, der andere Teil ist der Zubringerautobahn des Flughafens von Fukushima und der Stadt Suga zugewandt. Das Gebäude befindet sich also an der prekären Schnittstelle zwischen ursprünglicher Natur und Autobahn und übernimmt die Funktion eines Filters zwischen diesen beiden Gegensätzen. Durch vier verschiedene Holzlattenelemente an der Fassade demonstriert der Architekt diese Wirkung. Die Hölzer der Roste haben unterschiedliche Querschnitte und Abstände zueinander. Die vier verschiedenen Holzroste ergänzen einander, überlagern und durchdringen sich optisch, wodurch spannende Effekte entstehen.

Linienraster
Geht man am Gebäude entlang, lässt sich ein Spiel offener und geschlossener Flächen verfolgen. Der Filter der Fassade ändert ständig durch die Struktur der Linien seine Durchlässigkeit.

Der Hauptteil des Gebäudes liegt unter der Erde; darüber im Erdgeschoss befinden sich Autostellplätze. Das Gebäude scheint sich zu den oberen Geschossen hin aufzulösen. Dieser Eindruck wird durch die «Filterfunktion», also die Licht und Luft durchlässigen Holzstrukturen in der vertikalen Ebene noch verstärkt. Im Erdgeschoss befindet sich der Foyerbereich, ein Ladengeschäft sowie ein Restaurant mit Freiterrasse, dessen Räumlichkeiten sich bis in das Obergeschoss ausdehnen. Dort sind ausserdem die Küche des Restaurants sowie die Räume einer kleinen Nudelfabrik untergebracht. Das Untergeschoss ist in Beton gebaut, die Konstruktion darüber besteht aus Holz.

Ein bestehendes Gebäude musste diesem Neubau weichen. Kengo Kuma setzte an seine Stelle eine Architektur, die auf die Gegebenheiten des Ortes angemessen und feinfühlig reagiert. Seine Architektur ist von überholten Konzepten befreit, was den Nutzer auch von Zwängen gewohnter Betrachtungsweisen befreit. Die Architektur der Nudelfabrik, die der Architekt selbst «River Filter» nennt, nutzt die Eigenschaften der Baustoffe mit all ihren konstruktiven und sinnlichen Qualitäten, um neue Wechselwirkungen sowohl zwischen Architektur und Umwelt, als auch zwischen Tradition und zeitgemäßer Moderne entstehen zu lassen.

Standort Tamakawa, Fukushima/Japan
Bauzeit 1994–1996
Architekten Kengo Kuma & Associates, Tokyo
Tragwerksplaner Aoki Structural Engineers
Generalunternehmer Ando Architecture Design Office
Bruttogeschossfläche 925 m²

NUDELFABRIK/RESTAURANT, FUKUSHIMA

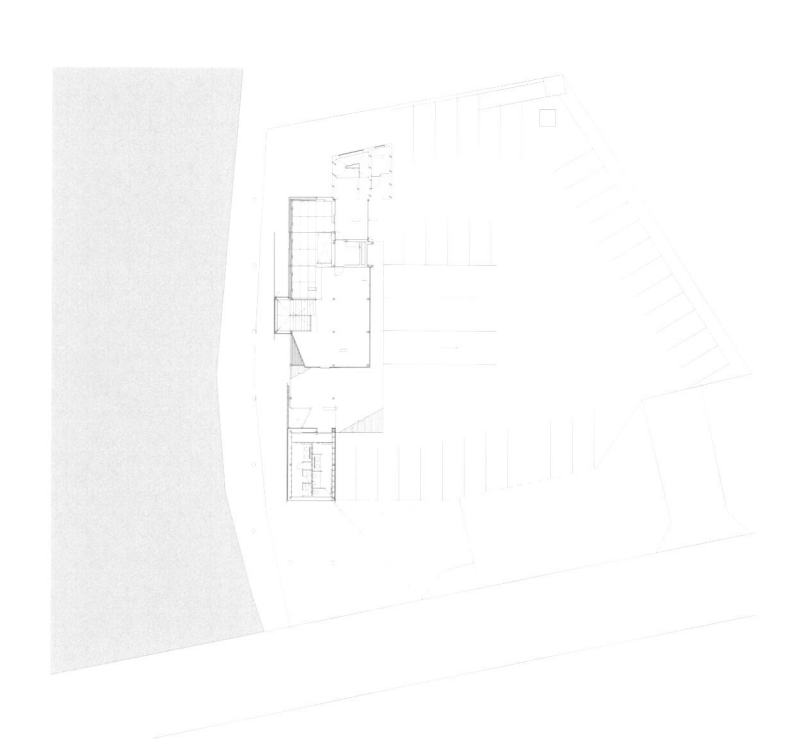

Grundriss

DIENSTLEISTUNG UND MISCHNUTZUNG

KANZLEI

Rechtsanwaltsbüro in San Francisco/USA

Architekten: Turnbull Griffin & Haesloop

Die Rechtsanwaltskanzlei, die sich auf Patentrecht besonders in der Hightech-Industrie spezialisiert hat, benötigte ein neues Domizil für ihr rasch expandierendes Büro in San Francisco. Als der Kanzlei das Obergeschoss des Embarcadero-Gebäudes angeboten wurde, in dem vorher ebenfalls ein Rechtsanwaltsbüro untergebracht war, wollte sie dort einziehen. Die Etage eignete sich vom Platzangebot her, aber der Grundriss und die Ausstattung waren zu eng und dunkel für die Kanzlei, deren Ansatz in jeder Hinsicht Offenheit und Kooperation ist.

Die Herausforderung für die Architekten war es, einerseits möglichst viele Funktionen des ursprünglichen Büros zu bewahren, andererseits den Eingangsbereich in eine offene und repräsentative Empfangslobby umzugestalten, die der Unternehmenskultur dieser Kanzlei gerecht werden sollte.

Die Planer öffneten die Wand über die gesamte Breite der Etage und schufen so eine Raumsituation, die den Mitarbeitern das Gefühl der Enge und Dunkelheit nahm, die bis dahin im Empfangsbereich und in den Fluren der Kanzlei geherrscht hatten. Die neue Lobby liegt gegenüber dem Aufzug, flankiert von Sitzgruppen und dominiert von einer großen transluzenten Lichtwand. Zusammen mit indirekten Beleuchtungen und einem Oberlicht, dessen Lichteinfall eine kleine Sitzgruppe hervorhebt, wurde ein stimmungsvolles Ambiente geschaffen. Die neuen Besprechungszimmer auf jeder Seite der Empfangslobby gestatten spektakuläre Aussichten auf das Zentrum von San Francisco und die nördliche Bucht, die Mitarbeiter und Besucher genießen können. Das ehemalige Wartezimmer wurde zum Aktenarchiv der Kanzlei umgebaut. Durch das Öffnen von Trennwänden können zusätzliche Räumlichkeiten für Empfänge und andere Veranstaltungen geschaffen werden.

Die verwendeten Materialien unterstreichen die helle, freundliche Wirkung der Lichtführung: Blaue Türen und Schreibtische, Parkettböden aus dunklem Holz mit Ahornstreifen und eine geschwungene Decke aus Ahornleisten lassen die Räumlichkeiten höher erscheinen.

Standort Skjerven Morill LLP., San Francisco/USA
Architekten Turnbull Griffin & Haesloop, Architects, Berkeley CA.

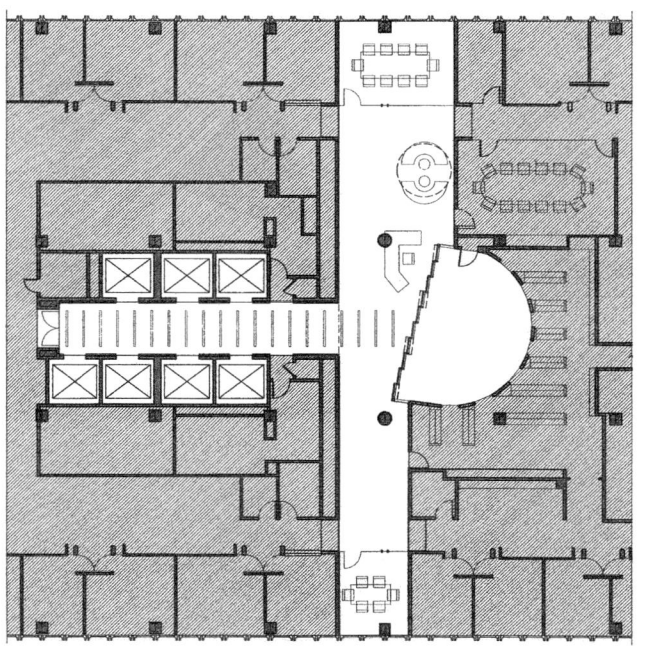

Grundriss Kanzlei

DIENSTLEISTUNG UND MISCHNUTZUNG

Forst-Öko-Zentrum in Scottsdale, Tasmanien / Australien
BAUMSTUMPF
Morris-Nunn & Associates Architects

Das Forst-Öko-Zentrum in Scottsdale besteht aus zwei ineinander gestellten Gebäuden und ist sozusagen ein Haus im Haus. Er wurde ausdrücklich mit der Zielvorgabe geplant, signifikante Energieeinsparungen weit unterhalb des normalen Verbrauchs zu erreichen, und das während seiner gesamten Nutzdauer. Während des Planungsprozesses zur Energieeffizienz war die Demonstration energetischer Verwendung des nachhaltig produzierten Plantagennutzholzes, besonders der Radiata-Kiefer (pinus radiata), ein integraler Bestandteil der Instruktion.

Die Basis des Entwurfs
Der architektonische Ausdruck des Forst-Öko-Zentrums ist gekennzeichnet durch eine gravierende Abkehr von der Form traditioneller Bürogebäude. Seine äußere Gestalt wurde bestimmt durch den Wunsch, das größte nutzbare Volumen im Inneren zu schaffen. Die kegelförmige Form lieferte eine praktische Alternative zur Idealform der Kugel, die auch den verfügbaren Bereich auf Bodenebene maximiert. Das Gebäude ist nach Norden geneigt, um die Wintersonne optimal zu nutzen, während die südlich ausgerichtete Rückseite wärmegedämmt ist.

Das Forst-Öko-Zentrum ist ein aus Kiefernholz gestalteter Kegel, der einen Baumstumpf versinnbildlicht, sozusagen ein Symbol für die Aktivitäten der Forstwirtschaft. In einer Zeit globaler Umweltkrisen soll dieses Gebäude, und mit ihm der symbolisierte Baumstumpf, ein Zeichen für die ökologische Bedeutung des nachhaltig bewirtschafteten Waldes und dessen nachwachsendem Rohstoff Holz sein, dessen ökologische Bedeutung als CO_2-Senke und CO_2-neutraler Energielieferant nicht oft genug propagiert werden kann.

Energiekonzept
In Tasmanien demonstriert das Forst-Öko-Zentrum einen wichtigen Schritt, Energie bei Gebäuden einzusparen. Die Einsparungsmaßnahmen laufen darauf hinaus, nur etwa 20 Prozent der Energie zu verbrauchen, die normalerweise ein modernes Bürogebäude benötigt.

Beim Forst-Öko-Zentrum wird durch die zwei ineinander gestellten Gebäude eine Pufferzone für das Innengebäude geschaffen, die durch die gebogene Fassade durchscheinender Polycarbonat-Platten und einem speziellen Teflon beschichteten zweilagigen Textilmembrandach gebildet wird. Die äußere Form des Kegelstumpfs ist zur Sonne ausgerichtet.

Das Energiesparkonzept nutzt die Prinzipien des Treibhauseffekts. Die Erwärmung des inneren Gebäudes ist hier das tatsächliche Ergebnis der Sonnenenergieeinstrahlung, die durch die transparenten Wände und das transparente Dach der Außenhaut eindringt. Bei drohender Überhitzung öffnen große Jalousieflächen, um einen Luftaustausch zu ermöglichen. Die Jalousien werden über einen zentralen Computer gesteuert, der über Temperatur-Sensoren automatisch den Luftstrom regelt. Im Winter wird die Wärme im Gebäude gespeichert und durch ein Ventilatorensystem verteilt. Im Sommer werden die Jalousien mit dem Effekt natürlicher Konvektion genutzt.

Trotz der Polycarbonat-Doppelstegplatten und der zwei Schichten der Dachmembran kühlt das Gebäude in Winternächten ab. Die Ersterwärmung der Arbeitsplätze erfolgt dann mit elektrischen Lufterhitzern, die sich automatisch abschalten, sobald die Sonne die Raumluft aufzuheizen beginnt.

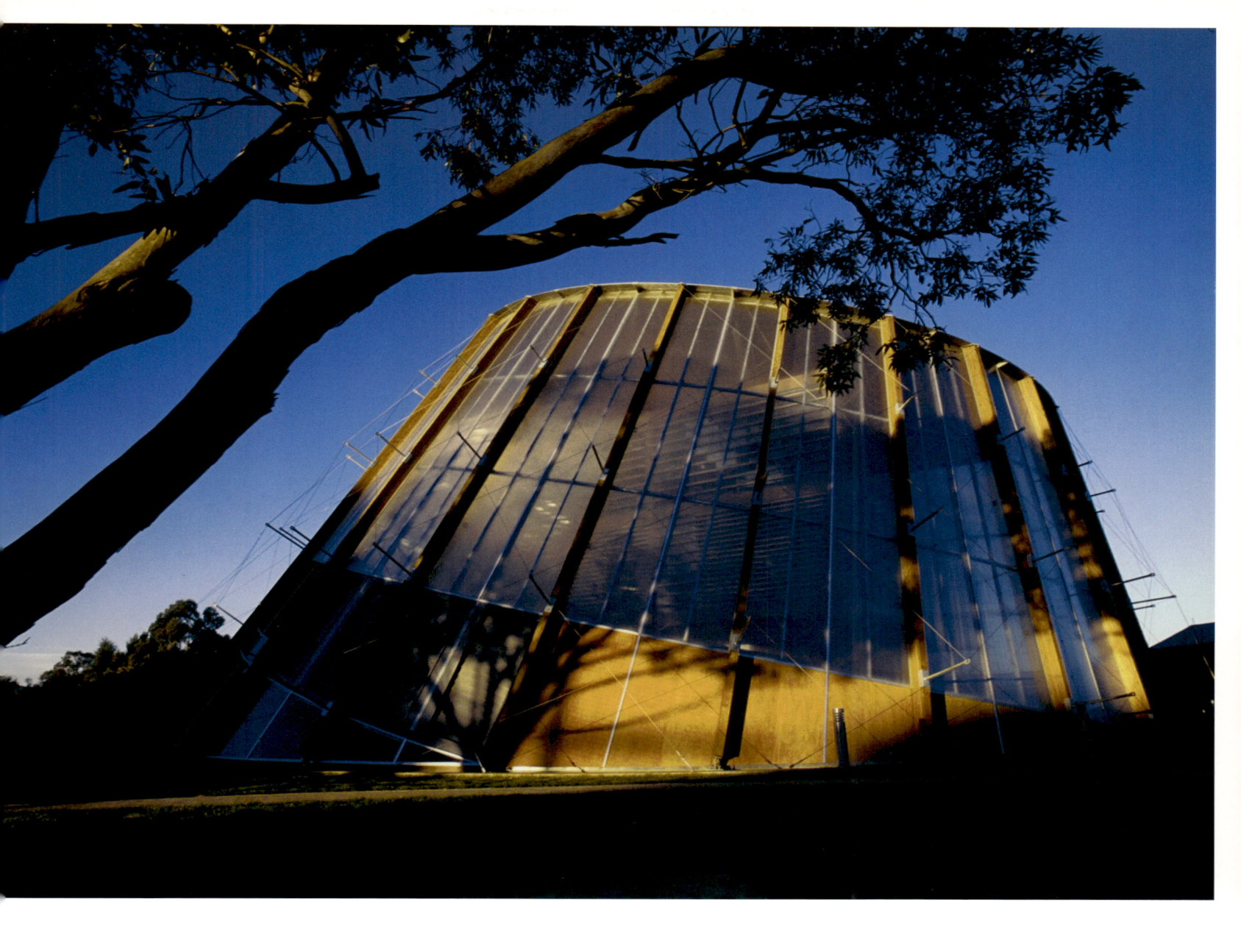

Die Büros werden fast ausschließlich mit natürlichem Tageslichts belichtet.

Der gebäudeinterne Kontrollcomputer regelt die Belüftungsanlage, bedient die Jalousien, den Ventilator, die Heizung und die Bürobeleuchtung, wobei externe und interne Sensoren Lichtintensität, Temperatur, Luftfeuchtigkeit, Regenmenge, CO_2-Gehalt der Luft an verschiedenen Höhen und Standorten messen.

Der innovative Einsatz von Holz

Das Gebäude ist kein reiner Holzbau. Es wurde vielmehr dort Holz verwendet, wo es angemessen ist, und die Möglichkeiten des Einsatzes von Plantagenweichhölzern in Verbindung mit anderen Materialien aufgezeigt werden. Das Ziel war es auch zu zeigen, dass es trotz der eigentlich aufwändigen Haus-in-Haus-Bauweise möglich ist, sowohl hinsichtlich der Erstellung als auch im Hinblick auf den Unterhalt und Betrieb des Gebäudes sehr sparsam zu bauen. Dass dieses Ziel auf eine bewundernswerte Weise mit einer individuellen architektonischen Gestalt erreicht worden ist, unterstreicht den Entwurfsaspekt energiesparenden Bauens mit natürlichen Baustoffen.

Die innovative Tragwerksstruktur besteht aus Brettschichtholz von 300 x 70 mm und Stahlbauteilen, die mit einem Netz galvanisierter Stahlrohre verbunden sind. Diese Elemente tragen die Polycarbonat-Haut und die Textil-Membran. Die geschlossenen Teile der Fassade bestehen aus ölbehandeltem Sperrholz, um den natürlichen Alterungsprozess zu verlangsamen. Die Sperrholzplatten sind auf einem isolierten Rahmenwerk angebracht, das auf der Innenseite mit mitteldichten Faserplatten (MDF), die mit Kiefernholz furniert sind, beplankt ist.

Grundriss
2. Obergeschoss

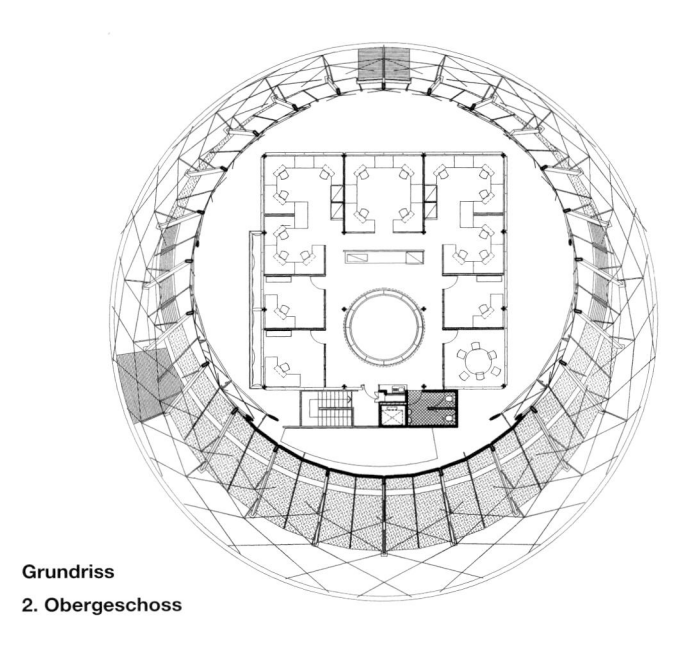

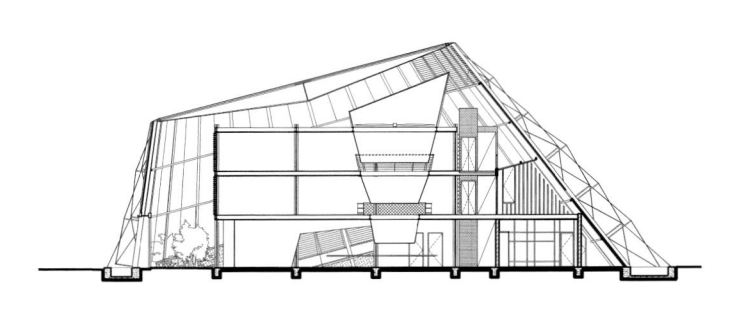

Schnitt

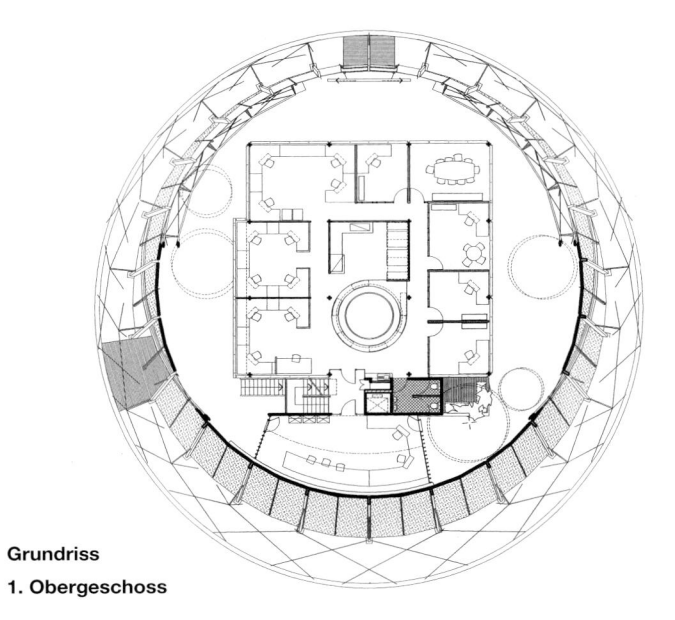

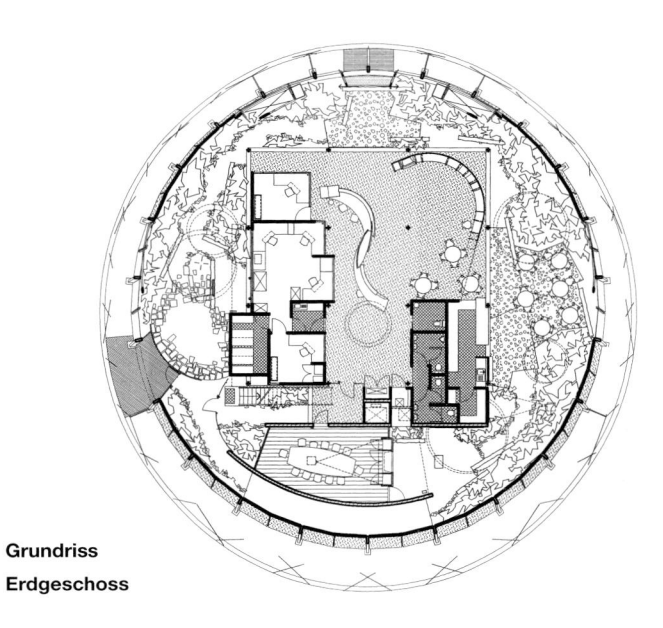

Grundriss
1. Obergeschoss

Grundriss
Erdgeschoss

Obwohl die gegenwärtigen Baubestimmungen in Tasmanien für den Bau eines dreigeschossigen Gebäudes eine Massivbauweise verlangen, besteht das Forst-Öko-Zentrum in erster Linie aus Holz und Stahl. So wurde verleimtes Holz eingesetzt, um Stahlbauteile im Brandfall vor der Feuereinwirkung zu schützen. Das Gebäude wurde am Computermodell hinsichtlich des Brandfalls beurteilt. Durch die Haus-im-Haus-Situation strömt der anfallende Rauch durch die natürliche Konvektion an der Außenseite nach oben und tritt aus dem Gebäude aus, was ebenfalls zu einer positiven Beurteilung der Sicherheitsingenieure geführt hat.

Die Raster der waagerecht angeordneten Kiefernholzleisten im Innengebäude sind nicht nur ein auffälliges visuelles Merkmal, sondern sorgen auch für eine visuelle Privatsphäre in den Büros.

In der Pufferzone zwischen den beiden Fassaden wurden in Tasmanien endemische Pflanzenarten gepflanzt, um das Nutzholz als eine wachsende erneuerbare Ressource zu symbolisieren. Die Grünanlage trägt außerdem durch Photosynthese zu wachsender Luftqualität im Innern bei.

Die Kosten

Der größte Erfolg dieses Gebäudes ist die preiswerte Bauweise, wobei die Verwendung einheimischen Holzes dabei eine wichtige Rolle gespielt hat. So hat das Forst-Öko-Zentrum beispielsweise nur 88 Prozent eines herkömmlichen Bürohauses pro m² gekostet, das zur gleichen Zeit mit vergleichbaren Nutzflächen in der Nachbarschaft gebaut wurde. Gegenüber Vergleichsbauten in anderen Gebieten Australiens beläuft sich der Kostenrahmen trotz der aufwändigen Computersimulationen während der Entwurfsphase sogar in einem Bereich von 78 Prozent. Hinzu kommt die Berechnung der

Energieeinsparungen für die Zukunft, die mit 80 Prozent gegenüber herkömmlichen Vergleichsbauten angesetzt sind. Der Energieverbrauch wird fortlaufend protokolliert.

Computer Aided Design
Dieses Projekt hätte nie ohne die Verwendung des Computers ausgeführt werden können. Die Architekten setzten ein hochwertiges ArchiCAD-Paket ein, um ein virtuelles 3D-Modell zu schaffen. Die erste größere Aufgabe war die Simulation klimatischer Bedingungen (Solarenergienutzung und Kühlung), wobei klimatische Informationen von einem nahe gelegenen Flughafen benutzt worden waren. Die Analyse der Gebäudeform mittels eines Luftstromsimulationsprogramms bestätigte das Funktionieren der Luftzirkulation im Innengebäude.

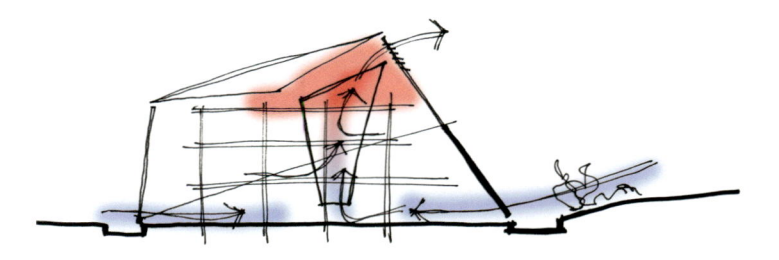

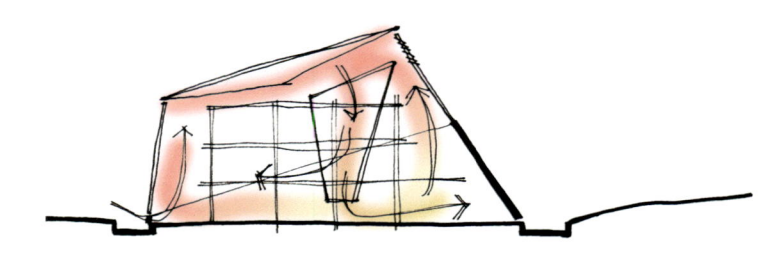

FORST-ÖKO-ZENTRUM, TASMANIEN

Standort Scottsdale, Tasmanien/Australien

Bauzeit 2000–2001

Bauherr Forestry Industrie of Tasmania, Scottsdale

Architekten Morris-Nunn & Associates Architects, Hobart; Robert Morris-Nunn, Peter Walker

Tragwerksplanung Gandy und Robert; Jim Gandy

Planung Heizung, Klima, Lüftung Advanced Environmental Concepts; Che Wall, Nicholas Lander

Elektroplanung Tasmanian Building Services; John Calder, Gosta Blichfeldt

Brandschutz ARUPS; Per Ollson, Jan Ottosson

Kostenkontrolle Stanton Management Group; Patrick Stanton mit Davis Langdon Aust.

Bauausführung Fairbrother Pty Ltd.

Weiterbildungszentrum in Ober-Ramstadt / Deutschland
HANDWERK

Architekten: Heinz Braun, Gerd Ehrlicher, Tillo Schmidt

In Ober-Ramstadt, einer Gemeinde in den Ausläufern des Odenwaldes, befindet sich das neue Informations- und Schulungszentrum für Handwerker als berufsübergreifende Kommunikationsplattform von Deutschlands größtem Baufarbenhersteller. Das Unternehmen wählte für sein «Haus des Handwerks» eine ungewöhnliche Konstruktion, die als optischer Anziehungspunkt sofort ins Auge springt. Unter dem geschwungenen Dach der Halle steckt ein Holzbausystem, das in dieser Form zum ersten Mal verwirklicht wurde. Das Haus wurde seinem Namen schon während der Bauzeit gerecht, da man es mit hohem handwerklichen Können und nicht als industrialisiertes vorfabriziertes Bauwerk errichtete. Entsprechend dem Unternehmensziel gehen Holz und Farbe im Haus des Handwerks als ureigenstem Demonstrationsobjekt eine spannende Verbindung ein.

Präsentationsbühne für Farben und Bautenschutz

Moderne Seminar- und Tagungsräume unterschiedlicher Größe sowie ein Internetcafé als Pausentreffpunkt ergänzen die 20 x 25 m große Halle unter der Kuppelkonstruktion. Herzstück der Anlage ist die dreieckige, zweigeschossige Präsentationsbühne, die es ermöglicht, einzeln oder parallel Anwendungs- und Verarbeitungstechniken von Produkten vorführen zu können.

Deckenfluter mit Warm- und Kaltleuchten sowie Strahler mit Umlenkspiegeln simulieren dabei alle denkbaren Lichtverhältnisse, um die Wirkungsvielfalt der Oberflächen zu demonstrieren.

Der Hauptzugang erfolgt über die Eingangshalle mit Garderobe und angrenzenden Sanitärräumen. Der Eingangshalle benachbart befindet sich das Foyer mit Teeküche sowie ein Büroraum für die Abwicklung der organisatorischen Maßnahmen. Über das Foyer wird sowohl der Schulungsraum mit Bühne als auch die Präsentationshalle erschlossen. Der Schulungsraum lässt sich zum Foyer und zur Halle hin öffnen. Ein kleiner Technikraum mit separatem Zugang von außen dient der Unterbringung von elektrotechnischen und vortragstechnischen Anlagen. Der Kuppelbau erlaubt das Aufbauen von Präsentationsflächen unterschiedlicher Höhen. Durch ein Stuhllager von dem Schulungsraum getrennt sind ein Seminarraum und ein Konferenzraum mit einer mobilen Zwischenwand angeordnet. An den Konferenzraum grenzt ein Umkleideraum an. Im Süd-Westen des Gebäudes befinden sich zwei weitere kleine Technikräume für Heizung und Elektroschaltschränke.

Dachschale in Brettstapelbauweise

Die ungewöhnliche Konstruktion des Schulungszentrums entspricht von der statischen Wirkungsweise her einer Schale. Um eine entsprechende Raumhöhe zu erhalten, wurde die Schale auf Stützen aufgelagert. Die hölzernen Rippen und die siebenlagige Brettschalung formen dabei das stabile Tragwerk. Filigrane Zugbänder leiten den Horizontalschub in die vier Auflager ab.

Das Haus des Handwerks ist konstruktiv in Brettstapelbauweise errichtet (s. Kapitel HÜLLE S. 18). Bei dieser ebenso einfachen wie aktuellen Technik werden einzelne Bretter durch bloßes Vernageln zu einem Flächentragwerk verbunden. Durch die Möglichkeit, sogar Holz von minderer Qualität verarbeiten zu können, wird dieses Holzbausystem auch wirtschaftlich attraktiv; durch einen hohen Vorfertigungsgrad kann zudem die Bauzeit drastisch verkürzt werden. So bildet der Rohbau – die Konstruktion – gleichzeitig den sichtbaren Ausbau im Inneren und prägt durch die schützende Form nachhaltig die Atmosphäre der Halle. Signalcharakter haben dabei auch die Farben, ist doch der Einsatz von Farbe in der Architektur ein eigenständiger Entwurfsaspekt, dessen Bedeutung und Wirkung das Unternehmen besonders hervorheben wollte. Obwohl nur als dünne Schicht

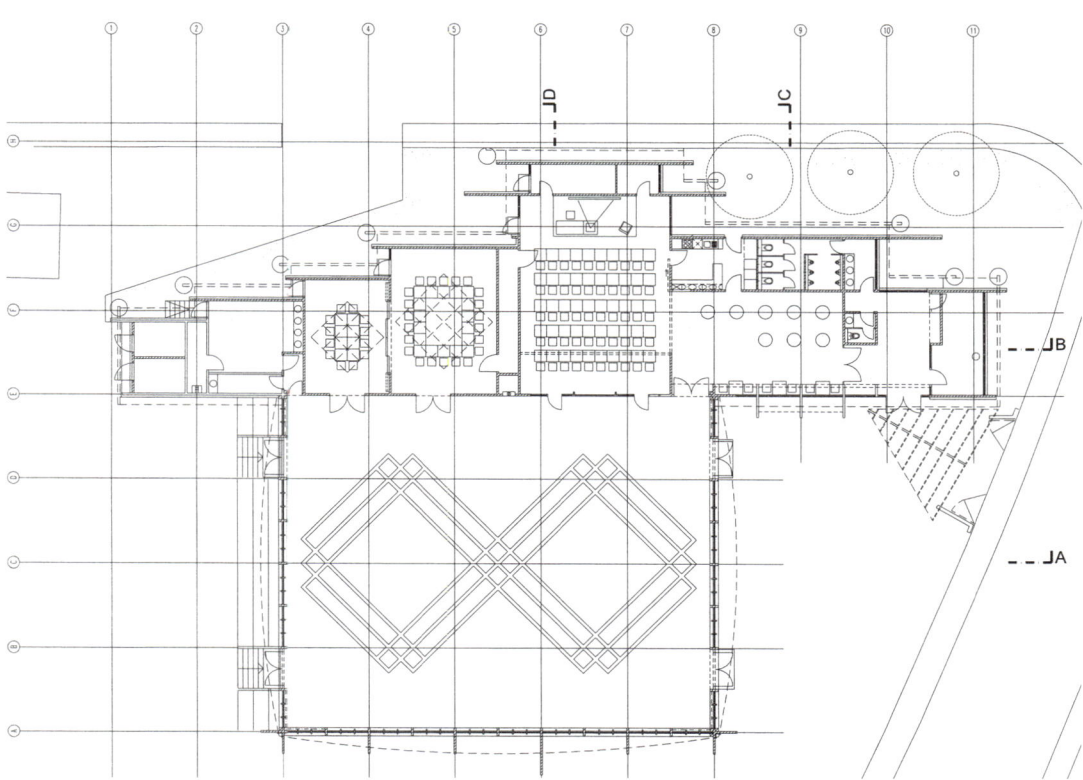

Grundriss Erdgeschoss

63

Schnitt A–A

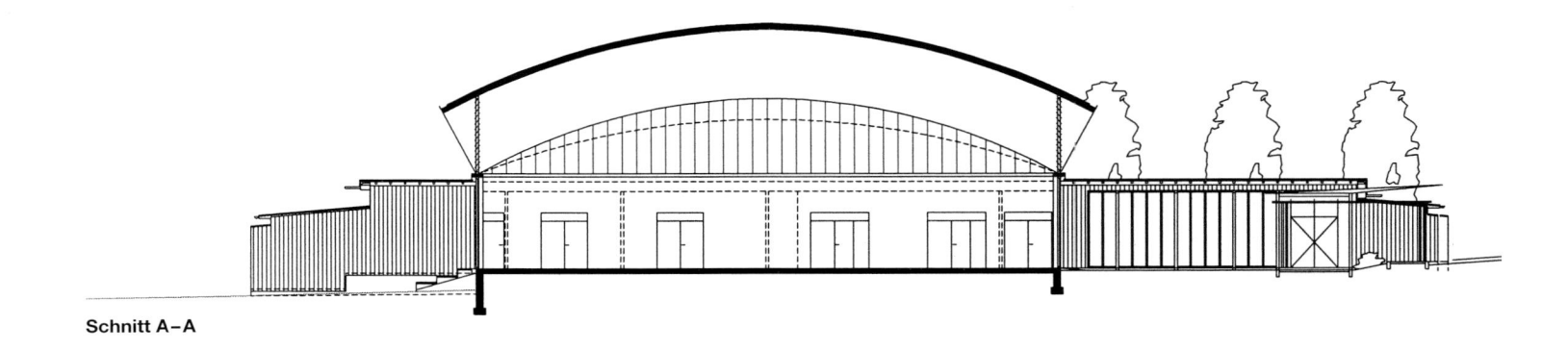

außen wie innen auf den Hüllflächen eines Gebäudes aufgebracht, prägt Farbe unübersehbar dessen Gestalt und «erreicht» den Betrachter und Benutzer schon von Ferne. Diese preiswerte Möglichkeit, die Gestalt gezielt und nachhaltig zu beeinflussen, setzt Wissen und gutes Gespür für die Zusammenhänge voraus. So ist das Haus des Handwerks nicht nur ein Raum, um dieses Wissen zu vermitteln, sondern ein Demonstrationsobjekt für die firmeneigenen Produkte und die Leistungsfähigkeit der Oberflächenbeschichtungen in unterschiedlichsten Ausführungen.

Konstruktion und Montage
Für den Bau einer Kuppel war es notwendig, ein Lehrgerüst als Negativform herzustellen, das preiswert mit Nagelplatten-Holzfachwerkbindern erstellt wurde. Die einzelnen Fachwerkbinder wurden miteinander verstrebt und bildeten ein eigenes Tragwerk. Die Dachschale wurde über ein dreidimensionales CAD-Programm geometrisch exakt konstruiert. Dazu gehörte vor allem auch die Entwicklung geeigneter Auflager für die vier Eckpunkte, an denen sich die Kräfte extrem konzentrieren. Entstanden ist ein Auflagerbock, der sieben Brettrippen bündelt, von denen zwei als Ortgangrippen dienen.

Die Kuppel überspannt einen rechteckigen Grundriss von 20 x 25 m. Dadurch ergeben sich unterschiedliche Neigungen der Brettrippen, was bei der Ausführung der Auflager zu berücksichtigen war. Es mussten daher zwei verschiedene Auflagerböcke konstruiert, beziehungsweise spiegelverkehrt ausgeführt werden.

Zur Sicherheit wurden sie als Modell gebaut und überprüft. Die Dachschale dagegen wurde ausschließlich per CAD konstruiert. Der Zimmerer erhielt die CAD-Daten der Architekten, überprüfte sie nochmals und konstruierte danach sein Lehrgerüst.

Die Dachschale tragen 4,00 m hohe Brettschichtholz-Stützen. Dabei wurden die Eckstützen als dreiteilige Pendelstützen (mit einer Aussparung für die Regenfallrohre) ausgeführt und aus drei einzelnen quadratischen Balken von 18 x 18 cm zusammen gesetzt. Zwischen diesen Eckstützen wurden im Abstand von 2,50 m eingespannte Stützen eingefügt, die aufgrund ihrer Abmessungen von 8 x 48 cm als Scheiben wirksam sind. Sie stehen mit der breiten Seite senkrecht zur Fassade, so dass sie Windlasten ableiten können. Zur Stabilisierung sind Stahlband-Windverbände in den Eckfeldern vorgesehen. Aus brandschutztechnischen Gründen beplankte man sie später mit Holz. Die Befestigung erfolgte mit Bolzen, deren Köpfe wegen des Brandschutzes mit Holzpfropfen verschlossen sind. Die Horizontalkräfte aus der Dachschale nimmt ein umlaufendes Brettschichtholz-Zugband von 15 x 48 cm auf, das flach auf den Stützen aufliegt. Das Zugband wurde mit Schlitzblechen an die Scheibenstützen angeschlossen und in den Ecken auf Gehrung geschnitten. Nach Montage der Auflagerböcke konnte mit dem Gerippe des schalenförmigen Tragwerks des Daches begonnen werden. Das wurde – von den Auflagerböcken ausgehend – Brett für Brett in Handarbeit montiert. Dabei fertigte man vor Ort jede Brettlamelle einzeln an. Diese Vorgehensweise war einfacher, als tausende unterschiedlicher Bretter am Computer konstruieren zu müssen. Jeder Brettrippenbogen besteht aus Fichtenholzlamellen, die in vier Lagen über das Lehrgerüst gebogen und verschraubt wurden. Die Brettrippenbögen wurden in den Diagonalen der Kuppel dichter verlegt, so dass ein reizvolles Muster entstand. An die fast parallel zu den Randrippen verlaufenden Brettrippenbögen ist die Glasfassade angeschlossen. Die als Unterseite sichtbare Bretterschalung dient der Stabilisierung des Tragwerks und nimmt gleichzeitig die Wärmedämmung und die Dachhaut auf. Durch eine Abstandsfuge von 1 cm zwischen den sichtbaren Brettern der Schalung erzielte man den Effekt einer Akustikdecke. Die Kuppel hat von der Oberkante des Zugbandes bis zum Kuppelstich eine Höhe von 6,40 m, von der Fußbodenoberkante bis zum Kuppelstich 10,60 m.

Standort Ober-Ramstadt/Deutschland

Bauzeit 6/1997 bis 6/1998

Bauherr Deutsche Amphibolin-Werke von Robert Murjahn GmbH & Co. KG, Ober-Ramstadt

Entwurf Tillo Schmidt, Freiburg

Architekten Architekturbüro Heinz Braun, Darmstadt; Gerd Ehrlicher, Griesheim

Tragwerksplaner IEZ Internationales Entwicklungszentrum für Holzkonstruktion, Julius Natterer, Saulbarg/Wiesenfelden

Ausführung Holzbau Ingenieurholzbau Heinz-Werner Ochs, Kirchberg

Umbauter Raum (Halle mit Kuppel): 4420 m^3

Dachfläche Kuppel 530 m^2

Schnitt C–C

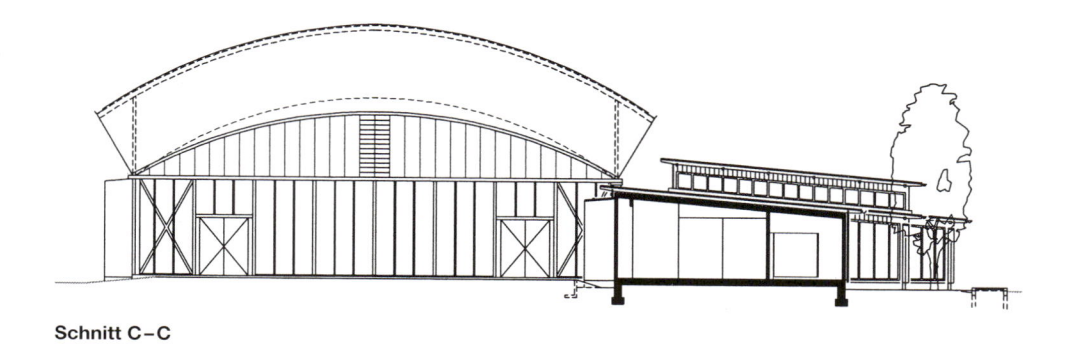

Einer der vier Fußpunkte der Dachschale

Detail Stütze – Zugbänder – Auflagerbock – Windverbände aus Stahl

Architekten: IIDA Archiship Studio **Forest Club in Nagano / Japan**

WALDKULTUR

Der Kawakami Forest Club ist eine Einrichtung der Forstwirtschaft, die hier zum einen einen Weiterbildungsauftrag für die eigenen Mitarbeiter wahrnimmt, indem sie Seminare und Vorträge anbietet, zum anderen ist der Club ein Mittel der Öffentlichkeitsarbeit: Er soll den kulturellen Austausch zwischen Forstwirtschaft und regionaler Bevölkerung ermöglichen, auch Verständnis für die Arbeit im Wald wecken und die komplexen Vorgänge einer nachhaltigen Forstwirtschaft sowie die ökologischen und ökonomischen Zusammenhänge der Holzverwendung transparent machen.

Das Raumprogramm des zweigeschossigen Gebäudes in Holzskelettkonstruktion umfasst neben Schulungs- und Konferenzraum eine Wechselausstellungshalle, eine ständige Gartenbauausstellung, einen Clubraum für Forstingenieure, ein Restaurant mit Küche und Außenterrassen sowie das Foyer. Das Gebäude wurde vor allem in der Holzart Lärche ausgeführt, die die vorherrschende Holzart der Region darstellt. Dabei wurde Wert auf eine zeitgemäße Gestaltung und den Einsatz innovativer Holzelemente gelegt.

FOREST CLUB, NAGAMO

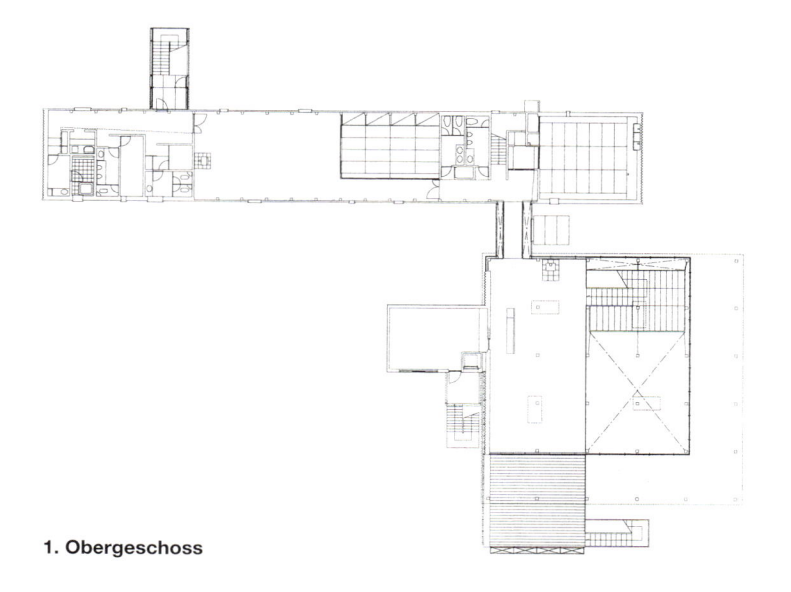

1. Obergeschoss

Erdgeschoss

Standort Nagano/Japan
Bauzeit 9/1996–5/1997
Bauherr Forstindustrie Nagano
Architekten IIDA Archiship Studio Inc., Kanagawa
Nutzfläche 990 m²

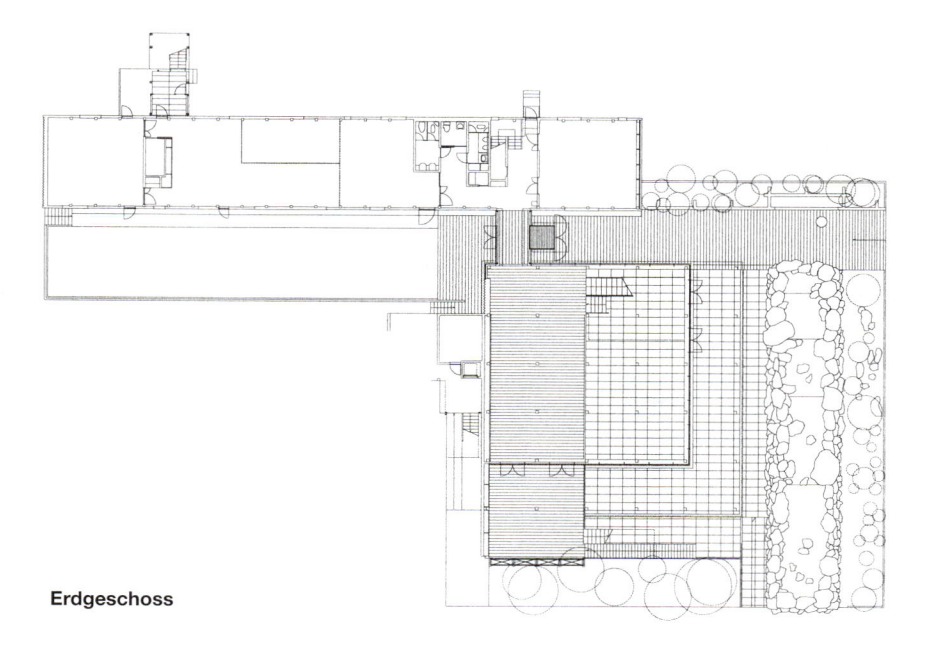

67

DIENSTLEISTUNG UND MISCHNUTZUNG

Cityclub in Tokio / Japan
WESTWÄRTS

Architekten: IIDA Archiship Studio

Dieses kleine Clubhaus wurde für die Bewohner eines Vororts von Tokio gebaut. Das eingeschossige Gebäude ist in seiner Raumfolge einfach proportioniert: Es besteht im Prinzip aus drei Räumen: dem Außen-Doma, der Innen-Doma und einem Mehrzweckraum, der für verschiedene Arten von Aktivitäten verwendet werden kann. Die Doma ist ein traditioneller Schmutzbodenraum, der als Eingangsbereich, Werkstatt oder Kommunikationsbereich genutzt wird. Darüber hinaus gehören eine Küche und eine Toilette zu den Nebenräumen.

Das Dach dieses Gebäudes ist eine Brettstapeldecke (s. Kapitel HÜLLE S. 18), die aus Hölzern der Standard-Dimension 2" x 12" (38 mm x 286 mm) mit Nägeln und Bolzen zu einer Scheibe verbunden wurde, welche einer brettverleimten Platte ähnelt. Aus den gleichen Standard-Hölzern wurden die kassettenartigen Wände errichtet, wobei senkrechte Lamellen mit waagrechten verbunden wurden. Durch die Kombination dieser Wände mit der Brettstapelscheibe konnte auf Stützen verzichtet werden, so dass die Gebäudebreite von 7,50 m hinsichtlich der Raumaufteilung flexibel genutzt werden kann.

Standort Tokio/Japan
Bauzeit 11/2001 – 3/2002
Architekten IIDA Archiship Studio Inc., Kanagawa
Nutzfläche 89 m^2

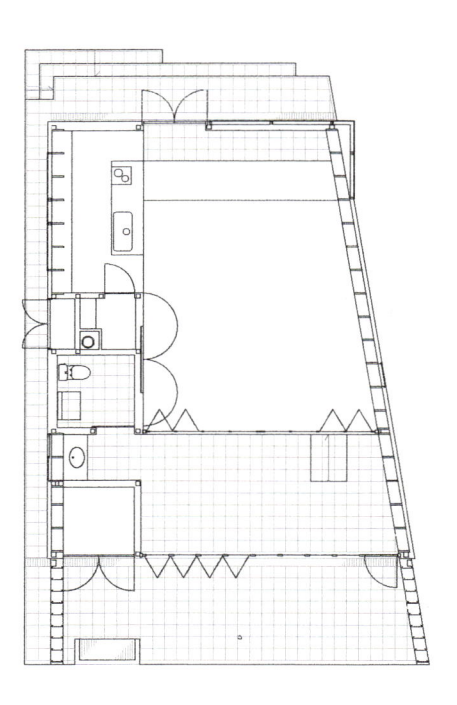

Grundriss

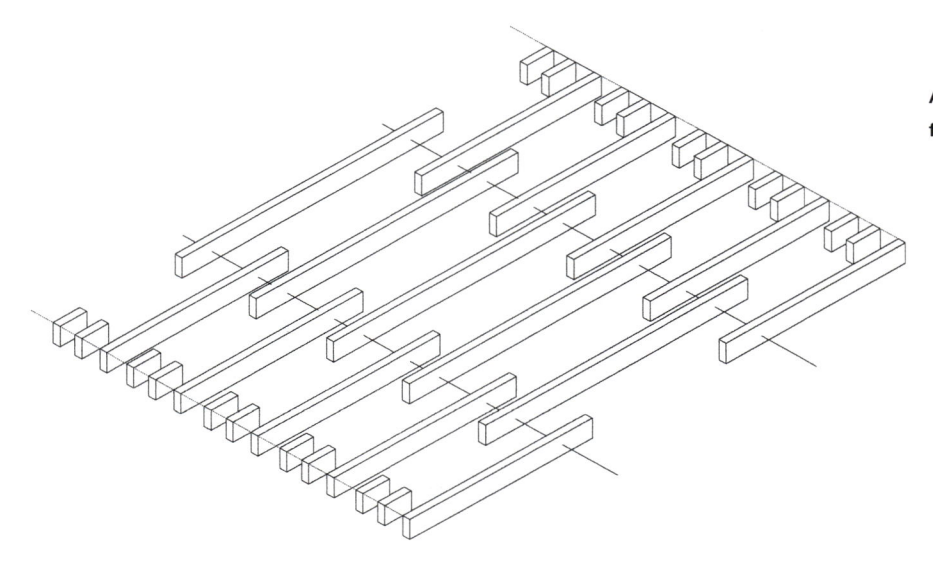

**Anordnung der Hölzer
für die Brettstapeldachscheibe**

Blick vom Vielzweckraum durch die Doma nach draußen

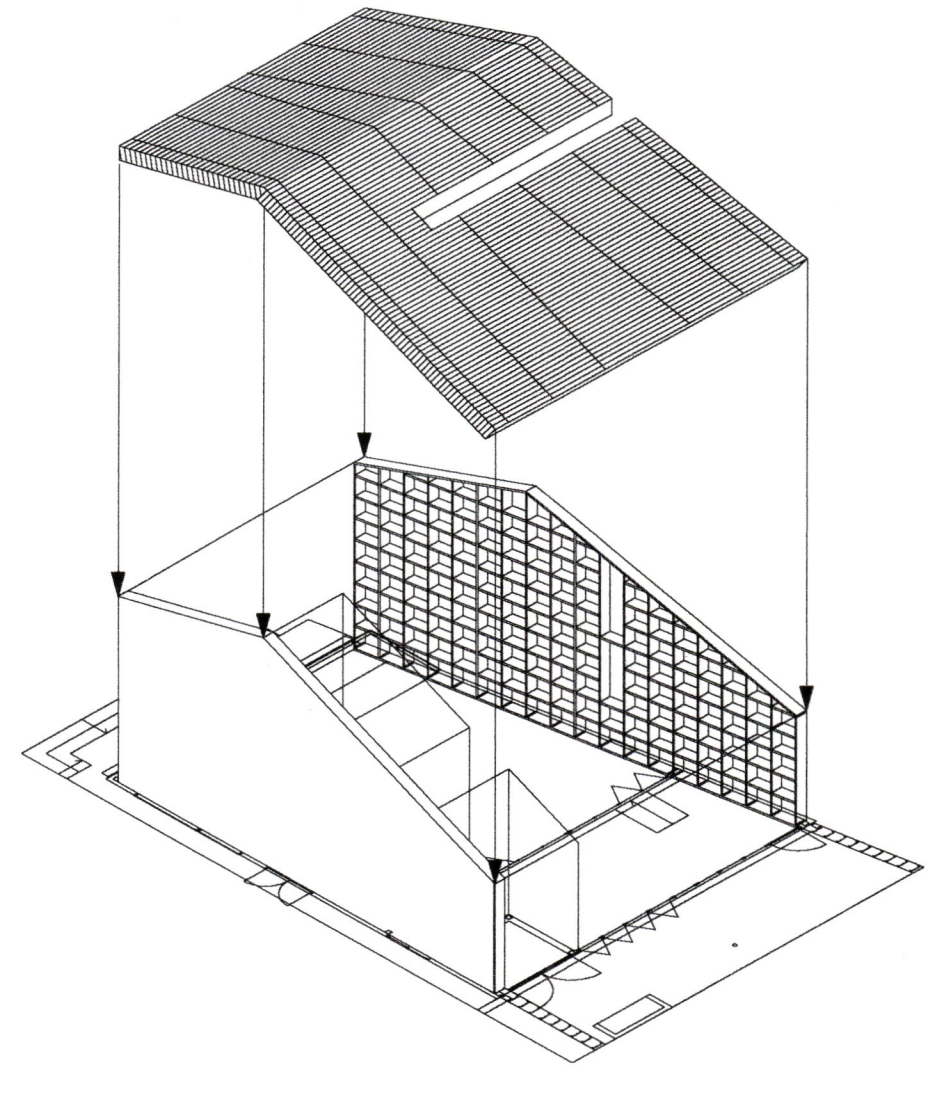

Isometrie mit abgehobenem Brettstapel-Dach

DIENSTLEISTUNG UND MISCHNUTZUNG

Outdoor-Warenhaus in Seattle/USA
EQUIPMENT

Architekten: Mithun Partners Inc.

International preisgekrönt als Warenhaus des Jahres 1996, bieten die lichten dekorativen Verkaufsräume für Outdoor-Sportartikel von Recreational Equipment Inc. (REI) in Seattle im Staat Washington dem Kunden auf zwei Ebenen eine sinnlich erfahrbare Einkaufs- und Erlebniswelt, die das angebotene Sportartikelsortiment in seinem späteren Einsatzbereich perfekt inszeniert. Die ebenso attraktive wie umweltbewusste Holzbauweise in geglückter Kombination mit Stahl-, Beton- und Glaskomponenten entspricht in idealer Weise dem Thema der angebotenen Hightech-Sportartikel für den Outdoor-Bereich. Das Geschäft wird als «Klubhaus» angesehen und viele betrachten es als Teil der «friedfertigen Nordwesterfahrung». Das Gebäude ist in dem Sinn ein «Geschenk» an die Stadt Seattle, da es zur Identität dieser Region beiträgt.

Sportler-Kooperative

REI bietet nicht nur die größte Auswahl an Qualitätsausrüstung und Kleidung für Freiluftsportarten in den Vereinigten Staaten, Ausrüstung für Camping und Bergsteigen, Wandern, Fahrradfahren, Klettern, Wintersport und Wassersport, sondern ist auch weltweit der führende Lieferant für Outdoor-Equipment. Versanddienst und Erlebnisreisen ergänzen das Angebot. Die Recreational Equipment Inc. ist ein einzigartiges Unternehmen: Dieser amerikanische Einzelhändler von Qualitätsausrüstung und Kleidung für Freiluftsportarten ist mit über vier Millionen Partnern eine der größten Konsumentenkooperative in der Welt. REI wurde 1938 von einer Gruppe Kletterern, die eine qualitative Kletterausrüstung aus Europa beziehen wollten, gegründet. Sie begründeten eine Kooperative, die bemüht ist, günstige Preise ausfindig zu machen und gleichzeitig beste Qualität zu garantieren, etwas, das es bis zu diesem Zeitpunkt in den Staaten nicht gegeben hatte. Die Betonung von Qualität, Service und Mitbestimmung durch die Mitglieder der Kooperative hat bis heute äußersten Vorrang. Der überwiegende Anteil des Gewinns geht als jährliche Dividende zurück an die Mitglieder.

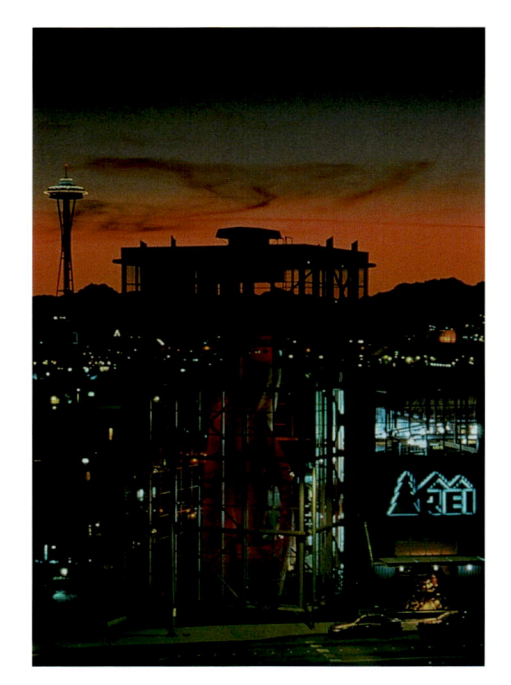

Erlebniswelt

Vor diesem Hintergrund war es eine besondere Herausforderung für die Architekten, den Charakter eines modernen Fachgeschäftes für Freiluftsportartikel unter kosteneffektiven, umweltfreundlichen Aspekten und der Ausschöpfung vorhandener Gelände- und Materialressourcen mit einer sinnlich erfahrbaren und in sich geschlossenen Kauflandschaft in Einklang zu bringen. Sie sollten eine Erlebniswelt schaffen, in der alle Gestaltungsbereiche wie Außenanlagen, Eingangsbereich, Treppenaufgänge, Verkaufsräume und Displays ideal miteinander harmonieren und welche das heutige Hightech-Angebot an Sportartikeln perfekt inszeniert.

Die nach nur 15 Monaten Bauzeit im Herbst 1996 fertiggestellte Holzkonstruktion ist für den Standort an der stark erdbebengefährdeten Westküste bestens geeignet und beinhaltet auf drei Ebenen eine Nutzfläche von 8900 m² für

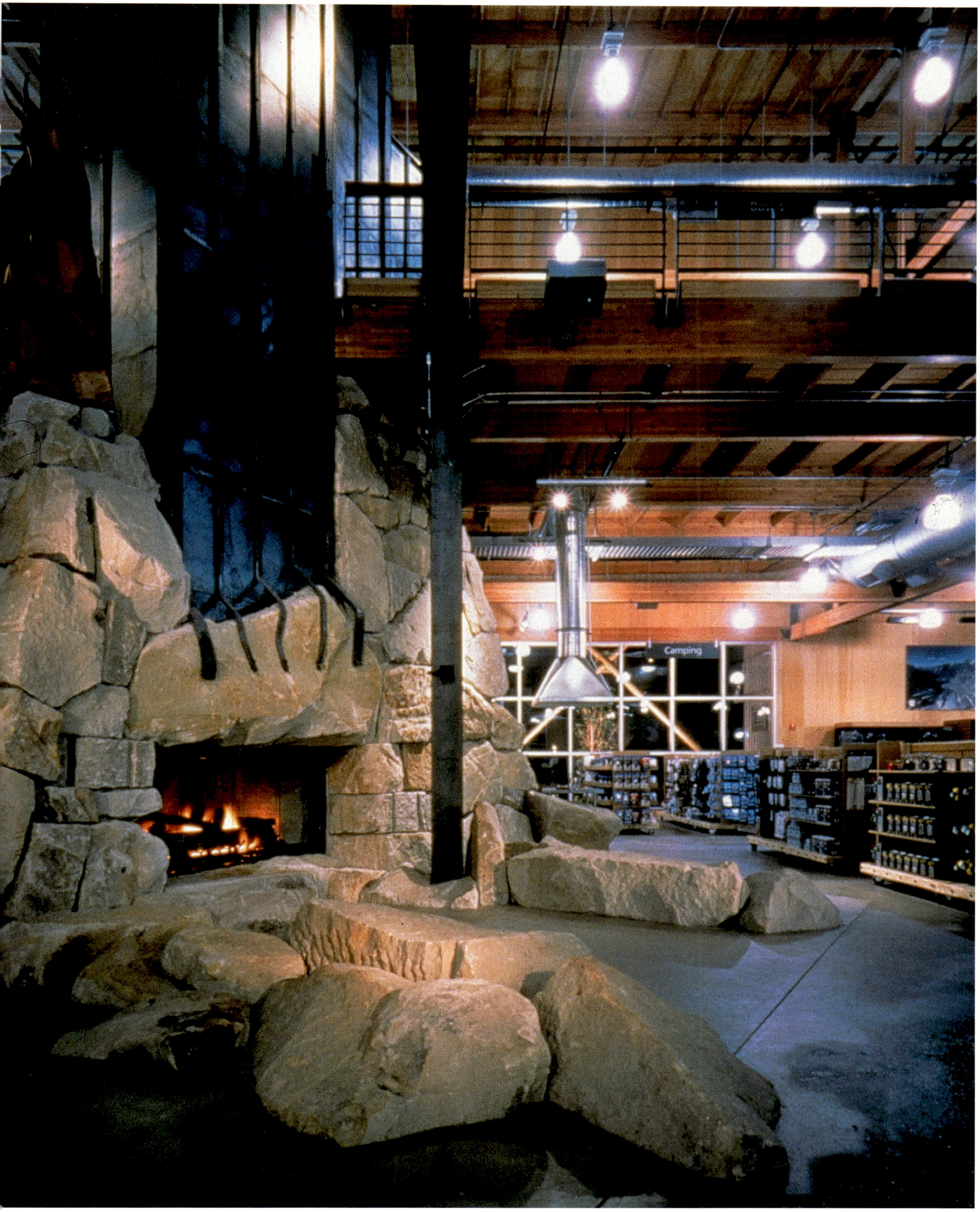
Camping

DIENSTLEISTUNG UND MISCHNUTZUNG

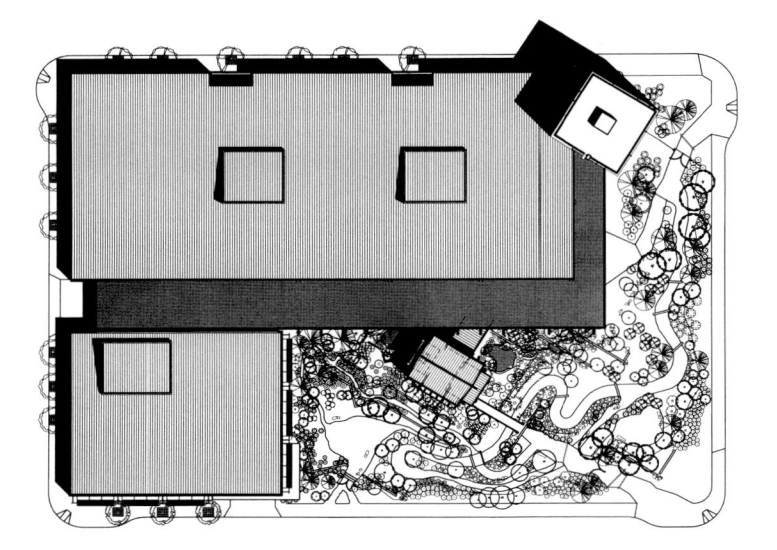

Dachaufsicht

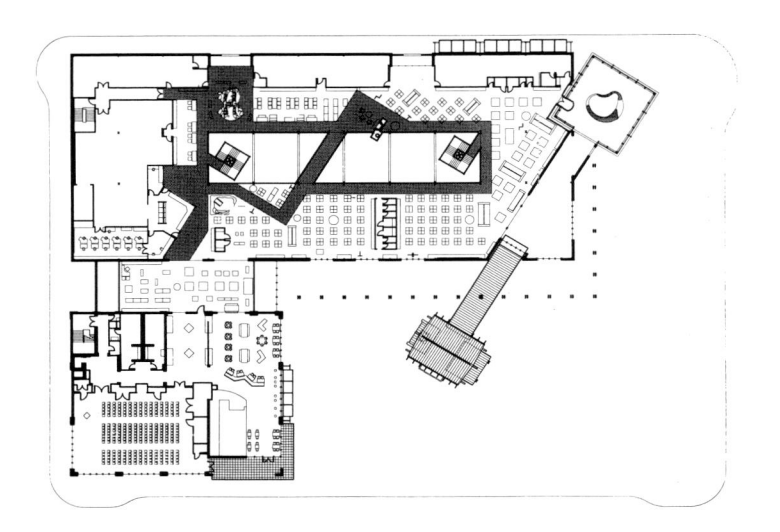

Grundriss Obergeschoss

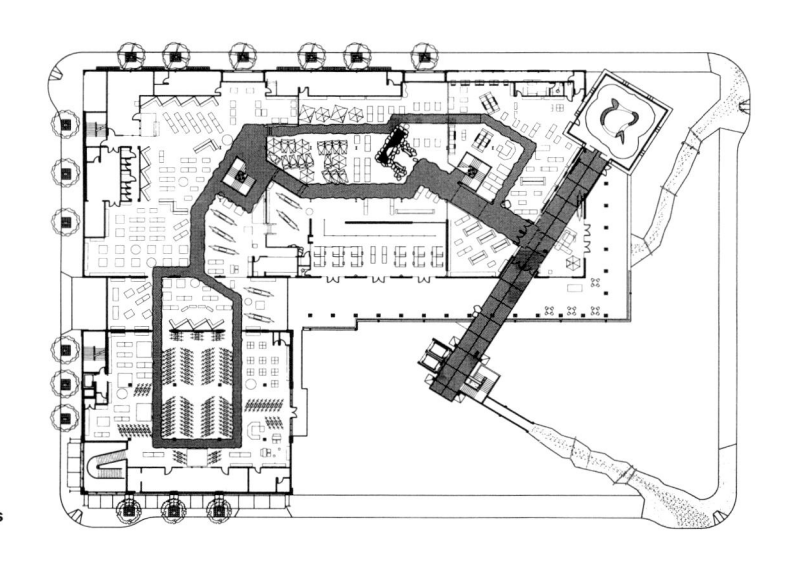

Grundriss Erdgeschoss

die einzelnen Bereiche des Freiluftsports. Zudem integriert das Gebäude einen Reparatur- und Leihgeschäftsbereich, Büroräume, einen großen Konferenz- und Vortragssaal mit 250 Plätzen, einen Kinderspielbereich, eine Kunstgalerie, ein Café mit 100 Sitzplätzen sowie eine Tiefgarage mit 456 Parkplätzen. Mit einem 20 m hohen Kletterfelsen (weltweit die größte freistehende Indoor-Klettervorrichtung), einem Laufbereich zum Testen von Sportschuhen, dem Indoor-Regenraum, dem riesigen Landschafts-Innenhof mit Mountainbike-Teststrecke, einem Naturlehrpfad und einem Wasserfall wird dem Kunden eine Einkaufswelt präsentiert, die alle Sinne anspricht und ihn anspornt, aktiv zu werden und das Produktangebot in seinem zukünftigen Einsatzbereich zu testen.

Da sich Holz sowohl für die Gestaltung einer natürlichen Umgebung und lichten Raumatmosphäre als auch als Zeichen für umweltbewusstes Bauen in optimaler Weise eignet, entschied man sich für den Einsatz von Brettschichtholz-Bindern im Dach- und Deckenbereich sowie bei der Treppenkonstruktion. Tragende Stützen wurden je nach ästhetischen und statischen Anforderungen aus gerosteten Stahlsäulen, rauem, rustikal bearbeitetem, zum Teil sogar als Rundstämme belassenem Holz oder Beton konstruiert. Sperrholzplatten übernehmen im Wand- und Deckenbereich statische Funktion, OSB-Platten fanden bei Wandverkleidungen, den Displays und Abgrenzungen in den Kassenbereichen dekorative Anwendung. Die eingesetzten Sperrholz- und OSB-Platten, versehen mit fünf Lackschichten in Naturtönen, haben ein glänzendes, marmorartiges Aussehen. Das Dachtragwerk besteht aus einer Kombination von Brettschichtholz mit Stahlfachwerkbindern und Douglas Fir-Schnittholz. Um den lichten Charakter des Gebäudes zu wahren, ließ man die Dachschalung aus Sperrholzplatten von unten offen. Als durchweg geglückte Kombination aus Natur und Hightech entsprechen die Holz-, Stahl-, Beton- und Glaskomponenten des Gebäudes thematisch dem angebotenen Sportartikelsortiment in idealer Weise.

Die Beschränkung auf wesentliche Grundmaterialien in Konstruktion und Interieur bleibt der Tradition des Unternehmens treu und dient als symbolische Verbindung zwischen Indoor- und Outdoor-Flächen. Sie steht für eine sinnvolle Ausschöpfung vorhandener Energien und für umweltbewusstes Bauen. In diesem Fall konnten 76 Prozent des Materials (zum Beispiel Holz und Fenster) aus den früheren Gebäuden von REI wieder verwendet werden. Die recycelten Materialien und Objekte erstrecken sich vom Ladentisch bis hin zu den Felsblöcken der Außenlandschaft. Regenwasser wird aufgefangen und dem Wasserfall zugeführt, der am Eingang als optischer und akustischer Blickfang für den Kunden dient und zudem den Fahrzeuglärm der nahegelegenen Autobahn neutralisiert.

Das ausgeprägte Energie- und Materialbewusstsein der Architekten spiegelt sich in der gesamten Gestaltung wieder. Sie integriert natürliches Licht, energiesparende Beleuchtung, Nutzung von Sonnenenergie und umweltgerechter und ressourcenschonender Baustoffe. Die großzügig und offen angelegten Eingangs- und Verkaufsbereiche sowie die natürliche und umweltverträgliche Holzbauweise entsprechen der Philosophie des Outdoor-Enthusiasten: Respekt gegenüber der Umwelt und Bewunderung für die Schönheiten der Natur.

Standort Seattle, WA/USA

Bauzeit 6/1995–9/1996

Bauherr Recreational Equipment Inc., Sumner, WA

Architekten Mithun Partners Inc., Architect & Interior design, Seattle, WA; Mitarbeit: Bert Gregory, AIA, Entwurfsführung; Thom Emrich, AIA, Bauverwaltung; Rob Deering, Projektarchitekt; Casey Huang, Architekt; Ken Boyd, Architekt; Bill McKnight, Innenarchitektur

Tragwerksplanung RSP/EQE structural engineer

Statik MacDonald-Miller mechanical design/builder

Planung Elektrik McKinney & Associates; Madsen Electric

Lichtdesign Candela

Landschaftsarchitektur The Berger Partnership, P.S.

Generalunternehmer GLY Construction, Bellevue, WA

Nutzfläche 8 900 m^2

Kundenzentrum eines Haustellers in Rheinau/Deutschland
ERLEBNISWELT

Günter Hermann Architekten

Geplant war der Bau eines umfassenden Kundenzentrums neben dem Stammwerk eines der größten Fertighaushersteller Deutschlands, der hochwertige Häuser in individueller Planung oder zum Selbstausbau anbietet. Hinter dem Zentrum stand der Gedanke, den Kunden in eine Erlebniswelt zu führen, die ihn in einer Zeitreise durch die Wohnkultur der Jahrhunderte begleitet.

Das Konzept

Der Kunde bewegt sich durch eine Parklandschaft mit altem Baumbestand, in welche die Ausstellungshäuser und das Kundenzentrum integriert sind. Die Anlage besteht aus einer Ausstellungshalle mit Konferenzsaal als Plattform für die Warenpräsentation, einer so genannten «Black Box» mit der «World of Living», in der eine Zeitreise durch die Wohnkultur der Jahrhunderte erlebt werden kann, und dem Erlenpark mit Ausstellungshäusern des Herstellers.

Das Foyer

Der Haupteingang orientiert sich zur vorhandenen Bebauung. Von der internen Firmenstrasse gelangt man über einige Stufen unter das großzügige Dach aus einer Holz-Stahl-Konstruktion des mattschwarz belegten Vorplatzes. Die Furnierschichtholz-Rippenträger der Dachkonstruktion sind auf Metall-Rundrohre aufgefädelt. So liegen Haupt- und Nebenträger in einer Ebene. Der zweigeschossige Raum des Foyers präsentiert sich innen sachlich in Weiß mit grauem Schieferboden und abgehängter Galerie sowie eingestellten hellgelb gestrichenen Funktionszylindern.

Ausstellungshalle

Der Holzbau der Ausstellungshalle «schwebt» auf einer dicken steinernen Platte in dem ehemaligen Überschwemmungsgebiet des Rheins. Die Platte dient als Sockel für die Ausstellungshalle und ermöglicht dem Besucher einen erhöhten Standort beim Überblicken der Parklandschaft. Ein identisch strukturierter, mattschwarzer Bodenbelag verbindet das Innen mit dem Außen: Innen kommt ein spaltrauer Porto-Schiefer zum Einsatz, und außen wegen der Frostbeständigkeit Betonwerkstein, dessen Oberfläche durch einen Negativabdruck der Schieferplatten hergestellt wurde.

Das geschwungene Holzdach wird von Holzstützen getragen und dient gleichzeitig als Vordach der Hauptfassade. Die Konstruktion ist seitlich und in der Untersicht mit naturfarbenen sibirischen Lärcheholzplatten bekleidet, die im Innern, zur Verbesserung der Akustik, Felder mit Schlitzen enthalten. In der komplett verglasten Halle befinden sich die Ausstattungsausstellung und das Kundenberatungszentrum des Unternehmens.

Situationsplan

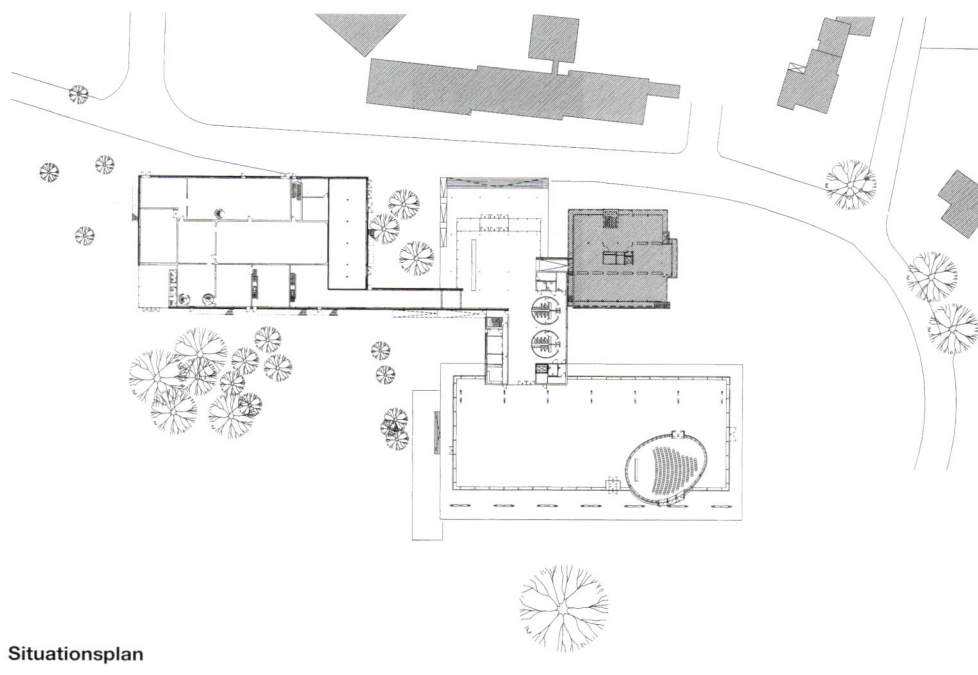

DIENSTLEISTUNG UND MISCHNUTZUNG

Der Konferenzsaal

Zur Ausstellungshalle gehört auch ein Konferenzsaal. Der amorph geformte Raum schiebt sich mit seiner silbern glänzenden, geschuppten Außenhaut aus verzinntem Kupfer durch die Hauptfassade der Halle. Innen treten die umlaufenden Träger aus der gelochten Gipskartondecke wie ein Gerippe hervor. Der Bodenbelag ist als Stabparkett in Räuchereiche ausgeführt.

Die Black Box

Seitlich angelagert liegt der graue Stahlbau der «Black Box», in der die Kulissen und die Ausrüstung der Eventplaner und Kulissenbauer untergebracht sind. Die Fassade der Box ist komplett geschlossen und mit horizontalem Strukturblech verkleidet. Natürliches Licht ist nicht gewünscht, da die Stimmung in den eingebauten Kulissen durch künstliche Lichteffekte erzeugt wird.

Die Holzkonstruktionen

Das Tragwerk der Ausstellungshalle
Die Holzkonstruktion des Dachtragwerks überspannt eine stützenfreie Grundfläche von 66 x 30 m. In Hallenquerrichtung sind in einem Abstand von 11 m leicht geschwungene, fischbauchartige Brettschichtholzbinder angeordnet. Sie bestehen aus jeweils zwei Einzelbindern von 20 cm Breite und einer Höhe, die zwischen 80 cm und 230 cm verläuft. An beiden Hallenlängsseiten kragen diese Binder bis zu 8 m über die Stützen aus. Die Binderform ist durch die Fischbauchform dem Momentenverlauf angepasst. In Hallenlängsrichtung wurden Brettschichtholzpfetten von 12 x 48 cm im Abstand von 90 cm zur Auflagerung der Dachschalung eingesetzt. Die Längspfetten wurden als Einfeldträger zwischen die Hauptbinder gehängt. An den beiden Giebelseiten kragen die Längspfetten rund 5 m frei aus. Die Zug- beziehungsweise Druckkräfte des Einspannmomentes werden über justierbare Stahleinbauteile durch den Hauptbinder geleitet.

Die Dachscheibe aus Dreischichtplatten von 33 mm Dicke ist als Schubfeld ausgebildet und dient zur horizontalen Aussteifung der Halle. Die Hallenstützen sind als A-förmige Rundholzstützen eines Durchmessers von 40 cm aus Brettschichtholz hergestellt worden und stellen mit ihrer Wirkung als Dreigelenkbock die vertikale Aussteifung der Halle sicher. Die lastabtragende Unterkonstruktion der Glasfassade besteht aus schlanken Furnierschichtholz-Profilen, die frei zwischen Bodenplatte und Dachscheibe spannen und zur Kippaussteifung mit Seilen hinterspannt sind.

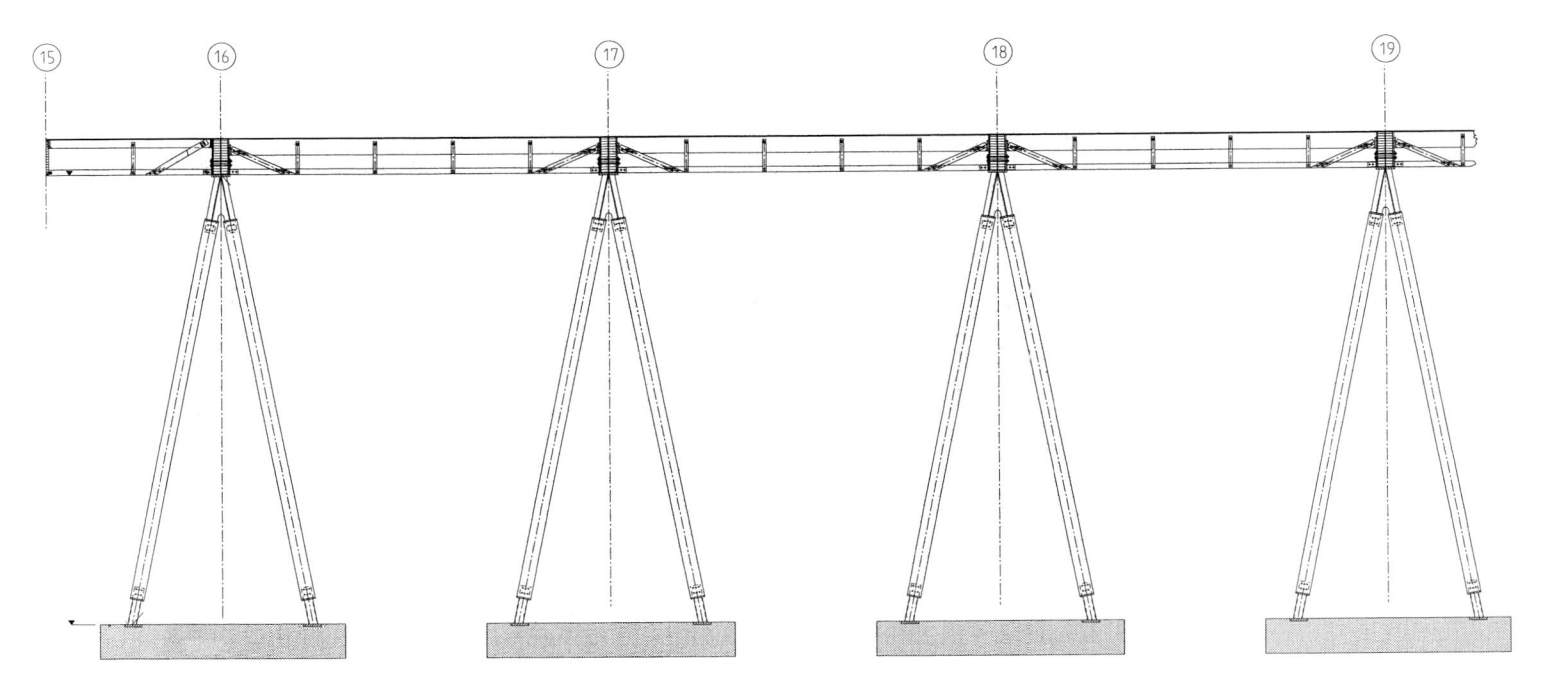

Ansicht Stützenböcke Ausstellungshalle

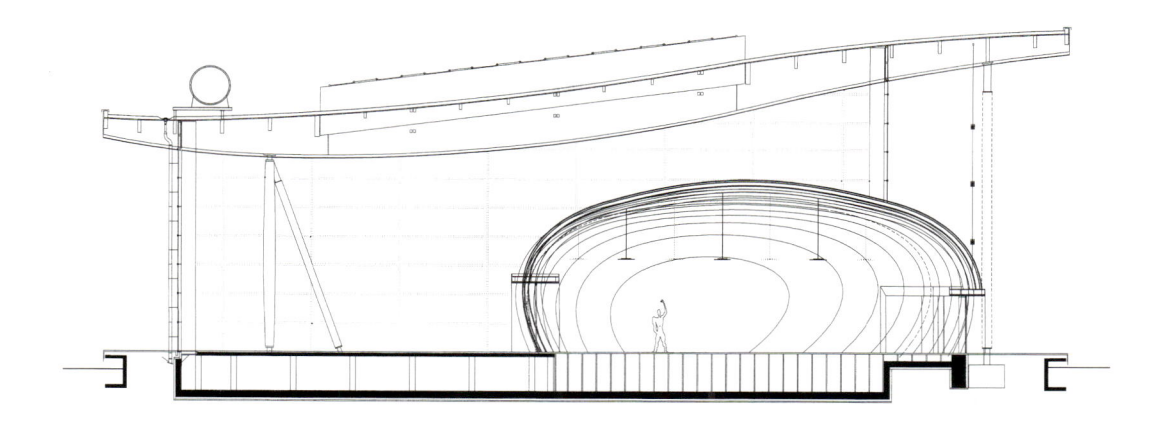

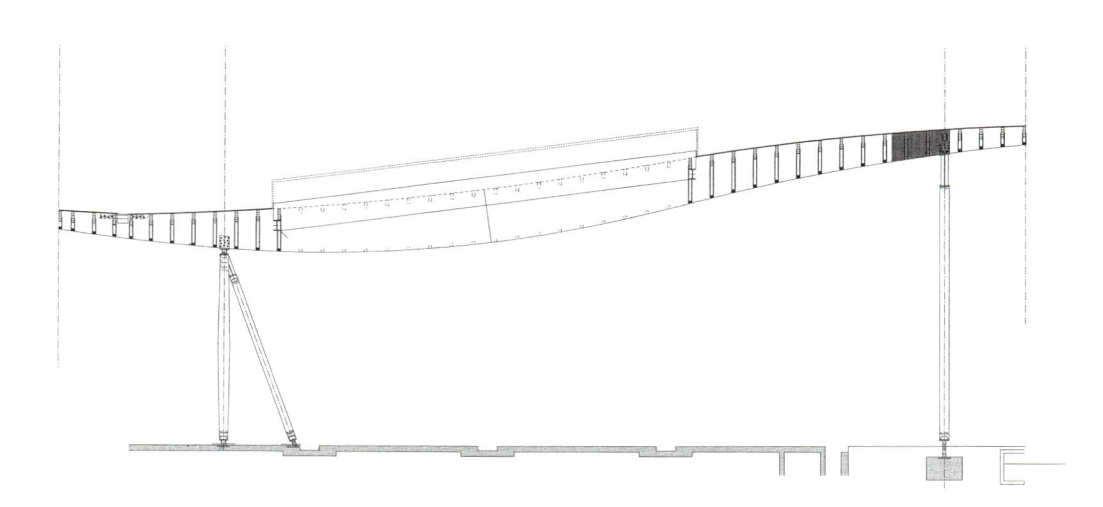

Querschnitt Holztragwerk der Ausstellungshalle

DIENSTLEISTUNG UND MISCHNUTZUNG

Der Konferenzsaal

Der eiförmige Konferenzsaal ist wie ein umgedrehter Schiffsrumpf aus Quer- und Längsspanten konstruiert. Die Form des Tragwerks wurde durch eine Finite Elemente-Computersimulation ermittelt. Dazu wurde über der Grundrissfläche eine Membran aufgespannt und mittels eines Formfindungsprogramms durch die Veränderung von Innen- und Außendrücken bis zur gewünschten Geometrie verformt. Die Querspanten wurden aus unterschiedlich gekrümmten Brettschichtholzbindern des Querschnitts 10 x 50 cm hergestellt. Die Längsspanten sind als Kreissegmentabschnitte aus Dreischichtplatten gesägt und im Abstand von 1,50 m zwischen die Querspanten eingehängt worden. Die Aussteifung der Konstruktion erfolgt über Rundstahlverbände und die aufgenagelte Bretterschalung.

Das Foyer

Das Dach über dem Foyer wurde als Rippenplatte ausgebildet. Es besteht aus Furnierschichtholz-Rippen vom Querschnitt 57 x 455 mm, die im Abstand von 80 cm unter einer tragenden Dachscheibe aus Holz-Dreischichtplatten angeordnet sind. Die Elemente spannen als Dreifeldträger mit Kragarm über jeweils 7,50 m und sind auf die Längsträger aus Stahlrohren vom Durchmesser 300 mm aufgefädelt. Die vertikale Lastabtragung erfolgt über schlanke Stahlrohrstützen. Ausgesteift wird das System durch Raum hohe Rundstahlverbände.

Standort Rheinau-Linx/Deutschland

Bauzeit 2000

Bauherr Weberhaus GmbH & Co. KG, Rheinau

Architekten Günter Hermann Architekten, Stuttgart

Tragwerksplanung Fischer + Friedrich Ingenieure, Stuttgart

Tragwerksplanung Holzbau Merz + Kaufmann, Planungsbüro für Holzbau GmbH, Dornbirn/Österreich

Brandschutz Ingenieurbüro Rudolf Drescher, Herbolzheim

Bauphysik Ingenieurbüro für Bauphysik Hortsmann und Berger, Altensteig

Landschaftsarchitekt Dipl.-Ing. (FH) Klaus Scheuber, Freiburg

Eventplanung Ludwig Morasch Inc., Palm Beach/USA

Black Box, Kulissen Dipl.-Ing. Univ. Johann Kott, München

Rohbau Bold GmbH &Co., Achern

Holzbau Kaufmann Holz AG, Reuthe/Österreich

Trockenbau Schwarzwald-Akustik Decken- und Trennwandbau GmbH, Bad Peterstal

Innenausbau Ausstellungshalle Bellprat Associates AG, Winterthur/Schweiz

Schreinerarbeiten Heinrich Hennegriff, Appenweiher

Umbauter Raum 55 000 m³

Bruttogeschossfläche 8 500 m²

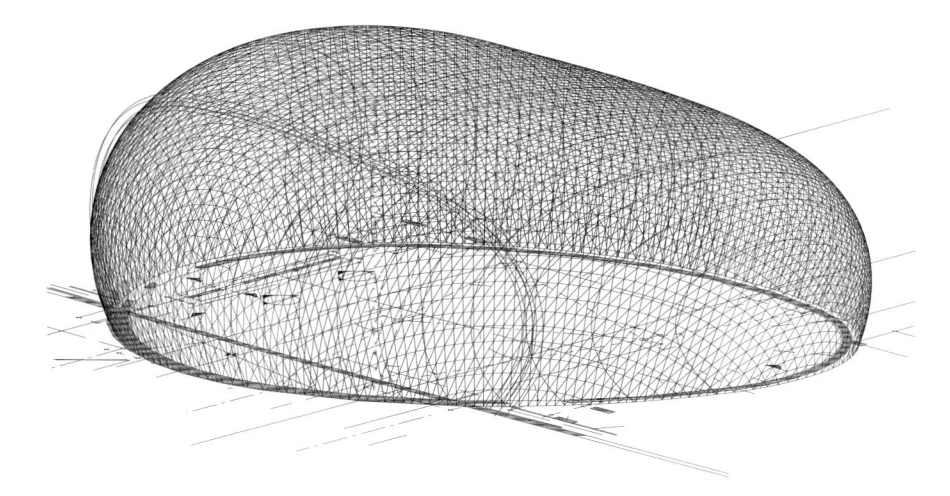

Tragwerksfindung des Konferenzsaals durch Computersimulation

DIENSTLEISTUNG UND MISCHNUTZUNG

Messehallen in Rimini/Italien
NUOVA FIERA
Architekten: von Gerkan, Marg und Partner

In der Emilia Romagna, im Norden der Stadt Rimini ist als neue Messeanlage, die Nuova Fiera di Rimini, mit 12 Ausstellungshallen, Kongress- und Konferenzräumen, Aktionsbereichen, Gastronomien, Geschäften, Verwaltungsbüros und dazugehörigen Neben- und Lagerzonen entstanden. Insgesamt stehen der Messe 80 000 m² Ausstellungsflächen und 50 000 m² Serviceflächen zur Verfügung.

Das Baukonzept

Die architektonische Konzeption orientiert sich an der großen Tradition der Emilia Romagna, welche die europäische Baugeschichte seit der Antike und der Renaissance geprägt hat. Das Gesamtensemble ist in klassischer Weise axial und perspektivisch gruppiert. Die Gestaltung der Bauten mit ihren klaren Geometrien spricht die allen verständliche klassische Formensprache, die sich – mit modernen Konstruktionen und Materialien – durch bauliche Situationen formuliert. Solche Situationen sind der Vorplatz vor der Säulenhalle des Eingangs mit den weithin sichtbaren Lichttürmen des Tetrapylons, die Messestraße mit beidseitigen offenen Kolonnadenfluchten sowie die Ausstellungshallen mit hölzernen rautenförmigen Tonnengewölben. Auch die zentrale Kuppel über der Rotunde, die Pfeilerhalle des Eingangsbereichs und der überdachte Brunnen sowie das treppengesäumte Wasserbecken sind als klassische Zitate einzuordnen.

Selbst die Stofflichkeit und die Farbigkeit der Neuen Messe zitieren architektonische Traditionen der Region, wobei die Materialien und Konstruktionen den modernen technischen Errungenschaften unserer Zeit entsprechen. Säulen, Pfeiler, Wände und Balken sind steinern, d.h. aus Beton beziehungsweise Betonfertigteilen und Fertig-Elementen. Die Dachgewölbe und Kolonnadendecken sind hölzern, aus weit spannenden Flächentragwerken als Holzschalenkonstruktionen in den Hallen. Die Böden aus industriell hergestellter Steinzeugkeramik wurden in traditionellen Ornamenten verlegt. Filigrane Fassaden aus Stahl und Glas lassen die Neue Messe licht, weiträumig und transparent erscheinen.

Die Verkehrsanbindung sowie das sehr lange und schmale Grundstück prägen die organisatorische Konzeption der linearen und symmetrischen Erschließung von Ost und West und über den Haupteingang im Süden.

Der Ausstellungsbetrieb wird für Aussteller und Besucher einfach und übersichtlich auf nur einer Ebene abgewickelt. Für die flexible Organisation unterschiedlicher Veranstaltungen wurde ein modulares Hallensystem entwickelt, dessen Einzelmodule nach der kleinsten Veranstaltung bemessen sind und zu größeren kombiniert werden können. Die Hallen sind stützenfrei und überspannen jeweils mit 100 x 60 m eine Fläche von 6 000 m². Vorbild für die hölzernen Hallendächer sind die von Friedrich Zollinger in den 20er Jahren des 20. Jahrhunderts entwickelten und gebauten hölzernen netzartigen Dachgewölbe. Neue Holzwerkstoffe wie Brettschichtholz machen heute ein Vielfaches der damals möglichen Spannweiten realisierbar. Und sie ermöglichen wesentlich kürzere Montagezeiten; in Rimini wurden rund vier Wochen für die Montage der Dachkonstruktion einer Halle benötigt. Die Rotunde mit ihrer filigranen Rautenkonstruktion für die Kuppel hat einen Durchmesser von 30 m, die Scheitelhöhe beträgt 22 m.

Die Hallen

Die Ausstellungshallen setzen sich aus zwei verschiedenen Systemen zusammen. Der untere Last abtragende Teil der Hallenwände ist einschließlich der Fundamente in Stahlbeton ausgeführt. Diese Struktur bildet das vertikale

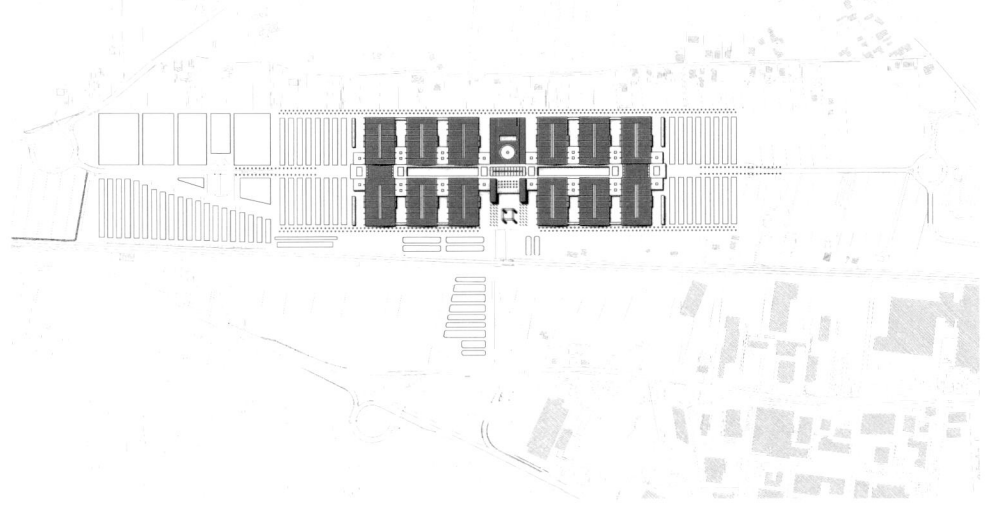

Situationsplan

83

DIENSTLEISTUNG UND MISCHNUTZUNG

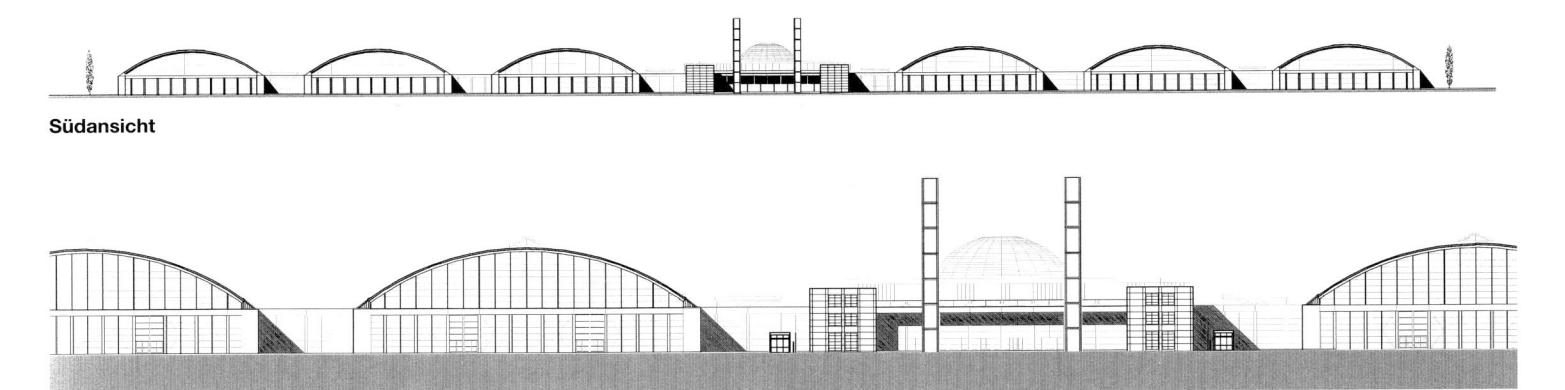

Südansicht

Eingangssituation

Auflager für das Dach und garantiert die Stabilität des gesamten Gebäudes, soweit es sich um äußere, horizontale Krafteinwirkungen wie Wind und Erdbeben handelt. Das hölzerne Tonnendach aus Brettschichtholz-Rippen ist über Stahlverbinder angeschlossen.

Die hölzernen Tonnendächer haben einen Bogenstich von 10 m; der höchste Punkt liegt 20 m über dem Terrain. Alle zwölf Messehallen besitzen die gleiche Geometrie und überspannen den Stahlbetonunterbau mit 60 m. Die Länge der Hallen beträgt 96 m.

Das Rautentragwerk

Das Rautenfachwerk einer Halle besteht aus 1280 Brettschichtholz-Rippen gleicher Abmessung in Zollinger-Bauweise mit einer Länge von 3,50 m und einem Querschnitt von 160 x 700 mm. Die Rippen sind in 693 Knoten über ein Stahlteil verbunden. Die Schnittpunkte der Knoten liegen vertikal 6.25 m und horizontal 3 m von einander entfernt. So kommen vier Rauten auf eine Breite von 12 m. Dies entspricht dem Achsmaß der Stahlbetonstützen und der Unterspannung. Ein Randbogen mit einem Querschnitt von 500 x 700 mm schließt das Tragwerk an den Giebeln ab.

Die Verbindung der einzelnen Stäbe zu einem Flächentragwerk erforderte entsprechende Versuche, die an der Universität von Udine/Italien durchgeführt wurden. In jedem Knoten mussten vier Holzrippen angeschlossen werden. Das bedeutet, dass an den Knotenpunkten Normal- und Querkräfte sowie Momente übertragen werden. Auch sollte die Montage einfach und schnell vonstatten gehen, die Verbindungen auf der Baustelle mit wenigen und einfachen Arbeitsgängen ausführbar sein.

So entstand ein speziell auf diese Anforderungen entwickelter Stahlverbinder: Vier Blechpaare wurden auf ein Rohrprofil geschweißt. Die Holzrippen erhielten mittig eingeschlitzte Stahllochbleche, die bereits während der Vorfertigung im Werk mit Stabdübeln angeschlossen wurden. Auf der Baustelle konnten diese Bleche dann zwischen die aufgeschweißten Blechpaare des Verbindungsknotens geschoben und die Verbindung mit wenigen Bolzen als reine Stahl-Stahl-Lochleibungsverbindung geschlossen werden. Anschließend verfüllte man das Stahlrohr mit Vergussmörtel. Die einzig sichtbaren Stahlteile sind die Stabdübelköpfe und das untere Abdeckblech des Stahlrohres. Damit erfüllt die Konstruktion die Anforderungen des Brandschutzes nach F 30.

Kraftübertragung

Die Übertragung der Kräfte aus der Dachkonstruktion in den Stahlbetonunterbau erfolgt über ein Stahlhohlprofil. Dieses ist wie ein Riegel über alle Wände durchlaufend auf den Wandkronen aufgelagert und bildet das jeweilige Lager für die hölzerne Dachkonstruktion. Der horizontale Bogenschub wird von vorgespannten Stahlzugbändern mit 60 mm Durchmesser im Abstand von 12 m aufgenommen. Die Zugbänder sind über diagonale Zugstangen mit einem Durchmesser von 32 mm durch Bolzen an den Knotenpunkten der Dachkonstruktion angeschlossen, um die Kräfte dort über ein Stahlteil auf die Brettschichtholz-Rippen zu übertragen. Die Dachkonstruktion mit der Aufhängung bildet ein sichelförmiges Tragwerk.

Das Zugband wurde mit Hydraulikpressen auf 850 kN vorgespannt. Die Vorspannung des Zugbandes auf diesen Wert gleicht den Horizontalschub aus dem Dach aus, der aus dem Eigengewicht resultiert. Ferner garantiert das Zugband zusammen mit den Zugdiagonalen die Stabilität des Tragwerkes bei einseitigen Wind- und Schneelasten.

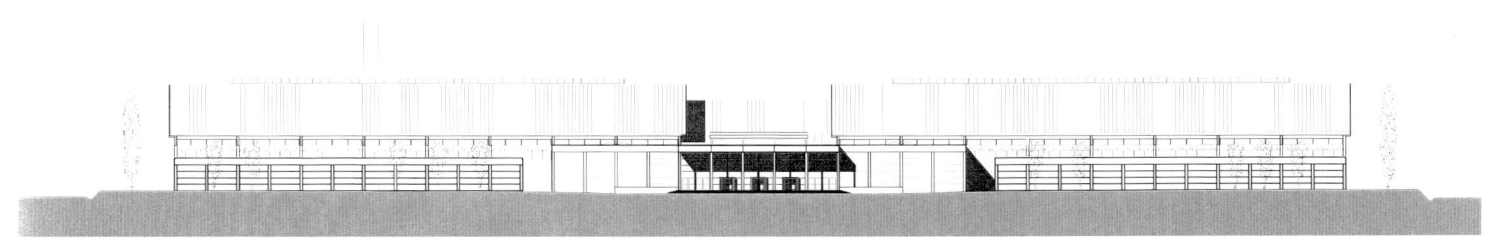

Ostansicht

DIENSTLEISTUNG UND MISCHNUTZUNG

Die Aussteifung des Daches in Längsrichtung übernimmt die 50 mm dicke Dachschalung, die auf das Gitter genagelt wurde. Für die Dachschalung wurden keilgezinkte Brettschichtholz-Lamellen eingesetzt, die als Zweifeldträger wirken. Sämtliche Lamellen wurden in der Werkstatt unmittelbar nach dem Keilzinken auf die richtige Länge gekappt.

Montage

Die Konstruktion wurde mit Hilfe eines Lehrgerüstes mit den Maßen 12 x 60 m errichtet. Dieses wurde auf drei paar Schienen in Längsrichtung von Feld zu Feld geschoben, so dass das Tonnendach in 12 m breiten Abschnitten montiert werden konnte. Die äußeren beiden Spuren dienten gleichzeitig zwei Baukränen als Laufspur. Auf diese Weise konnte jeder Punkt auf dem Lehrgerüst mit einem Kran bedient werden. Um das Rautenfachwerk zu montieren, hatte man die Knotenpunkte während der Montage auf hydraulische Pressen gesetzt, die anschließend abgesenkt wurden. Dieses Konzept, das Lehrgerüst als Arbeitsplattform und die Pressen als Montagelager zu verwenden, ermöglichte ein nachträgliches Ausrichten der Knotenmittelteile bis zum Einfügen der Bolzen. Für die Montage einer Dachkonstruktion wurden etwa vier Wochen benötigt.

Erdbebensicherheit

Die neue Messe Rimini befindet sich in einer Erdbebenzone. Deshalb wurden die Auswirkungen von Erdbeben durch eine dynamische Analyse der Konstruktion bewertet. Das Ergebnisspektrum diente ausschließlich der Begrenzung der Beanspruchung und des Verformungszustandes der Konstruktion bei Erdbeben.

Nach Fertigstellung der Hallen wurden an zwei Gebäuden statische und dynamische Kontrollen durchgeführt, anhand derer das mathematische Modell, mit dem das seismische Verhalten der Struktur untersucht worden war, überprüft werden konnte. Für die dynamischen Tests wurde ein Vibration erzeugendes Gerät, das Horizontal- und Vertikalkräfte simulieren kann, an verschiedenen Stellen der Dächer eingesetzt, um die daraus resultierenden Verschiebungen zu messen.

Das Atrium

Zwischen Eingangshalle und Kuppel verbindet das Atrium die beiden Einheiten von je sechs Pavillons miteinander. Die Spannweite der Konstruktion beträgt 18 m, die Länge 72 m. Das Dachtragwerk wird ebenfalls aus einem Rautenfachwerk gebildet. Eine Brettschichtholz-Rippe besitzt einen Querschnitt von 100 x 250 mm. Die Verbindung der Stäbe in den

Grundriss   Perspektiven

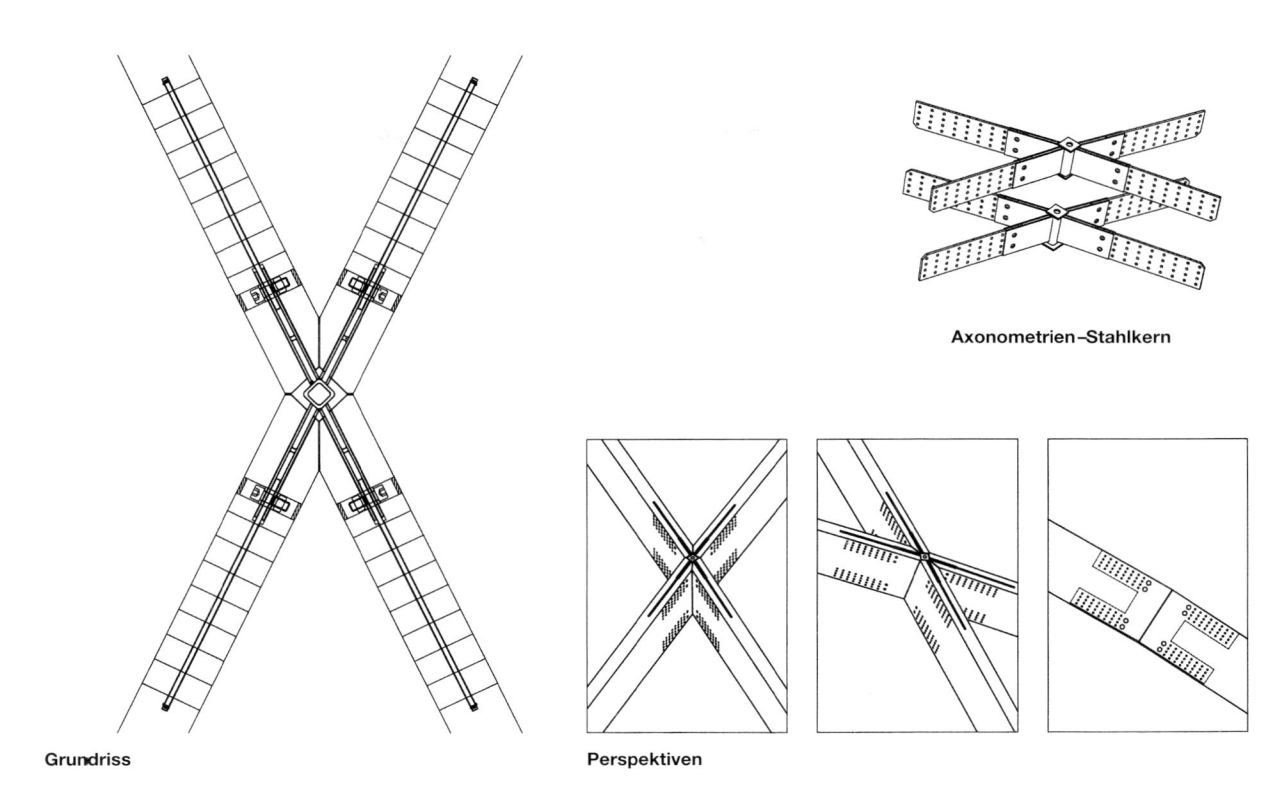

Axonometrien–Stahlkern

Knotenpunkt der Rauten-Lamellen-Konstruktion mit Anschlussteil aus Stahl

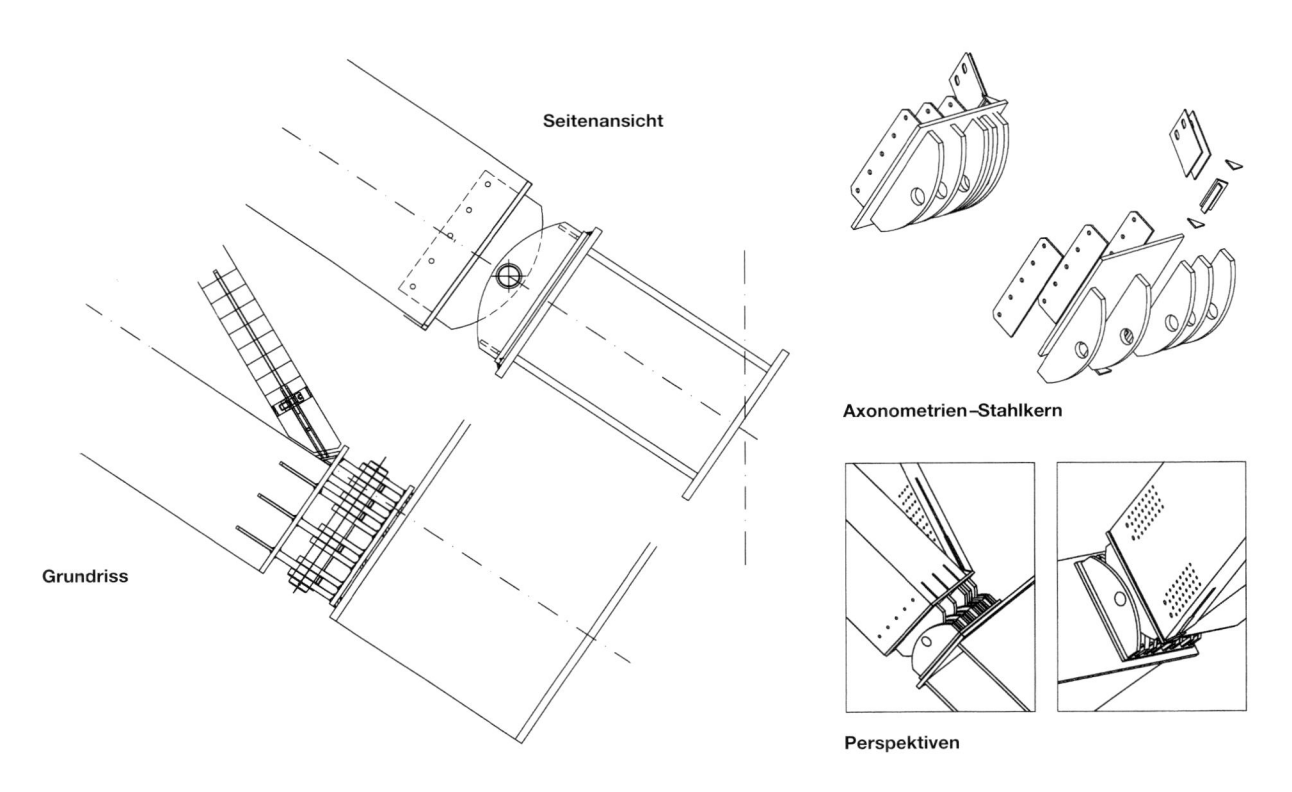

Seitenansicht

Grundriss

Axonometrien–Stahlkern

Perspektiven

Fußpunkt des abschließenden Bogenbinders mit Anschluss der Rauten-Lamellen-Konstruktion und Anschlussteil aus Stahl

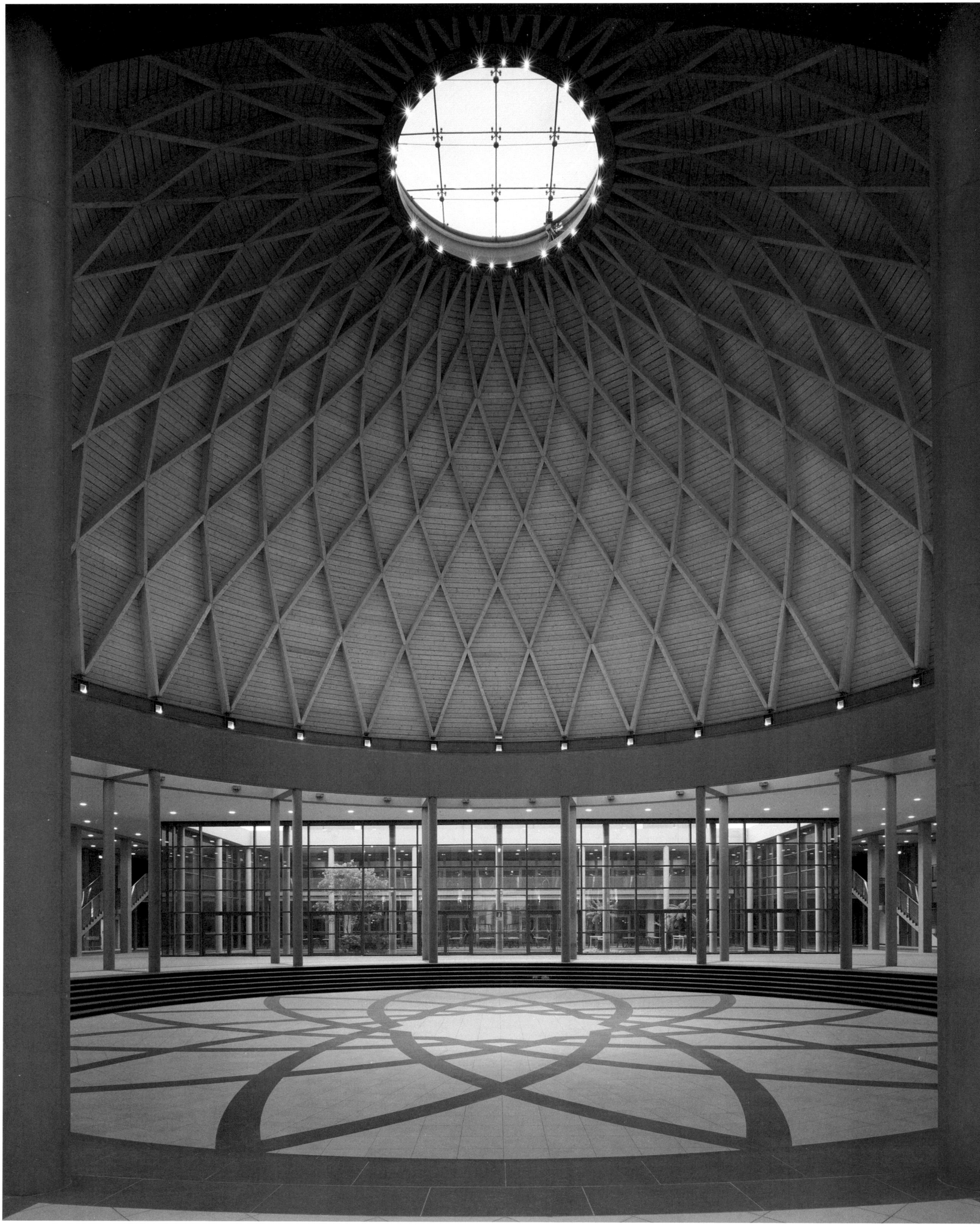

Knoten wurde ähnlich gelöst wie bei den Hallen. Beim Atrium wurden jedoch zwei Bleche eingeschlitzt. Deshalb mussten die Montagebolzen auf Biegung und Schub bemessen werden. Durch die geringe Spannweite war es möglich, auf eine Unterspannung in Form eines Fachwerkes zu verzichten. Zugstangen, welche die beiden Stahlprofile am Fuß des Bogens verbinden, übernehmen die horizontalen Schubkräfte.

Sämtliche Bauteile konnten einschließlich der Schlitze und Bohrungen komplett auf einer Abbundanlage vorbereitet werden. Bereits beim Entwurf der Knoten wurden die Bearbeitungsparameter der Maschine berücksichtigt. Das Atrium wurde in der Werkstatt in Einzelsegmenten zusammengesetzt und anschließend auf die Baustelle transportiert. Ein einzelnes Segment reichte von der Schwelle bis zum First. Zur Positionierung bei der Montage war in der Mitte des Atriums ein Gerüstturm erforderlich.

Die Kuppel

Der zentrale Platz der Anlage wird von einer Kuppel überspannt. Sie hat einen Durchmesser von 30 m und eine Scheitelhöhe von 22 m. Das Tragwerk besteht wie die Messehallen aus einzelnen Brettschichtholz-Rippen, die zu einem Netz mit rautenförmiger Struktur zusammen geschlossen sind. Für die Rotunde waren die filigranen Rautenkonstruktionen des italienischen Ingenieurs Pier Luigi Nervi Vorbild, so beispielsweise der Palazzo dello Sport in Rom. Am unteren Auflager haben die Rauten eine Breite von 140 mm und eine Höhe von 500 mm. In der Höhe verläuft der Querschnitt konisch und verjüngt sich nach oben zum Oberlicht hin auf 300 mm. Den oberen Abschluss bildet ein Druckring aus Stahl mit einem Durchmesser von 6 m, der auch das Oberlicht trägt.

Die einzelnen Elemente weisen eine komplexe Geometrie auf, die mit Hilfe eines 3D-CAD-Programms ermittelt wurden. Die Kanten der konisch geschnittenen Brettschichtholz-Rippen treffen sich in jedem Knoten an einem Punkt und bilden so eine durchlaufende Linie. Um dies zu erreichen, mussten die unteren Flächen wechselnd windschief angeschrägt werden.

Die Dachschalung aus 40 mm dicken Lamellen übernimmt zusätzlich zur Dachlast die Ringkräfte. Die Bretter im obersten Kuppelbereich erhalten geringe Druckkräfte, die im unteren Bereich Zugkräfte. Die Schalungsbretter des untersten Kuppelbereichs wurden in der Höhe der Netzwerk-Knoten mit einem auf der oberen Seite aufgenagelten Blechband so verstärkt, dass die horizontalen Ringkräfte aufgenommen und so die Querzugbeanspruchungen in den Rauten eliminiert werden. Aufgrund der räumlichen Tragwirkung mussten die Verbindungen zwischen den vorgefertigten Einzelsegmenten nur für geringe Momente bemessen werden. Im Knotenpunkt zweier nebeneinander liegender Rauten liegt ein Blech. Damit das Blech von unten nicht sichtbar ist, wurden die Brettschichtholz-Rippen jeweils um die halbe Blechdicke ausgefälzt. Zwei Bolzen, deren Köpfe versenkt und aus Brandschutzgründen mit einem Holzpfropfen abgedeckt sind, halten die Rippen zusammen.

Die kleineren Holzbauteile konnten nahezu komplett auf der Abbundanlage zugerichtet werden, wobei die Daten direkt aus dem 3D-Modell auf die Maschine übertragen wurden. Da dies ab einer bestimmten Querschnittsgröße der Brettschichtholz-Rippen nicht mehr möglich war, wurden die Rippen aus dem unteren Kuppelbereich von Hand abgebunden. Dabei hat man die Maße dem 3D-CAD-Modell entnommen, ins Zweidimensionale übertragen und für den Handabbund in der Werkstatt aufgezeichnet. Auf diese Weise und mit Hilfe einiger Vorrichtungsbauten konnten auch von Hand sehr genaue Bauteile hergestellt werden. Auf der Baustelle wurde die Kuppel in neun schalenförmigen Einzelsegmenten vorgefertigt. Um die Genauigkeit der einzelnen Elemente für die Montage zu gewährleisten, wurde aus Kanthölzern ein Lehrgerüst gebaut, das den genauen Radius der Schale hatte.

Auf diesem konnten die Rippenkonstruktion montiert und die Dachschalung aufgebracht werden. Für die Positionierung des Druckringes benötigte man einen Gerüstturm im Zentrum der Kuppel. Dieser übernahm die vertikalen Kräfte der Eigenlasten, bis die Kuppel fertig montiert und somit selbst tragend war. Die Windkräfte während der Montage wurden über die vorgefertigten Bauteile in den Gerüstturm geleitet, der entsprechend verankert wurde. Nachdem alle vorgefertigten Einzelsegmente montiert waren, wurden die noch fehlenden Brettschichtholz-Rippen in die noch offenen Felder eingepasst und zuletzt die Dachschalung ergänzt.

Standort Rimini/Italien
Bauzeit 1999–2001
Bauherr Ente Autonomo Fiera di Rimini, Rimini
Architekten gmp – von Gerkan, Marg und Partner, Hamburg
Entwurf Prof. Volkwin Marg
Projektleitung Stephanie Joebsch
Mitarbeit Yasemin Erkan, Hauke Huusmann, Thomas Dammann, Wolfgang Schmidt, Regine Glaser, Helene van gen Hassend, Mariachiara Breda, Susanne Bern, Carsten Plog, Mareo Vivori, Eduard Mijic, Arne Starke, Dieter Rösinger, Olaf Bey, Uschi Köper, Beate Kling, Elisabeth Menne, Dagmar Weber, Ina Hartig
Kontaktarchitekt Clemens Kusch, Venedig
Tragwerksplanung Favero Et Milan, Venedig
Beratung Schlaich Bergermann und Partner, Stuttgart
Haustechnik Studio T.I., Rimini
Beratung Uli Behr, München
Lichtplanung Conceptlicht, Helmut Angerer, Traunreut
Landschaftsplanung Studio Land, Mailand
Leittechnikatelier Mac Kneißl, München
Entwurf 1997
Bruttogeschossfläche 130 134 m^2

DIENSTLEISTUNG UND MISCHNUTZUNG

Messehallen in Friedrichshafen / Deutschland
RAUTENWERK

Architekten: von Gerkan, Marg und Partner

Die Neue Messe in Friedrichshafen wurde auf einem 38 Hektar großen Gelände gegenüber dem Flughafen errichtet. In neun Hallen stehen insgesamt 58 300 m² für den Messe- und Veranstaltungsbetrieb zur Verfügung.

Das Konzept der Anlage eignet sich für den flexiblen Betrieb unterschiedlicher Veranstaltungen, die auch simultan stattfinden können. Unabhängig vom Messebetrieb kann die große Mehrzweckhalle von außen erschlossen werden, so dass externe Veranstaltungen möglich sind, ohne den Messeverlauf zu beeinträchtigen.

Eine quadratische Aktionshalle im Zentrum der Messe kann je nach Bedarf dem Messebetrieb, den Kleinveranstaltungshallen oder der Mehrzweckhalle für Events, Präsentationen oder als Foyer zugeschaltet werden. Eine vorgesetzte Kolonnade ermöglicht als verglaster Umgang um das innere 12 000 m² große Freiausstellungsgelände einen attraktiven Rundgang durch sämtliche Ausstellungshallen. Die Messehallen werden ergänzt durch einen markanten Büroturm für die Messeverwaltung sowie insgesamt 5 000 Parkplätze für Besucher und Aussteller.

Die hölzernen Tonnengewölbe der Hallen sind als rautenförmige Flächentragwerke konzipiert und überspannen stützenfrei eine Fläche von 60 m Breite. Das gebaute Ergebnis überzeugt durch eine zeitgemäße Gestaltung und behagliches Ambiente trotz der großen Dimensionen, durch hohe Funktionalität und die Einhaltung von Fertigstellungstermin und Kosten.

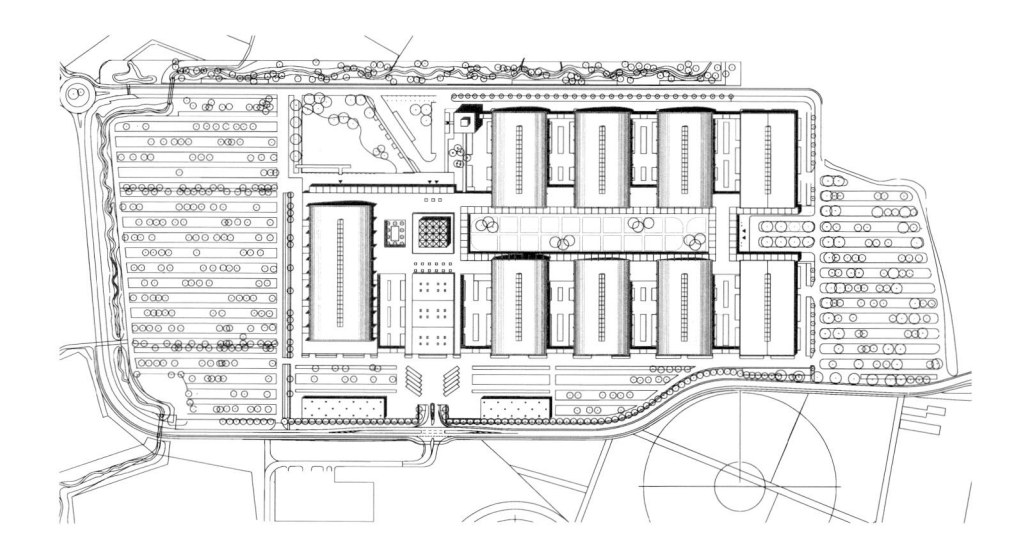

Situationsplan

Die Dachkonstruktionen

Die Vorgaben des Auftraggebers gingen über die üblichen baulichen Großstrukturen von Messehallen hinaus. So waren Ausstellungsmöglichkeiten für größere Segeljachten mit aufgerichteten Masten und Öffnungs- und Einstellungsmöglichkeiten für Flugzeuge in der Größe eines Learjets ebenso gefragt wie Standardhallen mit einem üblichen Lichtraumprofil. In mindestens einer Halle sollten Groß-Events wie Konzerte durchgeführt werden können und eine Mehrzweckhalle sollte teilbar für unterschiedliche Nutzungen sein. Dazu kam ein attraktives und großzügiges Foyer.

Erste Überlegungen des Architekturbüros zielten dahin, die Hallendächer in Holzkonstruktion zu errichten. Auch für den Bauherrn bestanden keine grundlegenden Zweifel an der technischen Machbarkeit oder an der Wirtschaftlichkeit hölzerner Dachstrukturen.

Die vier unterschiedlichen Tragwerkskonzepte, die für die Großdächer der Neuen Messe Friedrichshafen zur Anwendung kamen, besitzen alle das gleiche statische Merkmal: Der Baustoff Holz wird für Druck und Biegung eingesetzt, Stahl für Zug. Grundsätzlich sind alle Träger unterspannt. Als Tragwerksformen wurden Bogen, Fachwerkträger und Trägerrost (Tonnenschale) eingesetzt.

Die sechs Standard-Messehallen bestehen aus einem Dachtragwerk aus 14 Brettschichtholzbögen, die auf eingespannten Stahlbetonstützen auf Flachgründungen ruhen. Zwischen den Stützen sind Gasbetonwände aufgemauert. Der Dachaufbau besteht aus Aluminiumblech-Dachdeckung, Mineralfaserdämmung von 100 mm Dicke, komprimiert auf 80 mm, eine eigens für das Projekt angefertigte, dünne, leichte und kalt verklebbare Dampfsperre, Vollholz-Profilbretter von 28 mm Dicke und Sparrenpfetten mit 7,5 m Stützweite und 1,93 m Abstand. An den beiden Endfeldern sind Wind- und Stabilisierungsverbände angeordnet. Das

DIENSTLEISTUNG UND MISCHNUTZUNG

Hallenansicht mit vorgelagerten Kolonnaden (Innenhofseite)

Rauten-Lamellen-Tonnen müssen möglichst in voller Länge beidseitig gestützt werden. Da ein Lichtband zwischen Traufe und Wand vorgesehen war, konnten nur Punktstützen im Abstand von 7,5 m vorgesehen werden, über die eine Stahlkonstruktion zur kontinuierlichen Verankerung verläuft.

Beim Raumfachwerk des Foyerdaches besteht der quadratische Grundriss von rund 30 m Seitenlänge aus 16 Quadraten mit 7,50 m Kantenlänge. Die Oberfläche des Trägerrostes aus Pfosten-Diagonalen-Fachwerken liegt nahezu in einer Ebene. Auch hier sind die Obergurte und Pfosten aus Brettschichtholz, die Untergurte und Diagonalen aus Rundstahl. Das Konstruktionsprinzip besteht aus Haupt- und Nebentragwerk. Drei durchgehende Binder wurden als ebene Fachwerke vorgefertigt und eingesetzt, die quer liegenden Binderteile rechtwinklig dazu auf der Baustelle dazwischen gehängt. Dadurch entstand ein statisch ungleichmäßiger Trägerrost. Die pyramidenförmigen Glasdächer in Metallkonstruktion über den hölzernen Quadraten sorgen für ein Licht durchflutetes Foyer.

Brandschutz

Alle Hallen hatten die Feuerwiderstandklasse F 30 zu erfüllen. Bei Großprojekten wie diesem sind die Kosten für eine Sprinkleranlage gegenüber denen einer Brandschutz-Bemessung der Konstruktion für eine vorgegebene Feuerwiderstandsklasse abzuwägen. Holz in größeren Dimensionen hat gegenüber anderen Baustoffen den Vorteil, dass die Warmbemessung meist keine großen Unterschiede gegenüber der Kaltbemessung ergibt und damit auch keine zusätzlichen Kosten. Bei den Messehallen wurden die Baustoffe Holz, Beton und Stahl sinnvoll kombiniert, so dass das Zusammenwirken in die Brandschutzbetrachtungen einzubeziehen war. Grundsätzlich müssen bei solchen Großbauwerken nicht alle tragenden Bauteile die vorgegebene Feuerwiderstandklasse erfüllen, sondern in ihrem Zusammenspiel in der geforderten Dauer Fluchtmöglichkeiten bieten. Aus Kostengründen wurde deshalb auf den Einbau einer Sprinkleranlage verzichtet und die preiswertere Lösung der Bauteildimensionierung entsprechend den Brandschutzvorgaben gewählt.

Das Dach der Großhalle hat einen solch großen Abstand zum Boden, dass bei einem Brand keine Brandeinwirkung auf die Dachkonstruktion erwartet wird. So wurde eine Warmbemessung nur für die Stahlteile der Konstruktion gefordert. Beim Dach der kleinen Mehrzweckhalle musste wegen der wesentlich geringeren Dachhöhe mit einer Entzündbarkeit der Dachkonstruktion gerechnet werden. Deswegen musste die Dachschalung schwer entflammbar ausgeführt werden. Da die hölzernen Dachplatten nicht F 30-B klassifiziert waren, musste die Holzunterseite mit einem entzündungshemmenden Anstrich versehen werden. Die Hohlraumdämmungen wurden ebenfalls schwer entflammbar ausgeführt. Die Stahlzugglieder der Binder wurden für vorgegebene Temperaturzustände bemessen. Die Brandschutzbeurteilung geht davon aus, dass ein Vollbrand innerhalb der Fluchtzeit nur lokal und nicht flächendeckend über die gesamte Hallenfläche wirksam wird.

Die Hauptträger und die Sparrenpfetten der Standardhallen-Dächer wurden für eine Feuerwiderstandsdauer von F 30-B bemessen, was bezüglich des Holzes keine größeren Querschnitte als bei der Kaltbemessung notwendig machte. Die Haupt-Stahlzugglieder wurden zugunsten einer erträglichen Erwärmung einteilig ausgeführt, wobei die Dehnung und der Ausfall von Stahldiagonalen berücksichtigt wurde. Auch ging man bei der Warmbemessung davon aus, dass maximal einer der beiden Wind- und Aussteifungsverbände während der Fluchtzeit betroffen sein würde und noch ausreichende Standsicherheit gewährleistet wäre.

Schallschutz und Raumakustik

Bei den Messeneubauten waren neben den Funktionen Raumabschluss und Wärmeschutz auch Anforderungen an die Schalldämmung und an die Raumakustik zu erfüllen. Die Schallschutzforderung ergibt sich aus der unmittelbaren Nachbarschaft des Flughafens; Messebetrieb und Veranstaltungen anderer Art sollten so wenig wie möglich durch den Fluglärm gestört werden. Die akustischen Anforderungen ergaben sich aus der vorgesehenen Mehrzwecknutzung der Hallen. So wurden Schall absorbierende Dächer mit einem Schallschutz von 47 dB gefordert. Die Lösung fand sich mit tragenden Akustikdeckenelementen aus Holz (Ligno-Akustik Typ 90 bzw. Typ 104) für den Dachaufbau, deren Untersicht der von Profilholz mit Schattennut gleicht. Diese Brettlagenelemente besitzen eine hohe Tragfähigkeit und Scheibenwirkung. Durch eine schubfeste Verbindung der Elemente ergibt sich ein Flächen bildendes Tragwerk mit geschlossener Oberseite, integrierter Wärmedämmung und fertiger Untersichtseite, das Schall dämmend und zugleich Schall absorbierend ist.

Montage

Nach der Montage der Rauten-Lamellen-Konstruktion der Großhalle wurden die Akustikdecken in Elementen von 37,5 m² Fläche am Boden vormontiert und per Kran auf die Konstruktion aufgelegt. Die Monteure konnten auf der vollflächigen Oberseite der Elemente ohne Fangnetze oder Absturzsicherung arbeiten. Die Dachelemente stabilisieren die Lamellenkonstruktion des Tragwerks und führen die auf die Giebelbögen nach außen wirkende Horizontalkraft als Zugglieder in die Konstruktion zurück. Dadurch wird das bei Rauten-Lamellen-Tonnen übliche Problem am Giebel gelöst, denn jede Lamelle, die dort endet, trägt eine nach außen wirkende Horizontalkraft in sich. Da die Randbögen diese nicht über Biegung aufnehmen können, muss diese in die Tonne zurück geleitet werden. Die Horizontalkraft beträgt bis zu rund 30 kN/m. Über die Querstöße der Elemente wurden Stahllochbleche zur Kraftweiterleitung aufgenagelt.

Standort Friedrichshafen/Deutschland

Bauzeit 2000–2002

Bauherr Internationale Bodensee-Messe Friedrichshafen GmbH

Architekten gmp – von Gerkan, Marg und Partner, Hamburg; Volkwin Marg mit Hauke Huusmann

Projektpartner Wolfgang Haux

Projektleitung Hauke Huusmann

Mitarbeit Katja Beiß, Marina Hoffmann, Petra Kauschus, Martina Klostermann, Knut Maass, Carsten Plog, Peter Radomski, Klaus Reinhardt, Wolfgang Schmidt, Ralph Schmitz, Claudia Schultze, Dirk Tietgen, Petra Wedemann, Gaby Wysocki

Tragwerksplanung Hochtief Frankfurt, Abt. Technik

Tragwerksplanung Holzbau Mehrzweckhalle: Merz & Kaufmann, Bauingenieure, Dornbirn/Österreich, Kleinveranstaltungshalle; Foyer: Ingenieurbüro für Statik, Stefan Schlechter, Albstadt

Elektrotechnik Tessag Rheinelektra Technik GmbH, Aalen

Sanitär/Heizung Scholze Ingenieurgesellschaft mbH, Leinfelden

Lüftung HL-Technik, Stuttgart

Freianlagen Büro Land GbR, Duisburg

Brandschutzgutachten Hosser, Hass und Partner, Braunschweig

Projektsteuerung Assmann Beraten und Planen, Dortmund

Generalunternehmer Bietergemeinschaft Hochtief Building/Tessag Rheinelektra Technik, Stuttgart

Holzbau Arbeitsgemeinschaft Holzbau Amann GmbH, Weilheim/Kaufmann Holzbauwerke AG, Dornbirn/Österreich

Akustikelemente Lignotrend, Weilheim

Bruttogeschossfläche ca. 95 000 m²

PRODUKTION UND HANDWERK

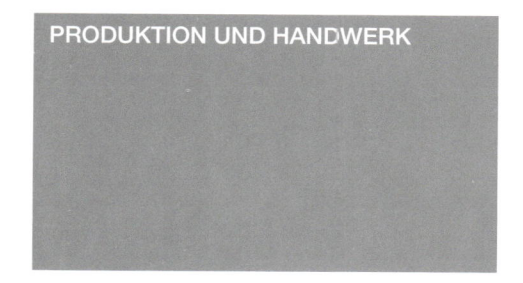

PRODUKTION UND HANDWERK

Großbäckerei in Essen / Deutschland
BACKHAUS
Prof. J. Reichardt Architekten

Das Bäcker-Handwerk verändert sich gegenwärtig rasant von der «Backstube nebenan» zu industriell gesteuerten Prozesstechniken und einem hochtechnisierten Einsatz von Heiz- und Kühlaggregaten im Sinne einer «Backfabrik». Dabei ergeben sich Problemstellungen als unmittelbare Folge des Wandels. Wurde in der kleinen Bäckerei bisher mit sehr groben Erfahrungswerten gearbeitet, die meist mit zu hohem Energieeinsatz, entsprechenden Fixkosten sowie resultierenden Umweltbeeinträchtigungen einhergingen und die Arbeitsplatzqualität durch unkontrollierte Raumtemperaturen, gesundheitsschädliche Mehlstaubbelastung sowie fehlenden Sichtkontakt nach draußen verminderten, können bei der Planung eines Neubaus gemeinsam mit den Bauherren innovative Denkansätze zum Tragen kommen. Bereits in der Konzeptionsfindung wurde mittels integrativer 3D-Simulations-techniken für Städtebau, Gebäudestruktur sowie Haustechnik und Prozesstechnik eine sich gegenseitig bedingende ökologische wie ästhetische Synergie von Gebäudeanordnung, Tragwerk, Hülle, Haustechnik, Prozesstechnik und Arbeitsplatzqualität gesucht.

Baukörper, Organisation
Die eigentliche Backhalle ist als stützenfreies Raumvolumen von 48 x 21 x 8 m ausgeführt. Ein 15 x 21 m großes Vordach in Verlängerung der Dachkonstruktion gestattet wettergeschützte Ab- und Anlieferung von Backwaren über Rolltore mit hintergeschalteten Klimaschleusen. An die Backhalle lagern sich zwei rund 9 m tiefe riegelförmige, jeweils die Halle übergreifende Baukörper mit Zusatzfunktionen zum Backprozess an. An der Stirnseite der Halle sind im Erdgeschoss Foyer, Mehlsilo, Werkstatt, Lebensmittellager und Technikräume angedockt; darüber befinden sich im Obergeschoss Büroräume sowie der Pausenbereich mit Umkleide- und Sanitärräumen. Die Büroräume sind gegeneinander verglast und gestatten über eine vollverglaste Flurwand zur Halle sowie zur vorgelagerten offenen Galerie jederzeit Kontakt mit der Backhalle. Dies ist ein sehr wesentliches Merkmal der Kommunikation, sollte doch der gewohnte familiäre Bezug des Backteams nicht verloren gehen.

Dem Backprozess parallel folgend wurden die Servicefunktionen Kühlhäuser, Konditorei, Snack, Spülbereich und Retouren in einem

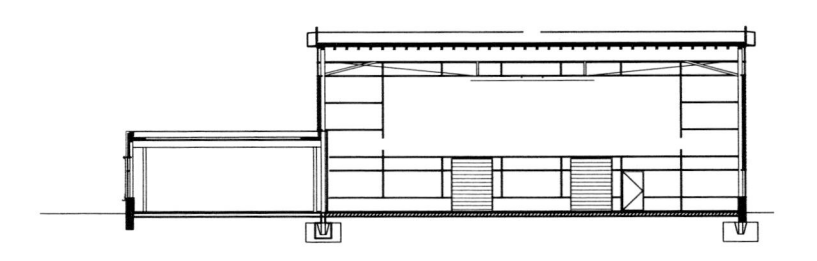

Querschnitt

eingeschossigen Trakt längs der Halle angeordnet. Zwischen Büroriegel und Servicetrakt ist ein wettergeschützter Bereich für die Anlieferung der Lebensmittel vorgesehen. Bei der Baukörperanordnung wurde auf voneinander unabhängige Erweiterbarkeit von Servicetrakt und Backhalle geachtet.

Tragwerk, Baustoffe
Für die Konstruktion erwies sich eine Kombination verschiedener Werkstoffe als besonders vorteilhaft. Das Tragskelett der Backhalle besteht aus Stahlstützen mit unterspannten Brettschichtholzzangen, für die Dachflächen wurde eine durch Holzrippen verstärkte, gefaltete Furnierschichtholzkonstruktion gewählt. Die Stahlstützen MSH 200 bilden im Raster 6 x 21 m zusammen mit den doppelt M 36/St 52 unterspannten Brettschichtholzzangen 20 x 60 cm einen eingespannten Binder, wobei die Rahmenecke durch eine Kopfbandstrebe MSH 120/180 biegesteif ausgebildet wird. Das über den Bereich des Anlieferhofes sowie den Bürotrakt durchlaufende, flach geneigte Satteldach besteht aus 30 mm dicker Funierschichtholz-Eindeckung mit unterseitig verschraubten, im Knickstoß als Durchlaufträger wirkenden keilgezinkten Brettschichtholz-Pfetten 20 x 18 cm. Die Stabilisierung der Halle in Längsrichtung erfolgt durch Verbände in der Dachebene sowie durch Vertikalverbände, in Querrichtung durch die Rahmen.

Die Anbauten (Bürobereich sowie Serviceriegel) werden zum Teil als zweigeschossige Bauteile in Massivbauweise (Stahlbeton, Mauerwerk), zum Teil als eingeschossige Skelett-Anbauten mit einer Hülle aus Metallblech errichtet.

Die Systemwahl der gefalteten Holzkonstruktion der Backstube erfolgte in Abstimmung mit den Ergebnissen der entwurfbegleitenden Energie- und Klimasimulation. Die gewählte Hallenhöhe, zudem die leichte Faltung des Hallenhimmels wirken durch eine rasche thermische Abführung der warmen Ofenluft aus dem Arbeitsbereich kühlend. Die Holzflächen von Bindern und Dach wirken durch Feuchtigkeitsaufnahme beziehungsweise -abgabe stabilisierend auf das Raumklima. Durch eine entsprechende Detail-

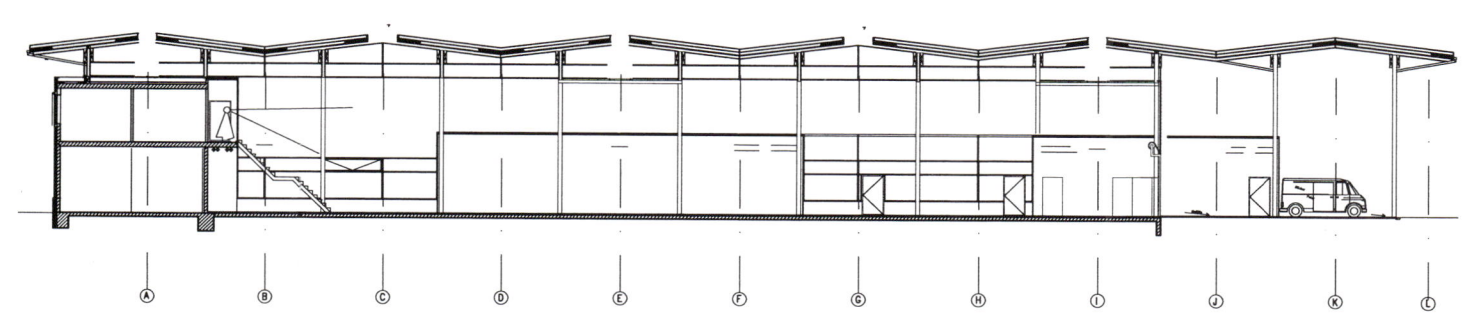

Längsschnitt

PRODUKTION UND HANDWERK

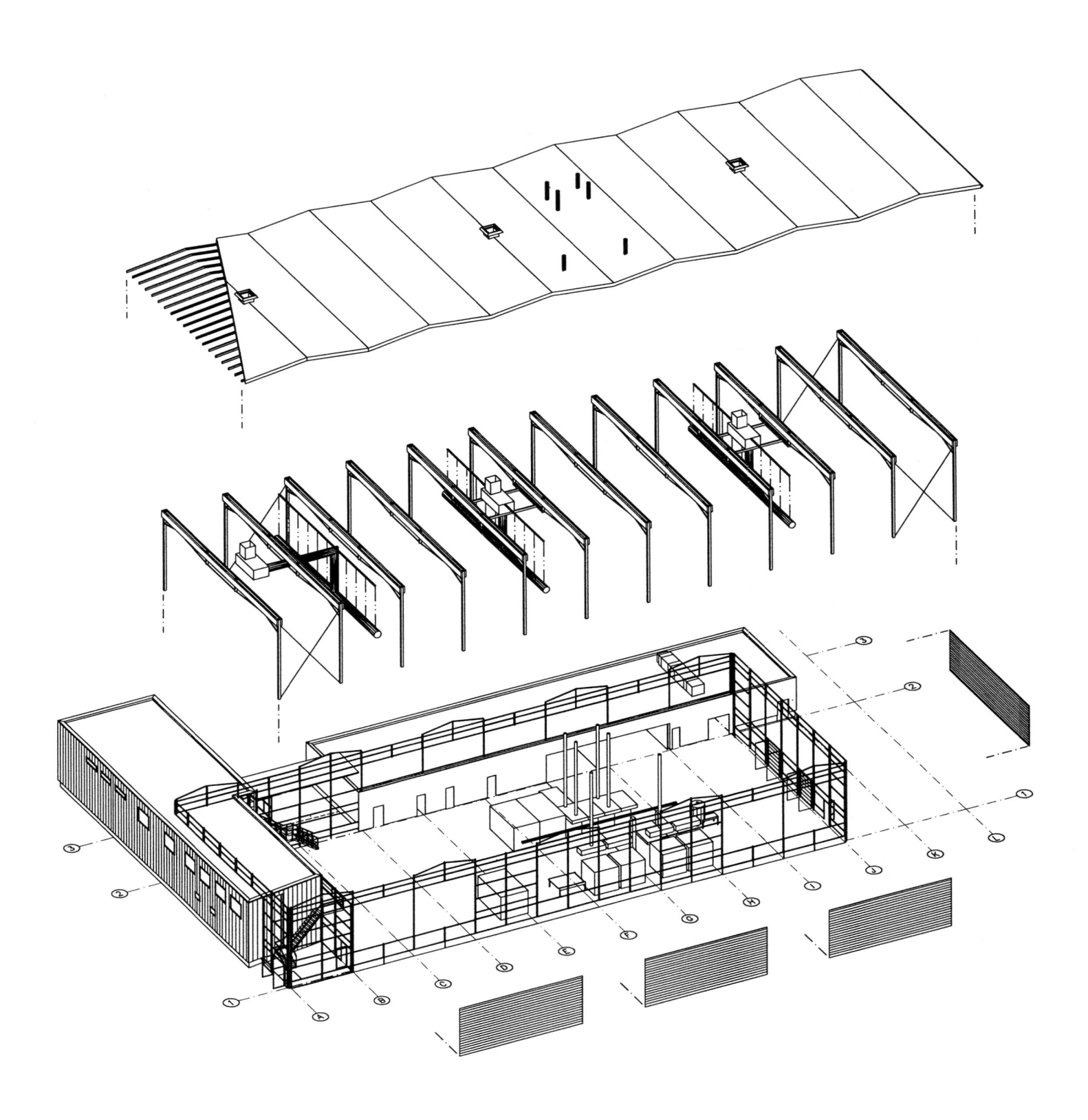

Gebäudestruktur

ausbildung des Tragwerks, insbesondere die Wahl der Unterspannung anstelle von Untergurtprofilen, werden unerwünschte Mehlablagerungen vermieden.

Die Baustruktur ist in Hinblick auf zukünftige Anforderungen zum allergrößten Teil als recyclingfähiger, elementierter Skelettbau konzipiert. Im gesamten Bauwerk wurde auf PVC-Beläge, Sandwichverbundstoffe oder nitrogebundene Lacke verzichtet.

Architektonische Hülle

Ein besonderes Anliegen des Bauherrn war die Bereitstellung von attraktiven, taghellen Arbeitsplätzen und darüber hinaus Ausblick in die Umgebung sowie Einblick in die «gute Stube» der vorbildlichen Backwarenherstellung. Oberlichter in Form von Sheds oder Kuppeln wurden in der Entwurfsphase untersucht, aber durch die Ergebnisse der parallelen Energiesimulation, die eine Aufheizung und unkontrollierte Thermik im Sommer ergab, nicht ausgeführt. Dafür wurde eine seitliche, unter dem auskragenden Dach vierseitig umlaufende Stehverglasung eingebaut.

Diese Grundausleuchtung, die atmosphärische Lichttemperaturen entsprechend der Sonnenausrichtung in die Backhalle fließen lässt, wird ergänzt durch nach Osten orientierte, über die gesamte Hallenlänge durchlaufende Fensterbänder sowie großflächige hallenhohe Fensterwände. Vor den Fensterwänden angeordnete Vertikalmarkisen gestatten Filterung und Abblendung des Sonnenlichtes je nach Bedarf. Insgesamt kamen im Bereich der Backhalle etwa 600 m² Verglasung ($k = 1,3$) in thermisch getrennter Pfosten-Riegel-Konstruktion zum Einsatz.

Energiesimulation (TAS)

Zur energetischen Optimierung von Baukörpern und Prozessabläufen war eine ganz genaue Analyse und Erfassung des Produktionsprozesses notwendig. So wurden detailliert die Aufstellungspläne der Maschinen und Einrichtungen in einen Zeitablaufplan gesetzt, um unter Berücksichtigung von Gleichzeitigkeitsfaktoren den Wärme- und Kältebedarf in der Backstube möglichst realistisch zu erfassen. Anhand dieser Daten konnten die für eine behagliche Arbeitsumgebung notwendigen Raumlufttemperaturen und Belüftungsvarianten in Abhängigkeit von der umgebenden Baustruktur simuliert und berechnet werden. Dabei wurden thermodynamische Luftströme im Gebäude, Materialien und Oberflächen berücksichtigt. Für die Berechnung der Kälte- und Wärmelasten wurde das dynamisch thermische Gebäude-Anlagen-Simulations-Programm TAS genutzt. Die Simulation ergab darüber hinaus, dass auf die übliche Wärmedämmung der Bodenplatte verzichtet werden konnte, da sie die Raumtemperatur mit 2° bis 3°C Temperaturaufschlag ungünstig belastet hätte.

Energieversorgung

Bereits im Vorfeld der Planung für die Bäckerei wurde die Energieversorgung für die Maschinentechnik eingehend untersucht. Hierbei wurden die Primärenergieträger Gas und Öl sowie der Sekundärenergieträger Strom gegenüber gestellt und kostenmäßig bewertet. Dabei wurden nicht nur die Investitionskosten sondern auch alle wichtigen Folgekosten berücksichtigt. Man kam zu dem Ergebnis, dass sich aufgrund der Sondertarife des Stromlieferanten die Produktion mit Strom als die günstigste Variante erwies. Die Vorteile liegen in dem enorm hohen Wirkungsgrad von 99 Prozent sowie einer 30-prozentigen Reduktion des Gesamt-Elektroanschlusswertes, da ein mikroprozessorgesteuertes Lastbegrenzungsmanagement vorgesehen wurde.

Jedes Backfach der einzelnen Öfen kann direkt einzeln ohne Vorheizen kurzfristig genutzt werden. Dies bedeutet geringere Abwärmeverluste in der Halle und eine Minimierung von Aufheizeffekten. Daraus erfolgt zwangsläufig, dass die Leistung der Lüftungsanlage minimiert werden konnte.

In der Produktionshalle wurde ein Stromschienensystem realisiert, um eine höchstmögliche Flexibilität in der Raumausnutzung zu gewährleisten. Der Verkabelungsaufwand zu den einzelnen Öfen konnte hierdurch deutlich reduziert und die Leitungslängen kurz gehalten werden. Dadurch verringert sich die Brandlast innerhalb der Halle derart, dass die Genehmigungsbehörde auf ein automatisches Brandmeldesystem verzichtete.

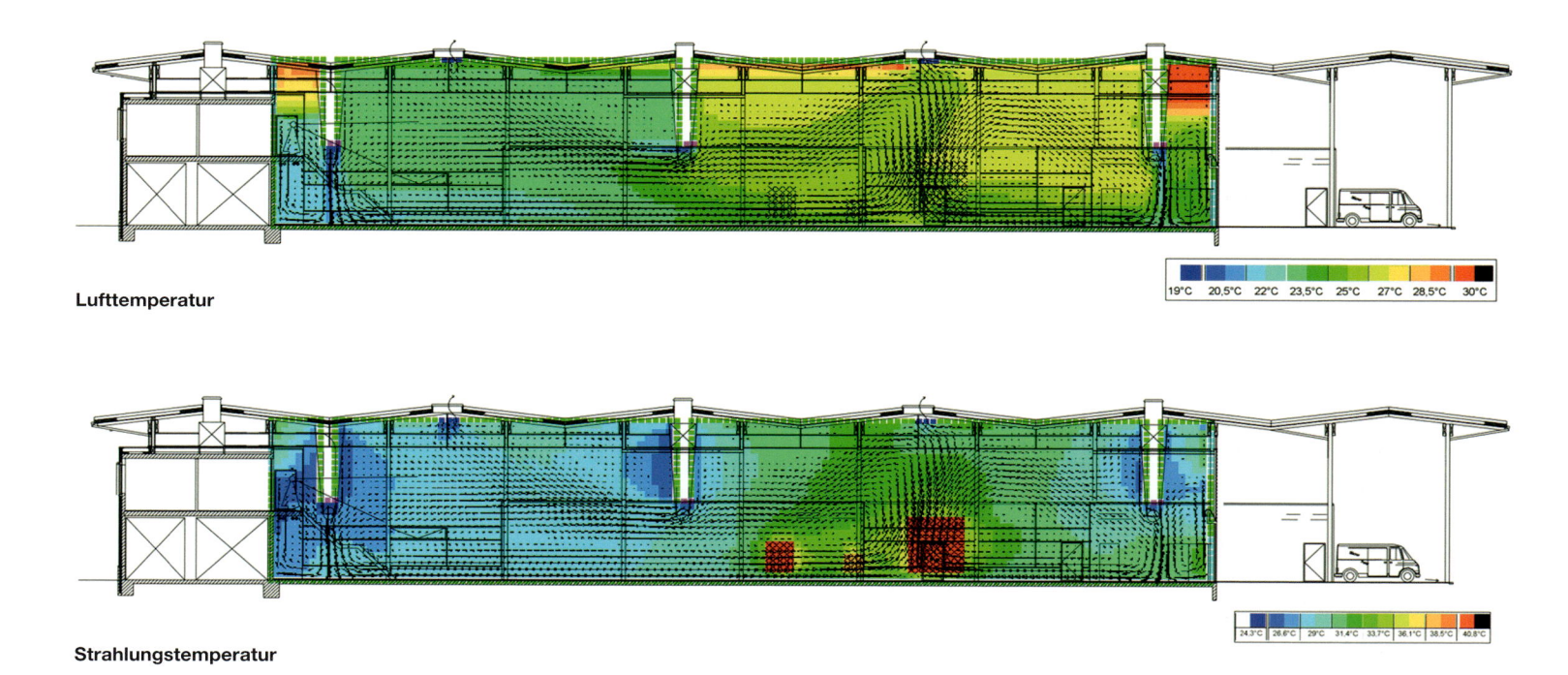

Lufttemperatur

Strahlungstemperatur

Bäckereien verbrauchen mehr Energie als andere handwerkliche Branchen. Im Rahmen der integralen Planungsoptimierung wird bei der Bäckerei eine Reduktion der Jahresheizleistung um bis zu 62 Prozent und eine Reduktion der Jahreskühlleistung um bis zu 39 Prozent erzielt. Dabei werden im Bereich der Arbeitsplätze an den Öfen Temperaturen von 22° bis 27°C nicht überschritten. Der bisher bei Bäckereien übliche Energiekennwert von 80 kwh Strom zum «Ausbacken» von 100 kg Mehl (Brotanteil 70 Prozent) sinkt so auf rund 60 kwh pro 100 kg Mehl.

Eine thermische Solaranlage liefert Warmwasser für den Sanitärbereich und die Spülküche. Der Anteil am Jahresenergieaufwand beträgt 60 Prozent, der Gesamtwirkungsgrad 0,28. Die zehn hochselektiven Absorber haben eine Größe von jeweils 2,3 m². Sie sind mit einem hochwärmegedämmten Warmwasserspeicher mit einem Fassungsvermögen von 2 000 Litern kombiniert. Diese Anlage ergibt eine äquivalente Kohlendioxidsenke von zirka 1 700 kg CO_2/Jahr.

PRODUKTION UND HANDWERK

Schnitt durch die Halle Achsen G – L

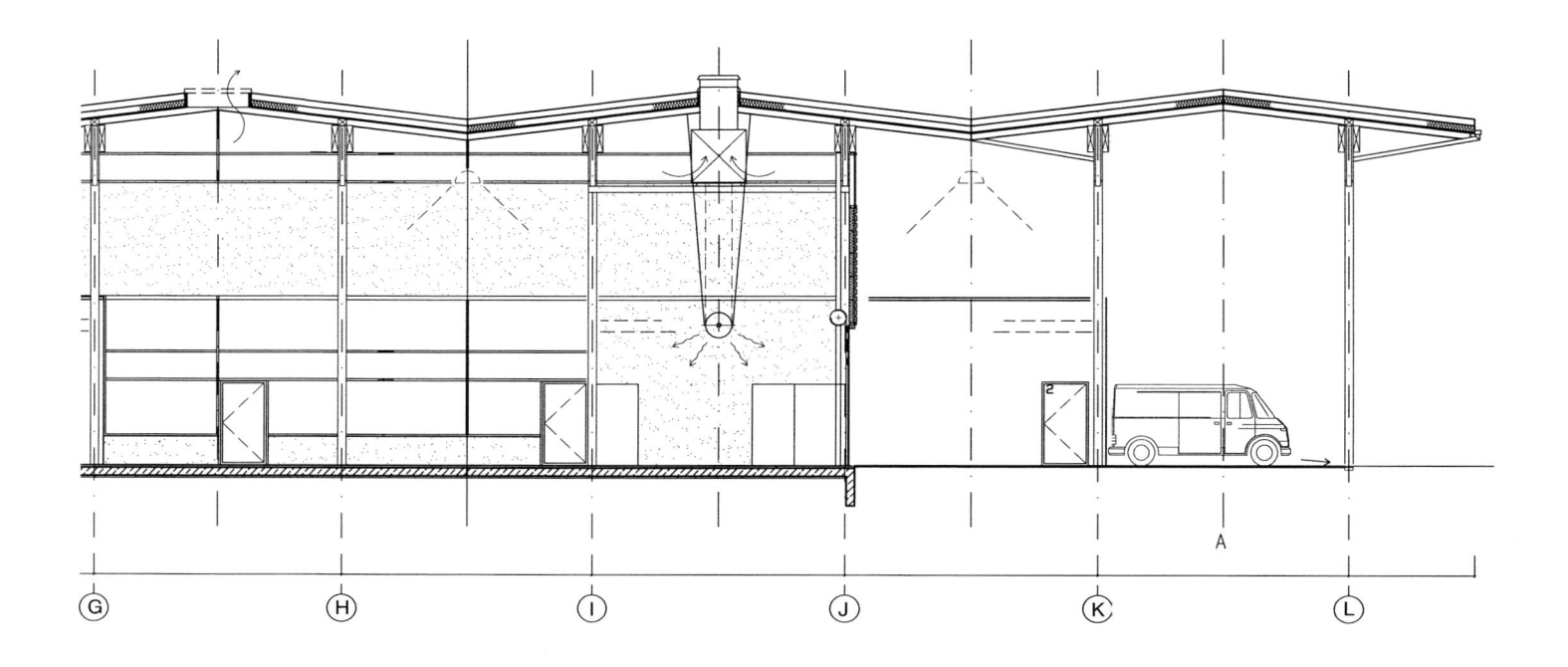

Beleuchtungstechnik

Bei der Planung des Neubaus der Bäckerei wurde besonderer Wert auf Umweltverträglichkeit und Arbeitsplatzqualität gelegt. Dies spiegelt sich nicht nur in der Gebäudestruktur, sondern auch in der Wahl der Beleuchtung wider.

Die Backhalle wird mit Hallen-Prismenleuchten beleuchtet, die sich besonders für den Einsatz in kommerziellen Bereichen eignen. Sie bestehen aus einem Prismen-Reflektor aus temperaturwechselbeständigem Borsilikatglas, dessen an der Außenseite liegende Prismen von einem Aluminiummantel vor Verstaubung und mechanischer Beschädigung geschützt sind. Die innere Glasoberfläche ist absolut glatt und damit praktisch wartungsfrei. Die präzise Lichtlenkung der Prismen gewährleistet einen maximalen Wirkungsgrad und bewirkt, dass die Anzahl der Lichtpunkte auf ein absolutes Minimum reduziert werden kann. Für die 24 x 54 m große Backhalle wurden nur 24 Leuchten benötigt, um bei einer Montagehöhe von 5,50 m eine Beleuchtungsstärke von 500 Lux auf die Arbeitsfläche zu erreichen. So konnten Installations-, Wartungs- und natürliche Energiekosten erheblich gesenkt werden. Für die Bäckerei wurde nach genauen Berechnungen eine tiefstapelnde Lichtverteilung gewählt und die Leuchten wurden versetzt montiert, um so mit der geringst möglichen Leuchtenzahl eine möglichst hohe Gleichmäßigkeit zu erzielen, so dass keine dunklen Ecken entstehen. Dadurch konnte die Arbeitsplatzqualität erhöht werden. Ein weiterer Vorteil der Leuchte ist der Selbstreinigungseffekt. Durch die oben und unten offene Bauweise des Reflektors, die Hitze der Lampe und das dadurch entstehende Temperaturgefälle entsteht eine ständige Luftzirkulation, die Staub und Schmutz aus dem Reflektor heraus transportiert.

Lüftungstechnik

Angesichts der rapide steigenden Fälle von Asthma bei Bäckern und anderen Allergien haben Lüftungsanlagen in Backstuben in den letzten Jahren an Bedeutung gewonnen. Bei der Bäckerei in Essen entschied man sich deshalb für den Einbau einer speziell für Backbetriebe entwickelten Anlage, welche die hier besonderen Anforderungen an die Raumluftqualität berücksichtigt.

Das eingesetzte System sorgt für die Belüftung und Beheizung der Halle sowie der Nebenräume und erfüllt darüber hinaus alle behördlichen Auflagen im Bereich des vorbeugenden Brandschutzes. Das Lüftungssystem für die Backhalle besteht aus drei mechanischen Zuluftanlagen mit Textilgewebe-Ausblasschläuchen, wodurch große Luftmengen – pro Stunde wird eine Luftmenge bis zum Zehnfachen des Raumvolumens gefordert – ohne Zugerscheinungen in den Raum eingebracht werden können. Die kontinuierliche Filterung der umgewälzten Luftmenge führt gleichzeitig zu einer Reduzierung des Staubgehaltes. Die Anlagen sind mit Rezirkulationskammern, einem Zweistufen-Filtersystem, einem Wärmetauscher sowie einem polumschaltbaren Ventilator ausgerüstet. Die Zentralen sind aus korrosionsbeständigem Aluminium gefertigt. Durch diese gewichtssparende Bauweise konnten die Anlagen ohne statische Probleme Platz sparend unter der Hallendecke montiert werden. Diese Anordnung führt zu extrem kurzen, nur senkrecht verlaufenden Luftkanälen, auf denen sich kein Staub ablagern kann.

Die in der Bäckerei bestehende Wärmelast wird von dem System zur Erwärmung der Außenluft genutzt. Hieraus resultiert eine energiesparende Betriebsweise, da nur bei sehr niedrigen Außentemperaturen ein Nachheizen der Außenluft erforderlich wird. Die Abluft wird über Mehrzweck-Dachentlüfter in Form der energiefreien Auftriebslüftung abgeführt. Die Zuluftanlage wurde ohne Wärmetauscher ausgeführt, da auch diese Anlage den in der Backhalle vorhandenen Wärmeüberschuss nutzt. Eine rechnergestützte Regelanlage überwacht permanent die wichtigsten Daten, so dass Temperatur, Feuchte und Staubgehalt der Luft im vorgeschriebenen Rahmen bleiben.

Standort Essen/Deutschland
Bauzeit 1996–1998
Bauherrin Christa Peter, Essen
Architekten Prof. J. Reichardt Architekten BDA, Essen; Mitarbeit: A. Schöpe, S. Czech
Bauleitung agiplan, Mülheim; Mitarbeit: B. Fürst
Fertigungslogistik Gideon Auerbach, St. Augustin
Tragwerksplanung Baum und Weiher, Bergisch Gladbach
Haustechnik Planungsgesellschaft Karnasch mbH, Essen; Projektleitung: K. Drüke
Energiesimulation, TAS G. Hoffmann, Frechen
Bruttorauminhalt 16 500 m^3
Nutzfläche 2 600 m^2

PRODUKTION UND HANDWERK

Pharmaproduzent in Essen/Deutschland
DUFTKASTEN
Prof. J. Reichardt Architekten

Entwurfsschema

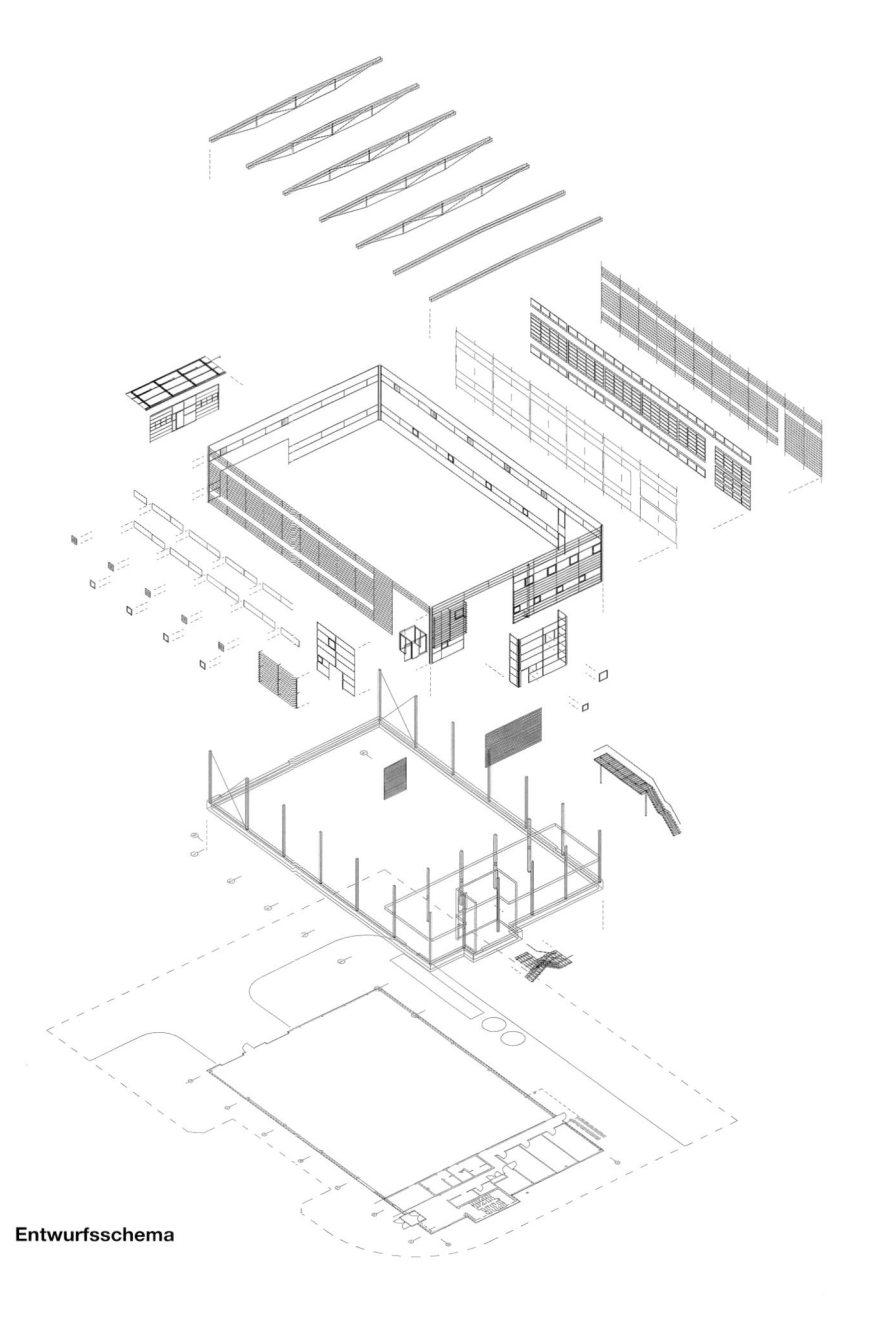

Bei dem Neubau einer Firma zur Herstellung kosmetisch-pharmazeutischer Produkte aus Naturstoffen für den Pferdesport entschieden das Planungsbüro und der Hersteller gemeinsam, Produktion, Lager und Büro in einem Baukörper zusammenzufassen. Dem Wunsch des Bauherrn, die Grundidee seiner Produkte zur Kräftigung, Pflege und Kosmetik für Pferde aus Naturstoffen durch eine ökologische Bauweise nach außen zu tragen, wurde durch die vielfältige Verwendung von Holz und die Nutzung regenerativer Energieformen entsprochen.

Die Hülle aus unbehandeltem Western Red Cedar-Holz, die den Baukörper umschließt, wird nur an der Südostecke durch Eingang, Foyer und Treppenhaus unterbrochen. An dieser Seite befinden sich auf zwei Ebenen die Büro- und Nebenräume, daran schließt sich die 675 m² große, stützenfreie Halle für die Produktion an. Sechs unterspannte Träger aus Brettschichtholzzangen sind auf eingespannten Stahlstützen montiert, an denen die vorgefertigten Wandelemente angebracht sind. Diese bestehen aus einer tragenden Struktur aus Vollholz, die mit Holzwerkstoffplatten beplankt ist. Darauf sind, hinterlüftet, die auf Lücke gesetzten Zedernholzbretter angebracht. Zwischen den Holzflächen laufen Glasbänder um das Gebäude. Vor allem die Sorgfalt der Fassadenausbildung gibt dieser Halle ihre Eleganz. Die Glasflächen sind bündig in die Fassade gesetzt,

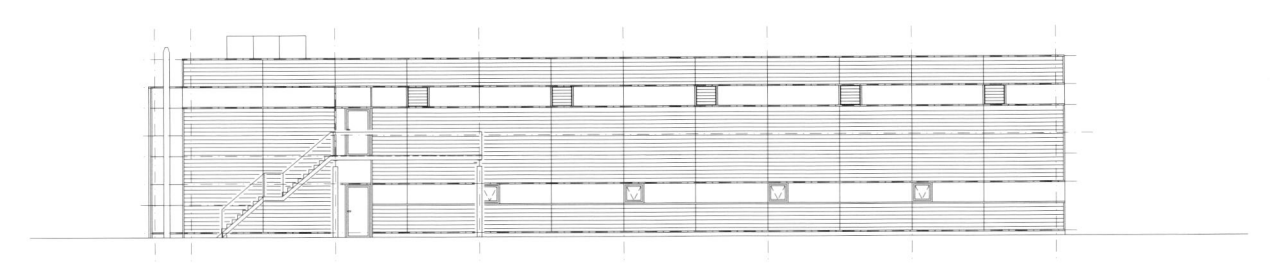

Ansicht Nord

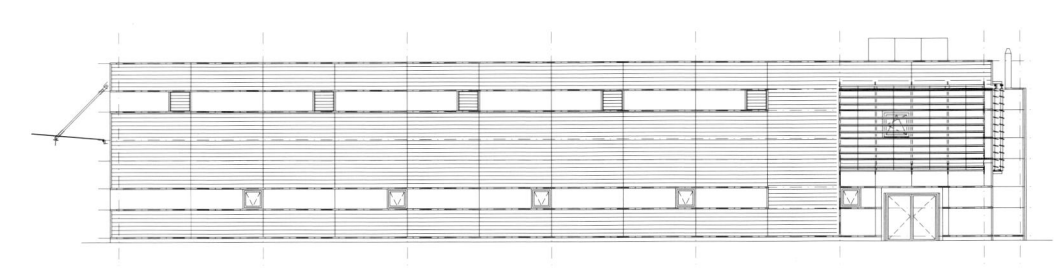

Ansicht Süd

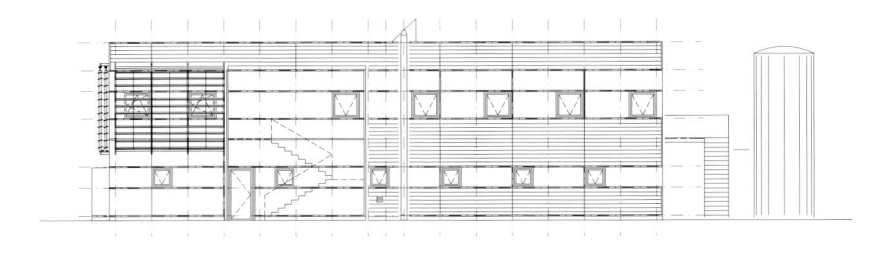

Ansicht Ost

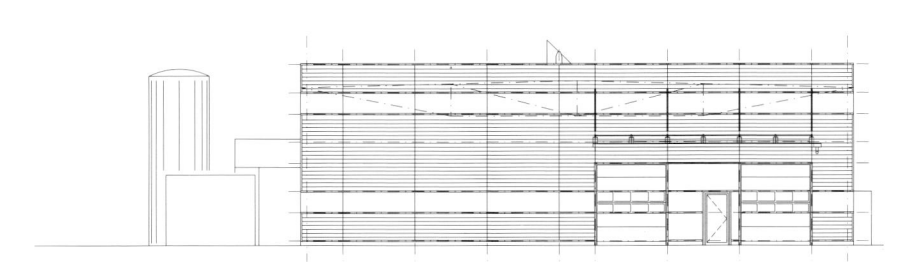

Ansicht West

die Zedernholzbretter werden bis an den oberen Rand der Attika geführt und dort nur mit einem schmalen Blech abgedeckt. An den Gebäudeecken wurde mit hoher Präzision gearbeitet, um, wie am gesamten Glasband, ohne vertikale Stoßprofile auszukommen.

Baukörper, Organisation

Die eigentliche Produktionshalle ist als stützenfreies Raumvolumen von 22,50 x 30,00 x 6,00 m ausgeführt. Auf der Stirnseite der Produktionshalle schließen im Erdgeschoss Foyer, Umkleide- und Pausenbereich sowie im Obergeschoss Besprechungsraum und Büroräume an. Unterschiedliche Geschosszahl und Nutzung werden von außen zwar vereinheitlicht, die Differenzierung der Fassade erlaubt dem aufmerksamen Betrachter jedoch eine Ablesbarkeit verschiedener Funktionen. Im Außenbereich waren zwei Ölsilos sowie Stauraum für Dosen und Paletten unterzubringen. Sie sind in einer hierfür bereitgestellten Zone untergebracht sowie als holzbekleideter «Schrank» angebaut.

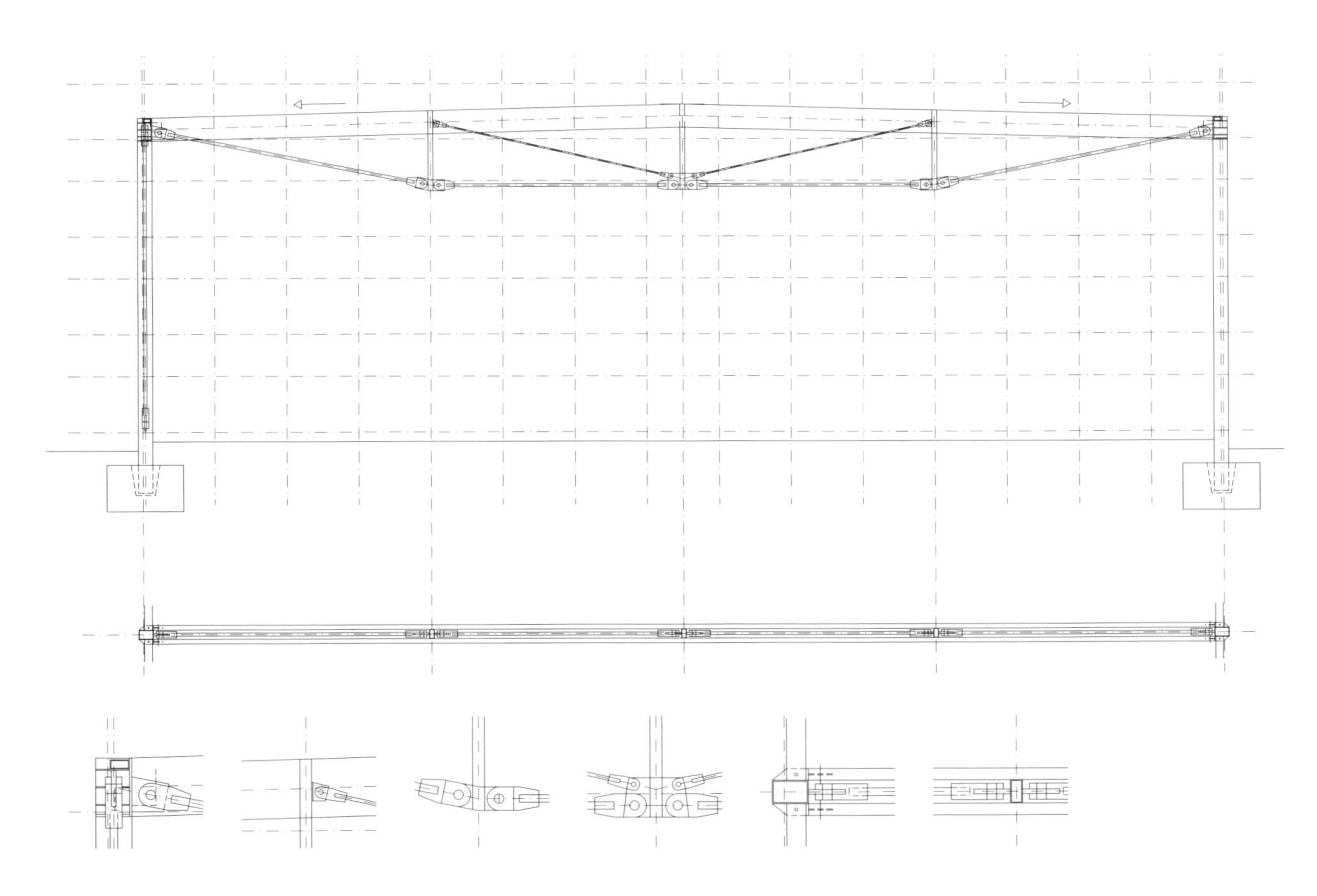

Details Tragwerk

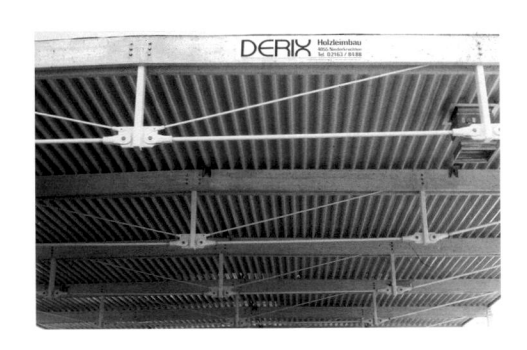

Tragwerk

Das Tragwerk der erweiterungsfähigen Produktionshalle wird durch sechs unterspannte Brettschichtholzzangen gebildet, die jeweils auf eingespannten Stahlstützen MSH 200 aufliegen. Der stirnseitig integrierte Geschossbau für Servicefunktionen und Büros ist eine Ortbetonkonstruktion mit Rundstützen und Flachdecken. Die Dachkonstruktion besteht aus einer über den Randbau ausgreifenden Trapezblechdekkung, die zusammen mit Diagonalverbänden in den Längsfassaden zur Stabilisierung der Halle beiträgt.

Hülle

Vorbild der architektonischen Haltung ist die viel-fach in Gewerbegebieten mit Recht gerügte «Kiste», jedoch sollte hier in sorgfältiger Fügung von feststehenden und beweglichen, als «Haut» verstandenen Holz- und Glasflächen ein anmutiger, die Sinne überraschender Kubus entstehen.

An den Stahlstützen wurden Befestigungslaschen für die feldweise freitragenden vorgefertigten Roste aus horizontalen und vertikalen Konstruktionsvollhölzern angebracht. Diese Wandelemente sind zweiseitig mit Holzwerkstoffplatten beplankt und mit Mineralwolledämmung ausgefacht. Die äußere Hülle der Wandflächen wird durch auf Lücke gesetzte unbehandelte Zedernholzbretter gebildet. Auf Holzschutzmittel konnte aufgrund der holzeigenen Schädlingsresistenz verzichtet werden. Die umlaufenden Glasbänder zwischen den Holzflächen mit integrierten Glaslamellen sowie Klappfenstern in lasierter Lärche kommen ohne vertikale Stossprofile aus.

Im Eingangsbereich wird die strenge Kubatur durch den heraustretenden Windfang, das Treppenhaus sowie verschiebbare Holzlamellen der Konferenzecke im Obergeschoss aufgelöst. Die Stirnflächen von Windfang, Treppenhaus sowie der «Schrank» im Außenbereich erhielten eine flächige Beplankung aus lasiert versiegelten Bootssperrholzplatten mit Deckfurnier in Okoumé.

Das Gebäude zeigt, wie in den Gewerbegebieten ein Beitrag zu angemessener Gestaltung geleistet werden kann: nicht durch eine räumliche Verkomplizierung einfacher Abläufe, oder eine Konzentration außergewöhnlicher Details an den sichtbaren Stellen, sondern dadurch, dass man das Einfache bewusst macht und die Sorgfalt auf die Details konzentriert, die in Übereinstimmung mit Funktion und Inhalt zu bringen sind. Und trotzdem sind Überraschungen möglich: Insbesondere nach Regen strömt das Zedernholz einen angenehmen Duft aus. Eine Art für sich zu werben, wie es einer Firma, die mit Kosmetik ihr Geld verdient, gut zu Gesicht steht.

PRODUKTION UND HANDWERK

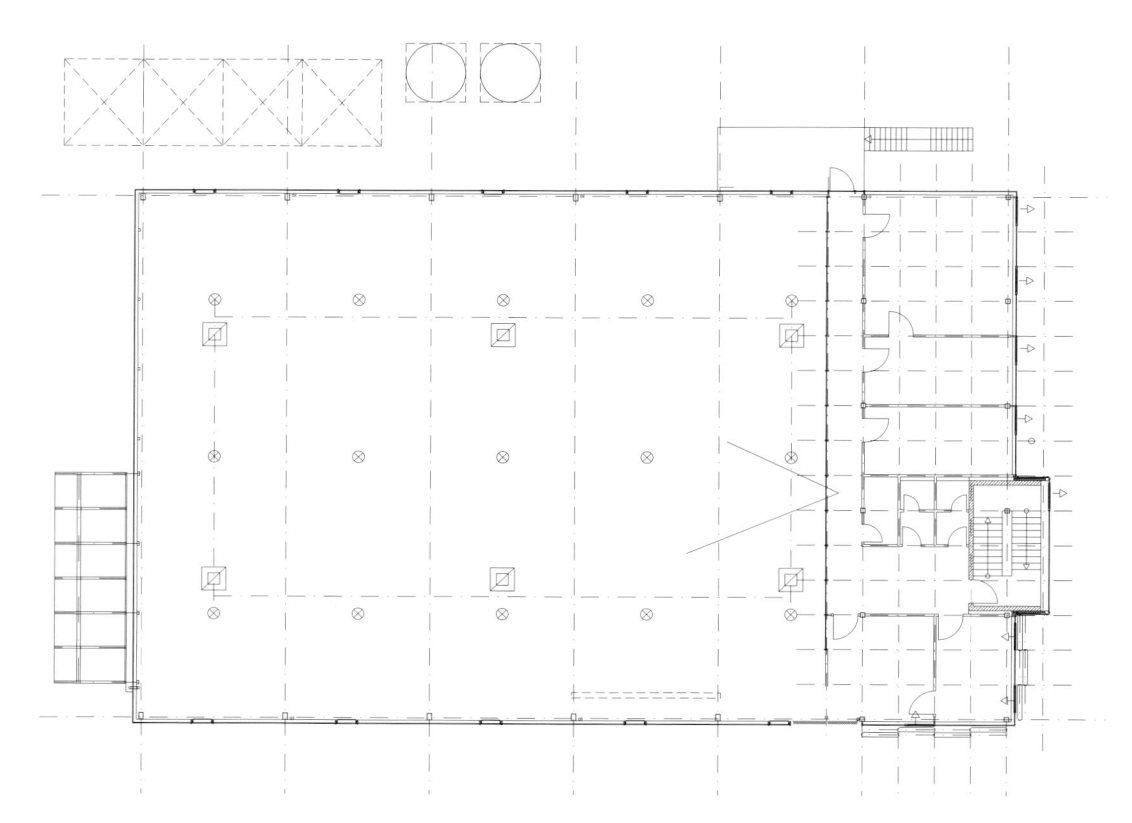

Grundriss Obergeschoss

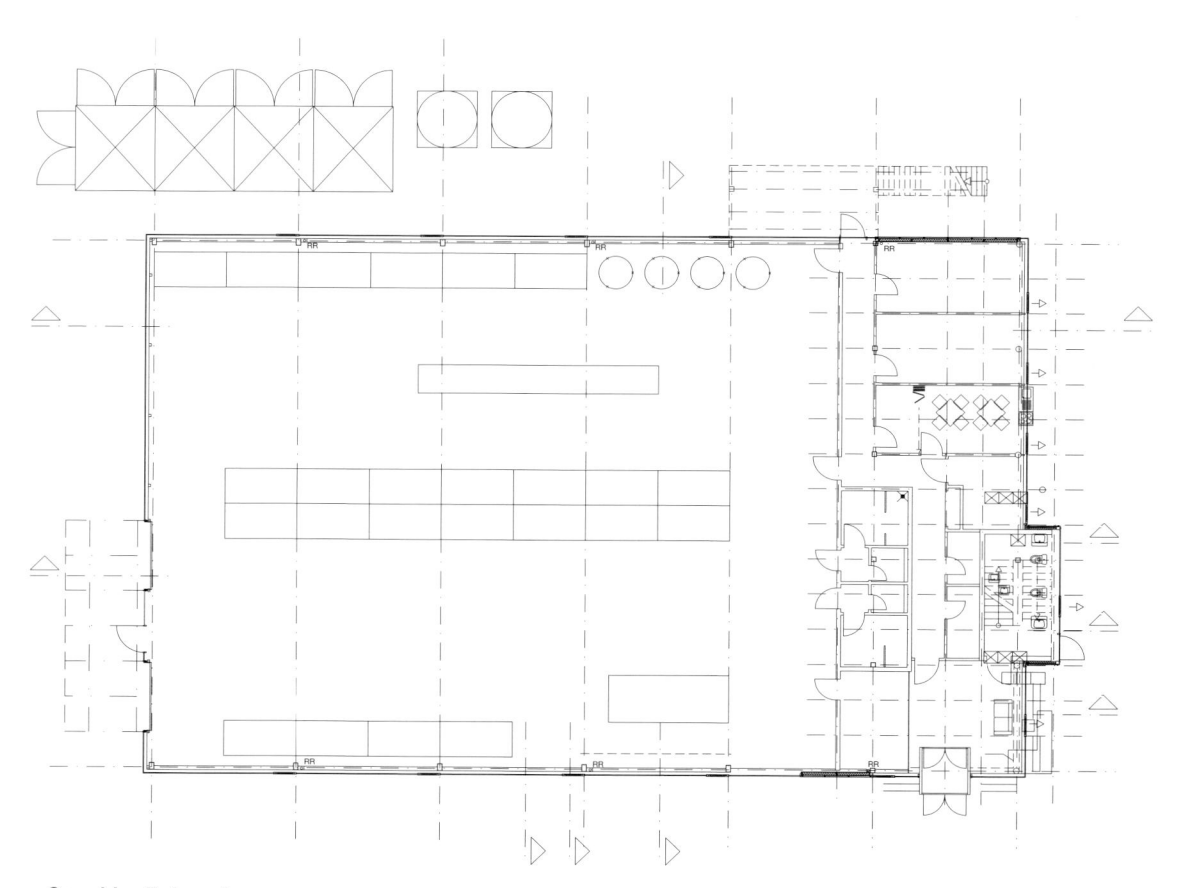

Grundriss Erdgeschoss

Standort Essen/Deutschland

Bauzeit 8/1998–2/1999

Bauherr PHARMAKA, Essen

Architekten Prof. J. Reichardt Architekten BDA, Essen; Mitarbeit: J. Conrad, S. Czech, O. Sönmez

Bauleitung agiplan, Mülheim/R; Mitarbeit: B. Fürst

Tragwerksplanung Baum und Weiher, Bergisch Gladbach

Elektrotechnik Planungsgesellschaft Karnasch mbH, Essen; Projektleitung: K. Drüke

Generalunternehmer Fa. Becker, Essen

Zimmerarbeiten Fa. Pieper, Datteln

Tischlerarbeiten Fa. Alofs, Witten

Umbauter Raum 6500 m³

Nutzfläche 860 m²

PRODUKTION UND HANDWERK

Olivenpresse und Weinkellerei bei St. Helena/USA
PRESSE

Architekten: Turnbull Griffin & Haesloop

Die Olivenölverarbeitung und die Weinkellerei bei St. Helena gehören zu einem kleinen Familienbetrieb, dessen bodenständige Farm in den Hügeln über dem Napa Valley liegt. Die Herausforderung für die Architekten bestand darin, den Geist des Weines und der Oliven in den Räumen architektonisch zum Ausdruck zu bringen.

Die Raumfolge beginnt bei den produktionsorientierten Räumen im Erdgeschoss und den Kellergewölben und erstreckt sich bis zum Arbeitszimmer, dem Konferenzraum und Büro im Obergeschoss. Die Betonböden und verzinkten Stahlteile im Erdgeschoss, wo Gabelstaplerverkehr besteht, wechseln zu einer Holzausstattung in den oberen Räumen. Dies wird zuerst an der Treppe deutlich: Die Wände sind in Holzrahmenbauweise errichtet und mit Lehmputz versehen. Die Baustrukturen einschließlich der Lehmwände und des Holzdachs sind überall sichtbar belassen, die Installationen an den Wänden ebenfalls. Die Sperrholzbeplankung zwischen den Sparren der sichtbar belassenen hölzernen Dachkonstruktion erhielt eine Farbe, die der des roten Weins entspricht. Die Büroarbeitsplätze und der Konferenzraum sind mit Holz getäfelt.

Die Möbel und Lampen wurden am Ort entwickelt, um eine durchgehend Arbeitsplatz bezogene Gestaltung zu erreichen. Der Arbeitsraum über der Olivenölpresse ist mit Edelstahlelementen ausgestattet, die visuell mit dem Schutzschirm der Ölpresse korrespondieren. So entstand der Charakter einer traditionellen Ranch trotz der zeitgemäßen Einrichtung.

Standort St. Helena, Kalifornien/USA
Bauherr Long Meadow Ranch, St. Helena
Architekten Turnbull Griffin & Haesloop, Architects, Berkeley

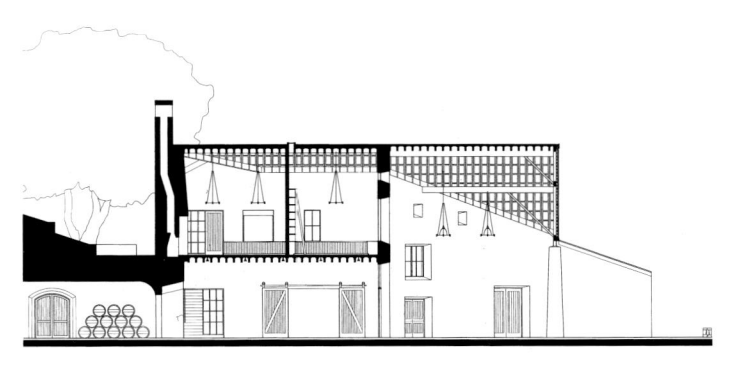

Querschnitt

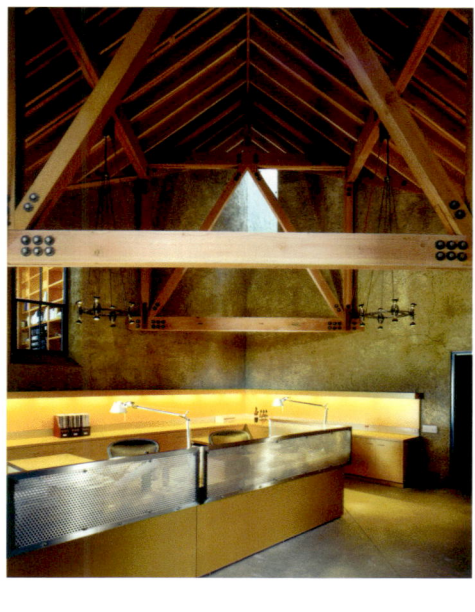

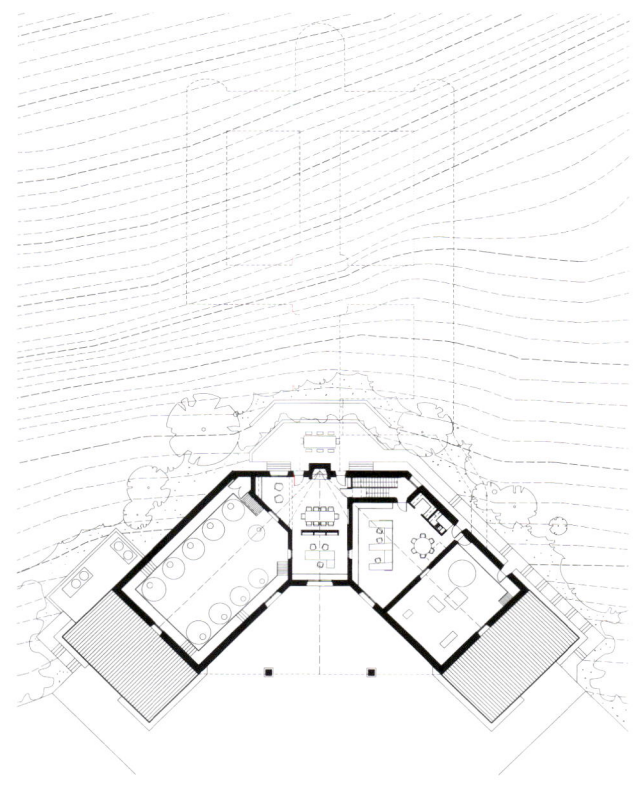

Grundriss

PRODUKTION UND HANDWERK

Weinkellerei in Mezözombor / Ungarn
ORGANIK

Architekt: Dezsö Ekler

«Dezsö Eklers Arbeiten sind der Wohnsitz grenzenloser Gelassenheit. Die Zeit fließt still. Räume weiten sich, öffnen sich zum Himmel und ziehen uns mit sich. Seine Gebäude sind spirituelle Geschenke der Raumerfahrung, wo wir zu uns selbst kommen können, außerhalb von Raum und Zeit», beschreibt die Architekturkritikerin Cecília Lovas das Werk des ungarischen Architekten Dezsö Ekler.

Eklers Bauten sind gleichwohl von einer funktionellen Organisation der Räume geprägt, bei allem sinnlichen Materialeinsatz und künstlerischer Formgebung der Architektur. Sein Winzereigebäude in Mezözombor lässt in seiner Struktur sowie in seiner externen und internen Erscheinung den Archetyp des ungarischen Tokajer-Weinkellers wieder aufleben. Die sanfte zentrale Rundung wird von drei Gebäuden durchstoßen, die den traditionellen Kellern der Region Tokaj-Hegyalja nachempfunden sind. Weil sie sich in die Tiefen vermooster Hügel graben, sind von solchen Kellern nur die Eingänge sichtbar.

Die drei Hauptgebäude der Winzerei überraschen den Besucher mit immer wieder wechselnden Ansichten. In Ausführung, Grundriss und Einrichtung entsprechend den Phasen der Weinherstellung erfüllt der Gebäudekomplex alle funktionellen Erfordernisse, während er gleichzeitig den Charakter der Tokaj-Landschaft reflektiert. Die strahlenförmige Komposition der unterschiedlich proportionierten Hauptgebäude führt am Tag zu einem Zusammenspiel von Licht und Schatten: der wandernde Schatten an den lichtgelben Wänden beeinflusst die visuelle Wirkung der Farbgebung.

Der Rundbau der Zugmaschinengarage ist ein typisches Gebäude der «ungarischen Organik». Ihre strukturellen Methoden und formalen Merkmale entspringen der Schule des Architekten Imre Makovec und manifestieren sich in diesem Projekt als Eklers poetische Architektursprache.

WEINKELLEREI, MEZŐZOMBOR

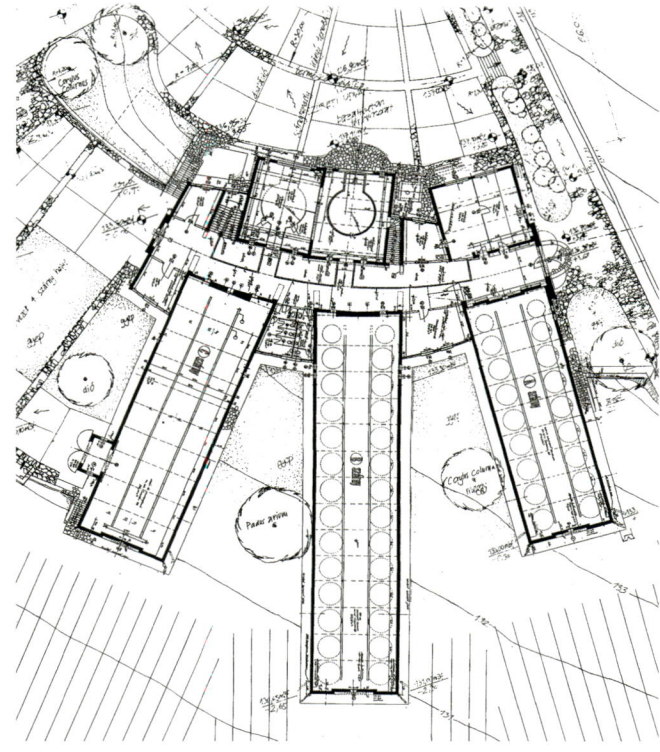

Situationsplan

115

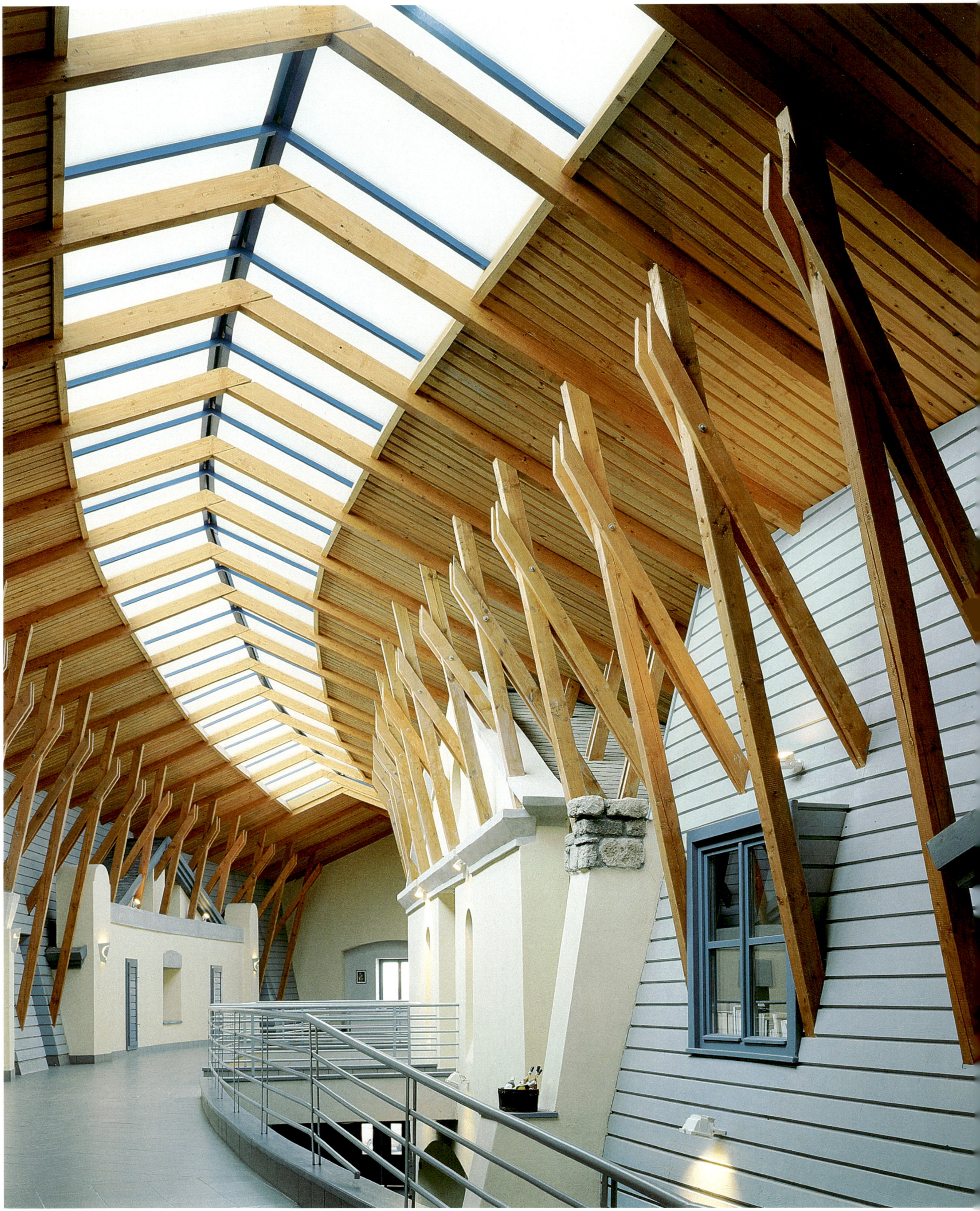

WEINKELLEREI, MEZÖZOMBOR

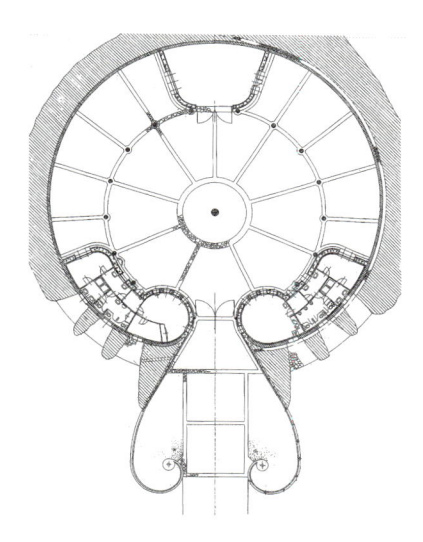

Grundriss Garagenhof

Standort	Mezözombor/Ungarn
Bauzeit	1993–1995
Bauherr	Disznókö Rt., Mezözombor
Architekt	Prof. Dezsö Ekler, Budapest

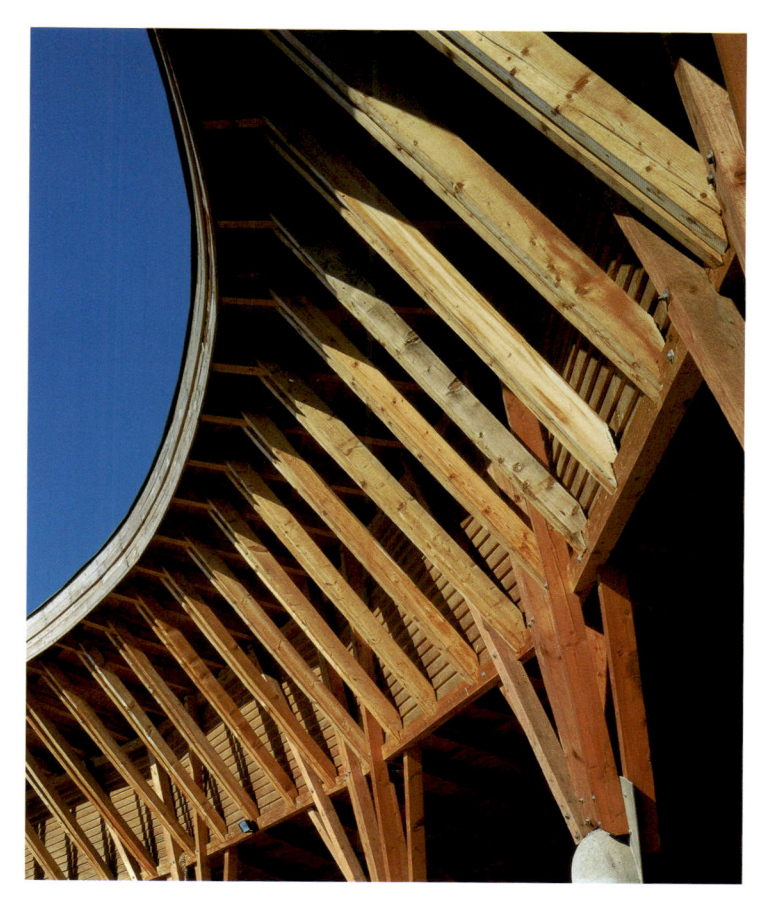

Der fast geschlossene Rundbau erinnert an ein Schneckenhaus, das zum Betriebsgelände geöffnet ist. Sein geschlossener, in grauen Schiefer gehüllter Rücken wendet sich von der nahe gelegenen Autobahn ab. Mit einem leicht asymmetrischen Grundriss formt der Gebäudekomplex eine Rundung um den Innenhof herum. Die Gebäudeköpfe aus spiralförmig gebauten Kuppeln auf beiden Seiten des Eingangstors zeigen das Motiv von Weinrebenkeimlingen, die nach rechts und links wachsen, um sich in der Mitte zu verzweigen. Die Traktorengarage mit ihrer differenzierten Holzstruktur bildet eine lyrische Komposition des Architekten, während das Winzereigebäude in seinem neoklassischen Stil, an die vorhandenen Bauwerke aus dem Jahr 1830 angelehnt, eine epische Form darstellt.

Die Gesamtanlage mit lose verteilten, unverwechselbaren Gebäuden ist in Baustoffen interpretiert, die aus der Landschaft stammen und wieder einen Bezug zu ihr herstellen: Bruchsteinmauerwerk und Holz, in Kombination mit verputzten und gestrichenen Flächen.

Die Dichtheit dieser Architektur ist das, was Lovas oben mit «endloser Gelassenheit» bezeichnet hat. Zweifellos ist die Weinkellerei in Mezözombor eine hervorragende Arbeit eines Vertreters der ungarischen organischen Architekturschule, deren Geist die Koexistenz oder Symbiose von Mensch, Architektur und Natur ausdrücken soll.

Buchecker Architekten

WERKHAUS
Zentrum für Bauhandwerker und Wohneinrichter in Raubling / Deutschland

Mit dem Werkhaus wurde die Vision des Bauherrn, eine Plattform für Handwerker und die Produktpräsentationen namhafter Einzelhändler aus den Bereichen Bauen und Einrichten zu schaffen, realisiert: Fliesen- und Natursteinleger, Raumausstatter, Sanitär- und Heizungstechniker, Wohneinrichter, Küchen- und Beleuchtungsspezialisten bieten in diesem Ausstellungshaus hochwertige Produkte und professionelle Dienstleistungen an.

Die Kooperation der Gewerke, die Planer, Bauherren und Investoren für den Ausbau ihres Bauvorhabens benötigen, sollten dem Kunden unter einem gemeinsamen Dach alle notwendigen Informationen, Produkte und Dienstleistungen für die Bauaufgabe bieten. Die beteiligten Firmen profitieren durch Synergie-Effekte. Der Bauherr des Werkhauses selbst wollte mit einer besonderen Möbelabteilung im Haus vertreten sein. Nach Vorstellung des Bauherrn und Projektentwicklers sollte das Gebäude einerseits einprägsam, andererseits jedoch nicht wie ein üblicher Gewerbebau mit aggressiven Gestaltungsmitteln unangenehm auffallen.

Gebäudekonzept

Transparenz wurde hier im doppelten Sinne geschaffen: erstens in der Darstellung des Angebots einschließlich Beratung, Vorträgen und Schulungen und zweitens in der Architektur selbst. Das Architekturbüro konzipierte einen zweigeschossigen Rundbau, welcher in einer offenen Halle im Erdgeschoss und auf der umlaufenden Galerie im Obergeschoss 2 400 m² Ausstellungsfläche sowie im Keller 1 000 m² Lagerfläche zur Verfügung stellt. Rund um das offene Zentrum, das als Begegnungsort für Vorträge, Ausstellungen und kulturelle Veranstaltungen dient, ordnen sich die einzelnen Anbieter wie auf einer Messe an. Auf Trennwände wurde bewusst verzichtet, um einen optimalen Überblick zu ermöglichen. Das offene Zentrum von 15 m Durchmesser wird von einem transluzenten Membrandach überspannt, das beide Geschosse zusätzlich mit Tageslicht versorgt. Die gesamte Fassade im Erdgeschoss ist verglast.

Ziel war es, wie in einer kleinen Messehalle Umbauten schnell und einfach durchführen zu können. Der Bau erfolgte zwar zweckgebunden, trotzdem beeinflusste die momentane Nutzung das Gebäudekonzept nur so weit wie nötig, der Rundbau kann aufgrund seiner Flexibilität jederzeit umfunktioniert werden. Selbst eine andere Art der Nutzung sollte ohne kostspielige Eingriffe in die Substanz möglich sein. Den Architekten gelang es, die Gebäudestruktur in verschiedenen Punkten flexibel zu gestalten: konstruktiv durch ein regelmäßiges Stützenraster und den Verzicht auf tragende Innenwände sowie unterzugfreie Decken und in Bezug auf die Gebäudetechnik durch Regeldetails für die Installationsführungen. Externe Zugänge zu den einzelnen Segmenten sind in der Fassade vorbereitet.

Konstruktion

Durch den hohen Grundwasserspiegel von etwa –1,50 m wurde das Kellergeschoss als Wanne ausgebildet. Auch das Erdgeschoss, zunächst in Holzkonstruktion konzipiert, musste als notwendiges Gewicht gegen den Auftrieb in

AUSSTELLUNGSGEBÄUDE, RAUBLING

Stahlbeton ausgeführt werden. Das Stützenraster wurde wegen des Wasserdruckes und im Hinblick auf eine wirtschaftliche Bewehrung relativ eng gewählt. Die Wandaussteifung des Erdgeschosses geschieht durch die Einspannung der Stützen und durch die Treppenhausscheiben.

Das Obergeschoss wurde als kompletter Holzbau vorgefertigt. Die V-förmigen Außenstützen reduzieren zum einen die Spannweiten der hölzernen Deckenelemente und bilden zum anderen durch beidseitige Abspannungen die Windaussteifung. Die Deckenbinder aus Brettschichtholz laufen von den Stützen zur Mitte hin (V-förmig) zusammen, gehalten von Pendelstützen mit Rundquerschnitt. Die Deckenelemente komplettieren das statische System.

Im Untergeschoss wird ein spezielles Fachgeschäft extern über eine Rampe erschlossen. Hier springt die Untergeschoss-Decke zurück, um Licht und Sichtmöglichkeiten zu erhalten. Der größte Teil des Untergeschosses wird als Lagerfläche genutzt. Der Lastenaufzug wurde als Unterflurversion geplant, um im Erdgeschoss störende Einbauten zu vermeiden.

Fassaden

Die Außenwand des Obergeschosses ist in Holzständerbauweise errichtet. Die Wahl kleiner Segmente erlaubt die Verwendung gerader Bauteile für Ständer, Riegel etc. Die einzigen wirklich gekrümmten Bauteile sind die hinterlüftete Lärchenschalung außen und die Gipsschale innen. Vor der Deckenstirnseite montiert kragen die Fassadenpfosten nach unten zum Erdgeschoss aus und tragen hier einen schmalen Vorhang hölzerner Lamellen, der die großen Fenster im Erdgeschoss vor direkter Sonneneinstrahlung schützt. Ein Oberlichtband lässt das Dach scheinbar schweben; dieser Effekt ist besonders bei Nacht wirkungsvoll, wenn der Dachüberstand von unten beleuchtet wird.

Im Erdgeschoss besteht die Fassade aus einer konsequent umlaufenden, hinter die Stützen gestellten Ganzverglasung. Die Fassadenteilung ermöglicht in jedem Segment den Einbau einer eigenen Ladentür. Die Erdgeschoss-Fassade wirkt nicht rund, sondern zeichnet durch Großformate das Stützenpolygon nach. Durch die Freistellung der Betonstützen im Erdgeschoss wirkt das Gebäude sehr leicht.

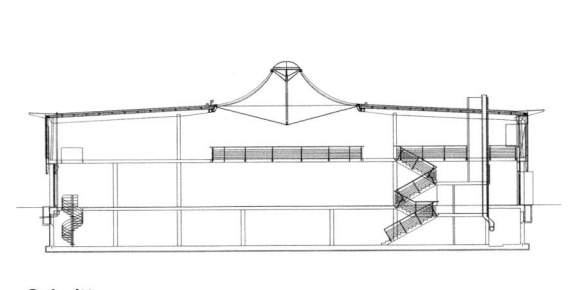

Schnitt

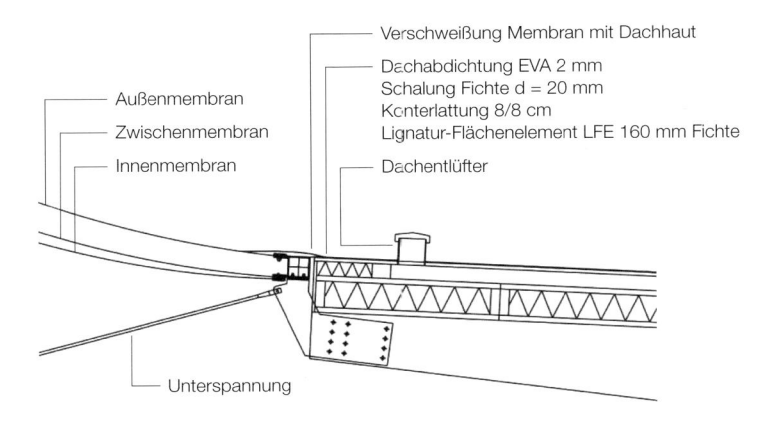

Anschluss Membran

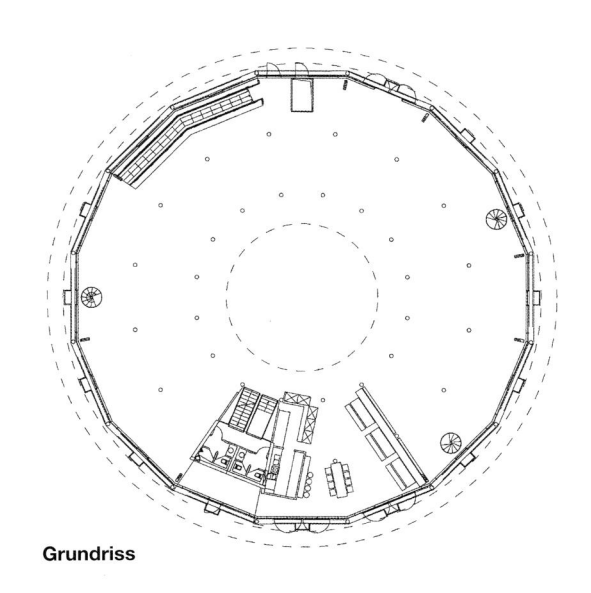

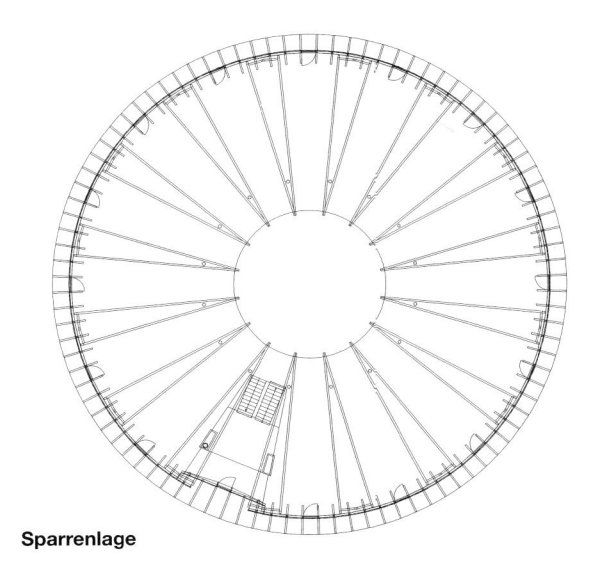

- Außenmembran
- Zwischenmembran
- Innenmembran
- Unterspannung
- Verschweißung Membran mit Dachhaut
- Dachabdichtung EVA 2 mm
- Schalung Fichte d = 20 mm
- Konterlattung 8/8 cm
- Lignatur-Flächenelement LFE 160 mm Fichte
- Dachentlüfter

Grundriss

Sparrenlage

Dachkonstruktion

Das Dach besteht aus vorgefertigten Hohlkastenelementen aus Holz, so dass die problemlose Montage eine rasche Eindeckung des Gebäudes begünstigte. Durch den Einsatz einer Dachfolie auf dem Holzdach konnte der Dachüberstand mit Gegenneigung ausgeführt werden, damit weder Dachrinne noch Fallrohre außerhalb der Fassade angebracht werden müssen. Die Dachfolie ist übergangslos mit dem Membrandach verschweißt.

Die Hinterlüftung des Daches geschieht deshalb durch Einzellüfter unterhalb des Membrandachrandes. Der Dachaufbau erfolgt in drei Lagen mit zwei Luftzwischenräumen, um genügend Isolierung zu erzielen. Ein Stahldruckring schließt die Zugkräfte an, die aus der Membranvorspannung entstehen. Die mittige Luftstütze hat ein zentrales, transparentes Oberlicht, das sich zum Lüften öffnen lässt.

Haustechnik

Stationäre Heizkörper beheizen das Unter- und Erdgeschoss. Das Obergeschoss erhält als offenes Galeriegeschoss genügend Wärme von unten. Hier wurde komplett auf Heizkörper verzichtet. Regeldetails für Steigleitungen (Heizung, Sanitär, Elektro) sind an jeder zweiten Fassadenstütze vorgesehen, so dass jedes Segment einzeln versorgt werden kann. Oberlichter im Erd- und Obergeschoss ermöglichen eine gute natürliche Belüftung. Die verbrauchte Luft wird am höchsten Punkt im Membranoberlicht mit einem Durchmesser von 2,0 m effizient abgesaugt.

Wirtschaftlichkeit und Wirkung

Dank der Vorfertigung der Bauelemente konnte das Werkhaus innerhalb von nur fünf Monaten errichtet werden. Die Wirtschaftlichkeit beruht auf der Verwendung vorgefertigter Bauelemente, einfacher Bautechnik und – für die Zukunft gesehen – auf einem flexiblen Konzept. Trotz aller Schlichtheit ist hier eine Architektur gelungen, die insbesondere in den Abendstunden die Besucher magisch anzieht, ein illuminierter Gewerbebau, doch ohne schrille Leuchtwerbung.

Dach
Dachabdichtung EVA 2 mm, vollflächig mit Trennflies
Schalung, Fichte d = 20 mm
Konterlattung 6/8 cm
Lignatur-Flächenelement
LFE 160 mm Fichte
Hauptträger: BSH

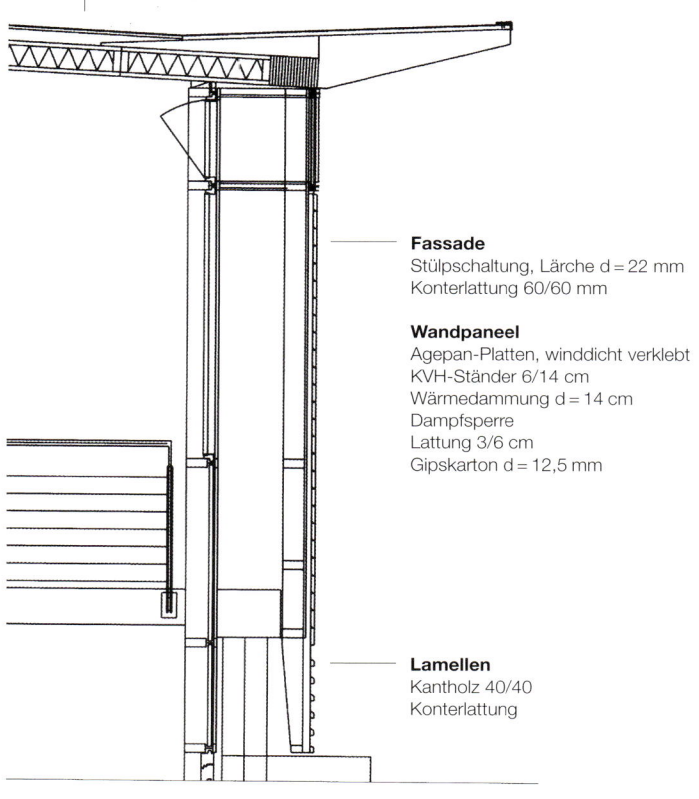

Fassade
Stülpschalung, Lärche d = 22 mm
Konterlattung 60/60 mm

Wandpaneel
Agepan-Platten, winddicht verklebt
KVH-Ständer 6/14 cm
Wärmedämmung d = 14 cm
Dampfsperre
Lattung 3/6 cm
Gipskarton d = 12,5 mm

Lamellen
Kantholz 40/40
Konterlattung

Fassadenschnitt

Standort Raubling/Deutschland

Bauzeit 6/2000–10/2000

Bauherr und Projektentwicklung Willi Bruckbauer, Raubling

Architekten/Tragwerksplaner Buchecker Architekten, München

Statik Beton Ing.-Büro Augustin GmbH, Regensburg

Statik Holzbau Ing.-Büro Mitter-Mang, Waldkraiburg

Tragwerksplanung Membran Ing.-Büro Wakefield, Bath/Großbritannien

Holzbau Ing. Wolfgang Ritzer GmbH, Kufstein/Österreich

Deckenelemente Lignatur AG, Waldstatt/Schweiz

SCHAUKASTEN

Fahnenmastfabrik in Arnsberg / Deutschland

Banz + Riecks Architekten

Der Ausgangspunkt für das Gebäudekonzept war das komplexe Fertigungslayout, das vom Unternehmensplaner und den Architekten gemeinsam entwickelt worden war. In einem vernetzten Planungsprozess zwischen den beteiligten Fachdisziplinen konnte die spezifische bauliche Lösung gefunden werden. Der Bauherr sieht den innovativen Ansatz des Projekts im Rahmen der eigenen Corporate Identity.

Konzept

Die Transportmöglichkeiten und die Fertigungstechnologie der bis zu 12 m langen Fahnenmasten bestimmten den Grundriss. Die Fertigungshalle ist eine weit gespannte Holzrahmenkonstruktion in Niedrigenergiebauweise. Die Gebäudekopfseite drückt sich gegen den Böschungswinkel der Straße mit drei Meter Höhenunterschied. In den Straßenraum hinein neigt sich eine schräge Wand und bildet so ein markantes Merkmal des Baukörpers nach außen. Der schräg gekippte Kubus ist gleichzeitig ein praktikables Funktionselement: Als hoch reflektierende Lichtschaufel wirkt die Wand als dritte Tageslichtfassade im Innern. Der einfache Baukörper wird um zwei wärmetechnisch optimierte Vorbauten ergänzt. Hier wird witterungsgeschützt Materialien angeliefert und Fahnenmasten werden verladen.

Vorbauten

Die Anlieferungsvorbauten ermöglichen das witterungsunabhängige und zugfreie Be- und Entladen der Lastkraftwagen innerhalb des Gebäudes, was zu einer Verbesserung der Arbeitsplatzsituation im Bereich der Wareneinund -auslieferung geführt hat. Die schnell laufenden Sektionaltore sind hoch wärmegedämmt und werden nur zur An- und Abfahrt der LKWs kurzzeitig geöffnet.

Eine intensive Belichtung mit natürlichem Tageslicht war in den LKW-Einfahrtsbereichen gefordert. Deshalb wurden hier zur flächigen Verglasung der Seitenfassaden die Holzrahmenbauwände mit einer linearen Stützenkonstruktion von 20,00 m x 7,50 m konzipiert und in diesem Bereich für das Tragwerk Brettschichtholz-Binder vom Querschnitt 14,0 cm x 62,5 cm im Achsabstand von 2,50 m eingesetzt. Die Verglasung erfolgte großflächig mit Scheiben von 2,50 m Höhe und 5,00 m Breite über die Gesamtlänge von 20 m. Mit ihrer technischen Präzision, der Transparenz und ihrem Glanz wirken die Glasfelder in den umgebenden Holzfassaden wie ein in Holz gefasster Edelstein. Um einen Portalkran zur Be- und Entladung der Langguttransporter einbauen zu können, musste die Höhe der Tragwerkskonstruktion entsprechend reduziert werden. Die im Binderabstand stehenden Stützen wurden als Aluminiumrundrohre mit einem Durchmesser von 150 mm und einer Wandungsdicke von 10 mm vom Bauherrn selbst produziert.

Tragwerksfindung

Vorgaben des Brandschutzes, der Technikorganisation und der Fertigungslogistik mussten bei der Konzeption des Tragwerks der Fertigungshalle berücksichtigt werden.

Weitere Überlegungen bezogen sich auf den vorhandenen Baugrund und die Fundamentierung. Auch ökonomische und ökologische Aspekte, zum Beispiel der Primärenergieinhalt der Baustoffe, sollten bei der Suche nach einem geeigneten Material und einer optimalen Tragwerkslösung berücksichtigt werden. Die

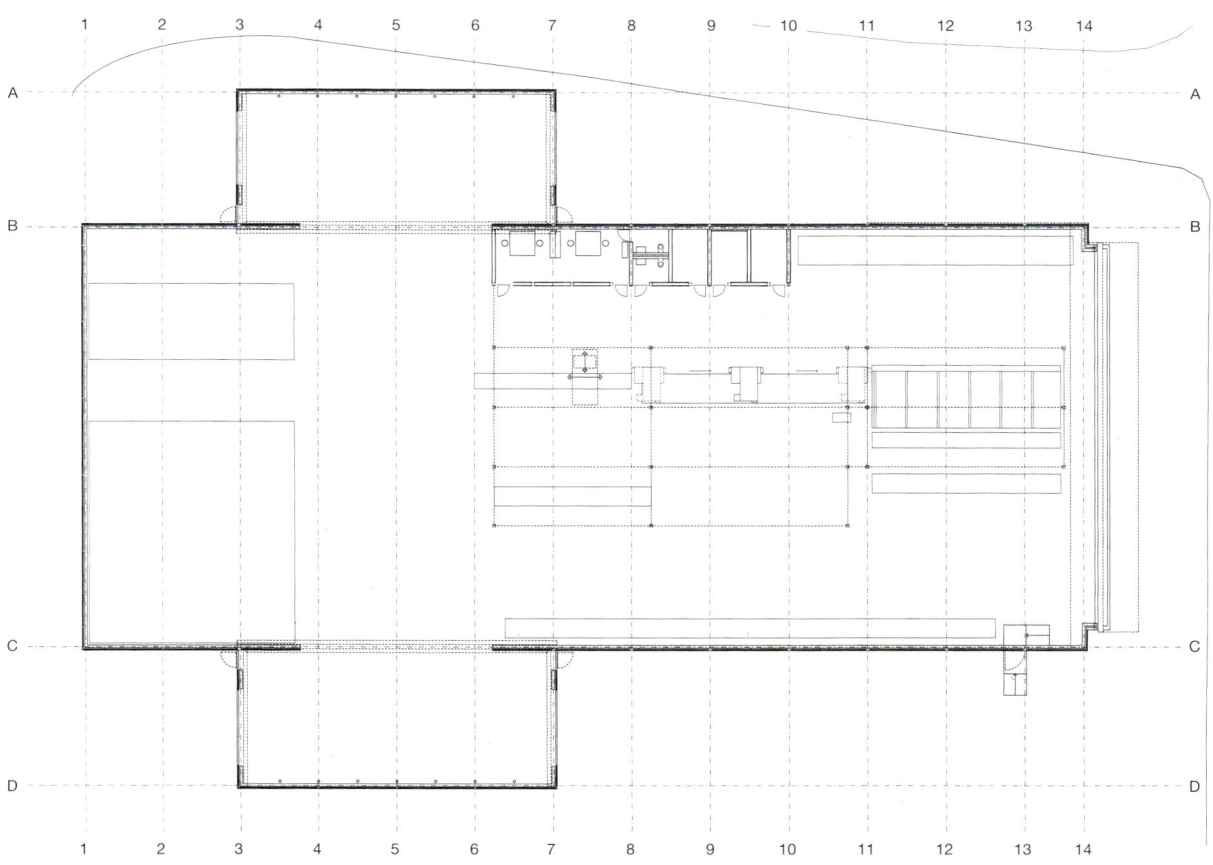

Grundriss Erdgeschoss

PRODUKTION UND HANDWERK

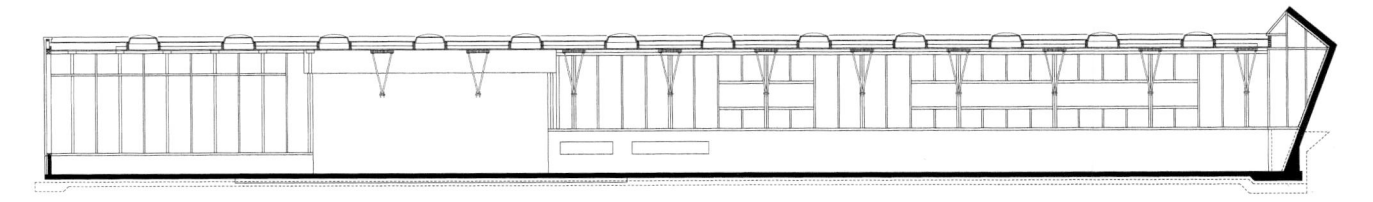

Längsschnitt – Sicht gegen Achse B

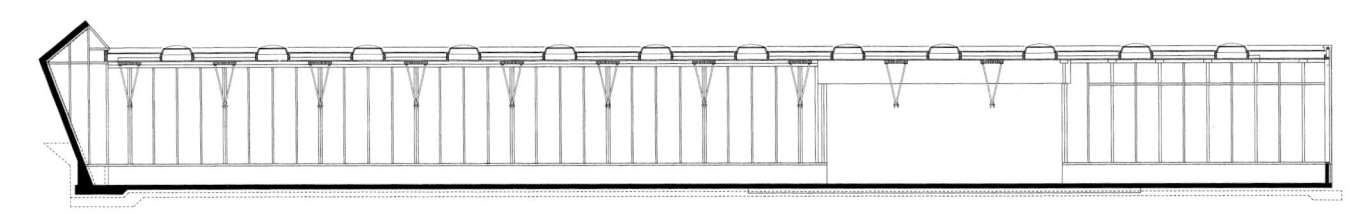

Längsschnitt – Sicht gegen Achse C

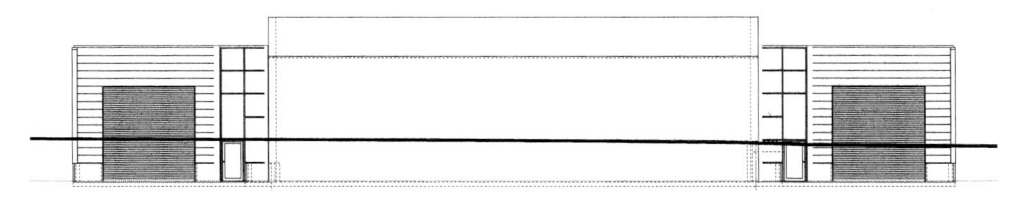

Ansicht Ost

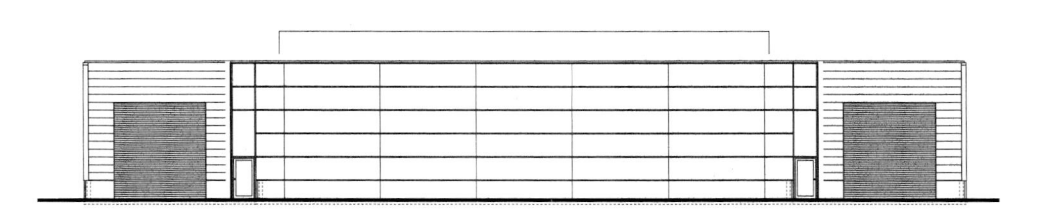

Ansicht West

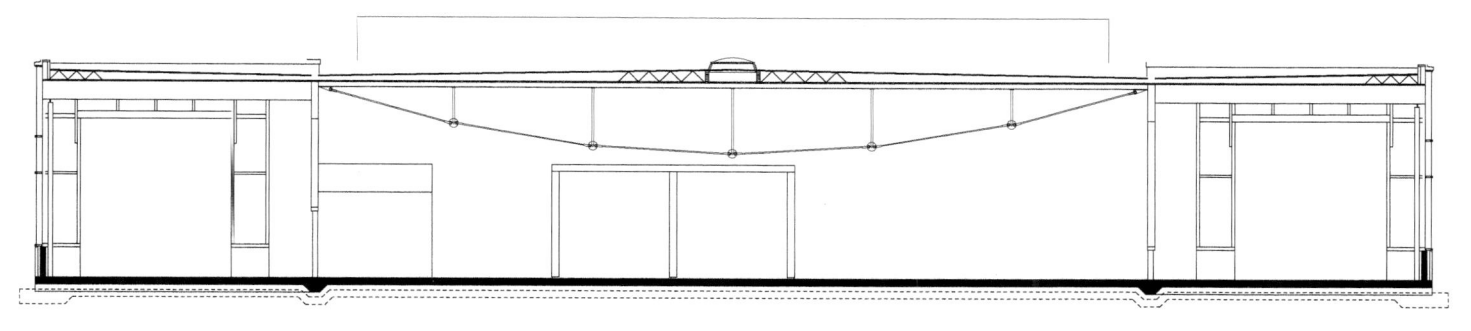

Querschnitt

Vorgaben der Energieoptimierung in Zielrichtung des Niedrigenergiestandards kamen hinzu und führten schließlich zur Verwendung von Holz als primärem Baustoff.

Wandbauteile

Die Bodenplatte, die unteren Bereiche der aufgehenden Wände sowie die geneigte Wand zur Straße wurden in Ortbeton gegossen. Die Sockelkonstruktion wirkt als Anprallschutz gegen Staplerlasten.

Das aus dem Hausbau bekannte Prinzip der Holzrahmenbauweise wurde bei den Last abtragenden Wandbauteilen des weit gespannten Tragwerks der Fertigungshalle eingesetzt. Die Wandbauteile sind in der Ebene der Stiele (10 cm x 24 cm im Rasterabstand von 1,25 m) mit 24 cm Mineralwolle voll wärmegedämmt. Durch diese Bauweise wird die Last abtragende Ebene zur wärmedämmenden Hülle der Halle und es entsteht kein Nutzflächenverlust durch innen stehende Stützen hinter der Fassadenebene. Diese Zuordnung der wärmedämmenden und bauphysikalischen Funktionen des Raumabschlusses in die Ebene der vertikalen und horizontalen Lastabtragung ist somit als Beitrag zur wirtschaftlichen Optimierung des Tragwerks zu verstehen. Die Verkleidung aus 22 mm OSB-3-Platten auf der Innenseite sorgt einerseits für die Aussteifung der Hallenkonstruktion in der Wandebene und andererseits für Luftdichtigkeit.

Optimiertes Raumprofil

Das höchste notwendige lichte Raumprofil war im Bereich des Langgutlagers zwischen den Gebäudeachsen 1 und 4 gefordert (s. Grundriss S. 123). Mit dem Einsatz eines gedrungenen T-förmigen Brettschichtholz-Binders im Achsabstand von 2,50 m wurde die Konstruktionshöhe des Tragwerks in diesem Bereich reduziert und das erforderliche Lichtraumprofil geschaffen.

In anderen Hallenbereichen erfolgt der Transport und die Handhabung der Fahnenrohmasten im direkten Bodenbereich mit entsprechenden Transporthilfen; Raumhöhe war hier also nicht gefordert. Das Lichtraumprofil konnte hier auf 4,20 m reduziert werden, so dass die Hallenkonstruktion auf zwei unterschiedlichen Primärtragwerken aufbaut.

Dachebene

Im Bereich des Langgutlagers (Achse 1 bis 4) besteht die Konstruktion aus 1,25 m hohen T-Bindern im Abstand von 2,50 m; im Bereich der Anliefervorbauten (Achse 4 bis 7) aus 0,625 m hohen Trägern im Abstand von 2,50 m. Zwischen Achse 4 und Achse 14 wurden unterspannte Binder im Abstand von 5,00 m mit V-förmigen Hohlprofilen als Druckstreben und einem flachliegenden 1,20 m breiten Brettschichtholz-Obergurt eingesetzt. Konzipiert wurde der stahlunterspannte Binder mit flach liegendem Brettschichtholz-Obergurtbinder 16 cm x 150 cm als ein Element der Raum abschließenden Dachebene. Dem Binderobergurt sind verschiedene Aufgaben im Rahmen des Gesamttragwerks zugeordnet. Er übernimmt die Druckkräfte des Primärtragwerks und reduziert gleichzeitig über den flach liegenden Brettschichtholz-Bindern die Spannweite der obersten Dachebene aus Furnierschichtholz-Platten von 51 mm Dicke zwischen den Binderachsen von 5,00 m auf 3,50 m. Die Furnierschichtholz-Platten dienen in einer Ebene zugleich als Pfetten und Schalung. Durch die statische Verbindung der Dachebene mit den flach liegenden Brettschichtholz-Bindern entsteht ein räumliches Tragwerk, mit dem die gesamte Halle über 65 m in Dachebene ausgesteift ist. Analog einer biegesteifen Rahmenecke wurden die Knotenpunkte miteinander verschraubt.

Das gesamte Dachsystem wurde unter Berücksichtigung der genauen Steifigkeiten der Drehfelder der Schrauben als räumliches Tragwerk berechnet. Durch die Art des statischen Nachweises waren keinerlei weitere Wind- oder Kippverbände in der Dachebene erforderlich. Die Spannweite der Dachscheibe beträgt in Hallenquerrichtung 63,75 m. In Achse 1 werden die Lasten in die Holzwände abgegeben, in Achse 14 über ein flachliegendes Stahlfachwerk in die schräge Stahlbetonwand.

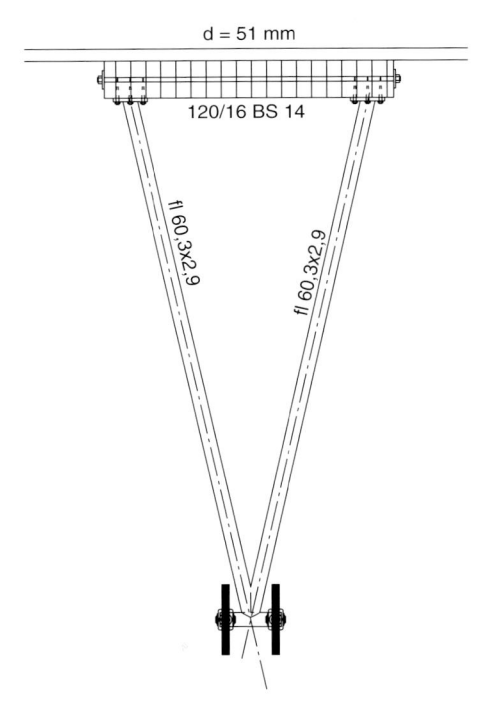

Schnitt Träger Fertigungsbereich

Mediengerüst

Die Aufgabe, die Verkehrslasten der Dachkonstruktion zu minimieren, kollidiert zwangsläufig mit den Ansprüchen einer flexiblen Fertigungslogistik. Dies führte zur Konzeption eines so genannten Mediengerüstes. Als klassische Stahlkonstruktion übernimmt es die Lasten der Kran- und Transporteinrichtungen im Fertigungsablauf sowie sämtliche fertigungsbezogenen Installationen. Die Konstruktion ist demontabel und flexibel hinsichtlich sich ändernder Fertigungsabläufe. Die Primärkonstruktion besteht jeweils aus Stahlwinkelstützen von 240 x 240 mm, die Last abtragenden und Medien führenden horizontalen Tragglieder sind aus IPE 240-Walzprofilen mit entsprechenden Medienadaptern gefertigt. Die Eckverbindungen wurden durch Sonderbauteile biegesteif hergestellt.

Energiekonzept

Ziel des Energiekonzeptes für die Fertigungshalle war es, mit möglichst einfachen Mitteln die Anforderungen an Raumklima und Tageslicht zu erfüllen und gleichzeitig ein hohes Maß an Energieeffizienz zu erreichen. Mit Hilfe von Computer gestützten Simulationsrechnungen wurde das Gebäude untersucht.

Mit einer Solltemperatur von 17°C im Winter und der im Vergleich zu Bürogebäuden breiteren Akzeptanz raumklimatischer Schwankungen im Sommer sind die Anforderungen an das Klima in der Produktionshalle eher als gering einzustufen. Dennoch wurde versucht optimale Bedingungen zu erreichen. Zwei Punkte sind hier besonders hervorzuheben: Erstens die hohe Luftdichtigkeit der Gebäudehülle zur Vermeidung von Zugerscheinungen und Auskühlverlusten im Winter. Insbesondere die Hallentore sind hier kritisch zu beurteilen. Um die hohen Lüftungsverluste beim Öffnen der Tore zu minimieren, wurde eine Schleusensituation geschaffen. Die Tore werden nur zum Ein- und Ausfahren der LKWs geöffnet. Während des Be- und Entladens sind die Tore geschlossen, die LKWs stehen komplett in der Halle. Die Tore selbst sind gedämmt und haben kurze Laufzeiten, um die Wärmeverluste so gering wie möglich zu halten.

Die zweite Forderung ist eine Minimierung der Fensterfläche auf ein notwendiges Maß, um sommerliche Überhitzung soweit wie möglich zu vermeiden. Die Fensterflächen wurden im Hallenbereich vom ersten Entwurf an nur dort vorgesehen, wo Licht für Montagearbeiten benötigt wird. Somit konnte die solare Erwärmung auf ein Mindestmaß reduziert werden. Allerdings hat die Lichtsimulation gezeigt, dass im Bereich der traditionellen Montage in der Hallenmitte Lichtkuppeln zur Lichtversorgung notwendig sind. Für die südliche LKW-Nische wurde eine Sonnenschutzverglasung vorgesehen, um hier eine Überhitzung im Sommer zu vermeiden. Insgesamt ergibt sich so ein angenehmes Raumklima. Die Maximaltemperatur liegt im Produktionsbereich bei etwa 27°C. Im Winter fällt die Temperatur während der Betriebszeit nur kurzzeitig bei Öffnung der Hallentore unter 17°C ab. Etwas tiefere Temperaturen treten in der Halle während der Nacht und am Wochenende bei Absenkbetrieb auf.

Wärmeschutz

Bei der Fertigungshalle wurde ein hochwertiger Wärmeschutz realisiert. Der Heizenergiekennwert liegt laut Simulation bei 3,5 kWh/m^{2}a bezogen auf das Bruttovolumen des Bauwerks. Der Grenzwert der Wärmeschutzverordnung wird um rund 80 Prozent unterschritten. Der mittlere U-Wert der Gebäudehülle liegt bei 0,280 W/m^{2}K.

Die anfängliche Idee, interne Wärmelasten aus der Produktion zur Beheizung der Halle zu verwenden, musste aufgrund der geringen Abwärme der installierten Maschinen aufgegeben werden. Stattdessen wurde für die Produktion ein Lüftungszentralgerät mit Wärmerückgewinnung vorgesehen. Die Beheizung erfolgt über ein Heizregister mit der Zuluft. Damit werden die gebäudetechnischen Installationen, auch hinsichtlich der Kosten, begrenzt.

FAHNENMASTFABRIK, ARNSBERG

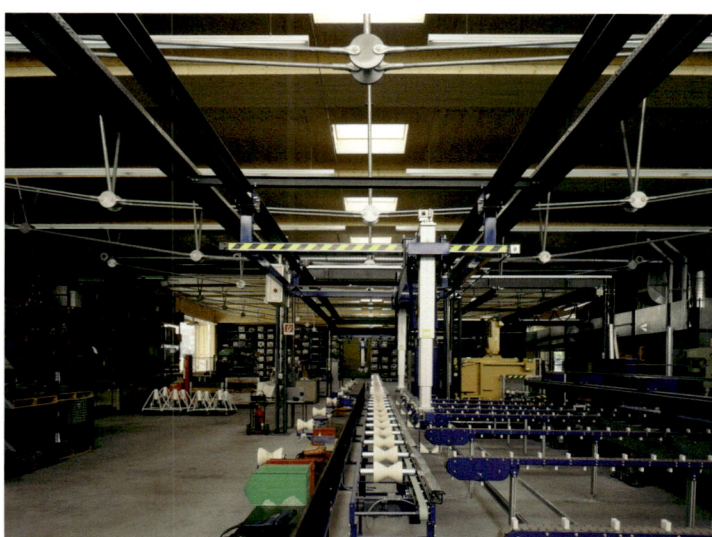

Standort Arnsberg/Deutschland

Bauzeit 2000–2001

Bauherr Julius Cronenberg oH, Arnsberg

Architekten Banz + Riecks, Architekten, Bochum
Dipl.-Ing. Elke Banz, Dipl.-Ing. Dietmar Riecks

Mitarbeit Julia Hoch

Fertigungslogistik Gideon Auerbach, St. Augustin

Tragwerksplanung Ingenieurbüro für Bauwesen,
Dipl.-Ing. Burkhard Walter, Aachen

Gebäudetechnik Ingenieurbüro Gerhard Riedel,
Holzwickede

Energie- und Tageslichtsimulation solares bauen
gmbh, Dipl.-Ing. Martin Ufheil, Freiburg

PRODUKTION UND HANDWERK

Solaranlagenhersteller in Braunschweig / Deutschland
NULLEMISSIONSFABRIK
Banz + Riecks Architekten

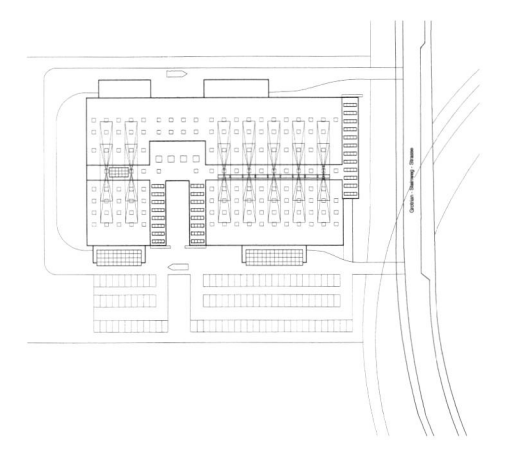

Situationsplan

Die Weiterentwicklung der ersten konzeptionellen Entwurfsansätze für das Produktionsgebäude eines Solaranlagen-Herstellers geschah im Rahmen der mitarbeitergeführten Unternehmensstruktur der Auftraggeber in wöchentlichen so genannten Happy-hour-Besprechungen mit den Architekten und sämtlichen Betriebsangehörigen. Diese Gespräche halfen notwendige Spezifikationen im Rahmen der knappen Terminablaufplanung kurzfristig zu integrieren und waren Grundlage für die breite Akzeptanz der entwickelten Lösungsansätze. Konzeptfindung, Planung und Realisierung erfolgten innerhalb von 18 Monaten.

Planungsprozess
Die Baukonzeption basierte auf Unternehmervorgaben aus dem Bereich der Produktionslogistik und produktbezogenen Fertigungsoptimierung. Daraus entstanden Produktionsketten quer zur Gebäudelängsachse. Verwaltungsbereiche wurden nicht zentral organisiert, sondern begleiten die Produktion in unmittelbarer Nähe, jeweils zweigeschossig. Die unmittelbare Zusammenarbeit von «Kopf und Hand» im Gesamtbetrieb ist ein Grundprinzip des Unternehmens.

Durch die fertigungsnahen Verwaltungsbereiche ergab sich zum einen die Situation des Gebäudehauptzugangs, zum anderen ein Innenhof als qualitätvoller Außenraum innerhalb des Gebäudevolumens.

Die Unternehmensachse
Die Gebäudelängserschließung quer zu den Produktionsketten erfolgt in der Gebäudemittelachse; hier begegnen sich die internen Personenbewegungen mit den Produktlinien. Die Gebäudelängsachse wurde somit zur zentralen Situation des Hauses, zur Wirbelsäule des Gesamtsystems. Die bauliche Umsetzung dieser Achse sowie der angebundenen Verwaltungsbereiche erfolgte in Stahlbeton, um die thermische Speichermasse, nächtliche Rückkühlung und Brandschutzoptionen zu nutzen.

In die Werksachse sind im Erdgeschoss sämtliche notwendigen Funktionsnebenräume und Sanitäreinrichtungen integriert, im 1. Obergeschoss ist die gesamte Haustechnik sichtbar organisiert. Die nach dem Unternehmen als «Solvis-Weg» bezeichnete Achse gibt dem Bebauungskonzept seine spezifische Identität, als Raum der koordiniert organisierten Haustechnik ist es der identfikationsbildende Zentralbereich des Haustechnikherstellers.

Die Holzkonstruktion
Beidseitig anschliessend an die primäre Stahlbetonkonstruktion des «Solvis-Weges» wurden, unter Beachtung der Primärenergieinhalte der Baustoffe, die Fertigungs- und Lagerbereiche als weitgespannte Holzbaukonstruktionen über jeweils 27,50 m konzipiert.

Das Überspannen weiter Hallenflächen ohne Mittelabstützungen ist im Holzbau problemlos möglich. Die ersten Entwürfe sahen einen 1,90 m hohen Brettschichtträger, alternativ einen 2,40 m hohen Fachwerkträger aus Holz vor. Bei einer Nutzung der Halle bis Unterkante der Binder wäre das Volumen zwischen den Trägern ein zu beheizender, nicht nutzbarer Raum gewesen. Mit den Stahlbetonwänden des Solvis-Wegs standen Bauteile zur Verfügung, die hohe Lasten abtragen konnten. Es wurde daher geplant, die Dachkonstruktion

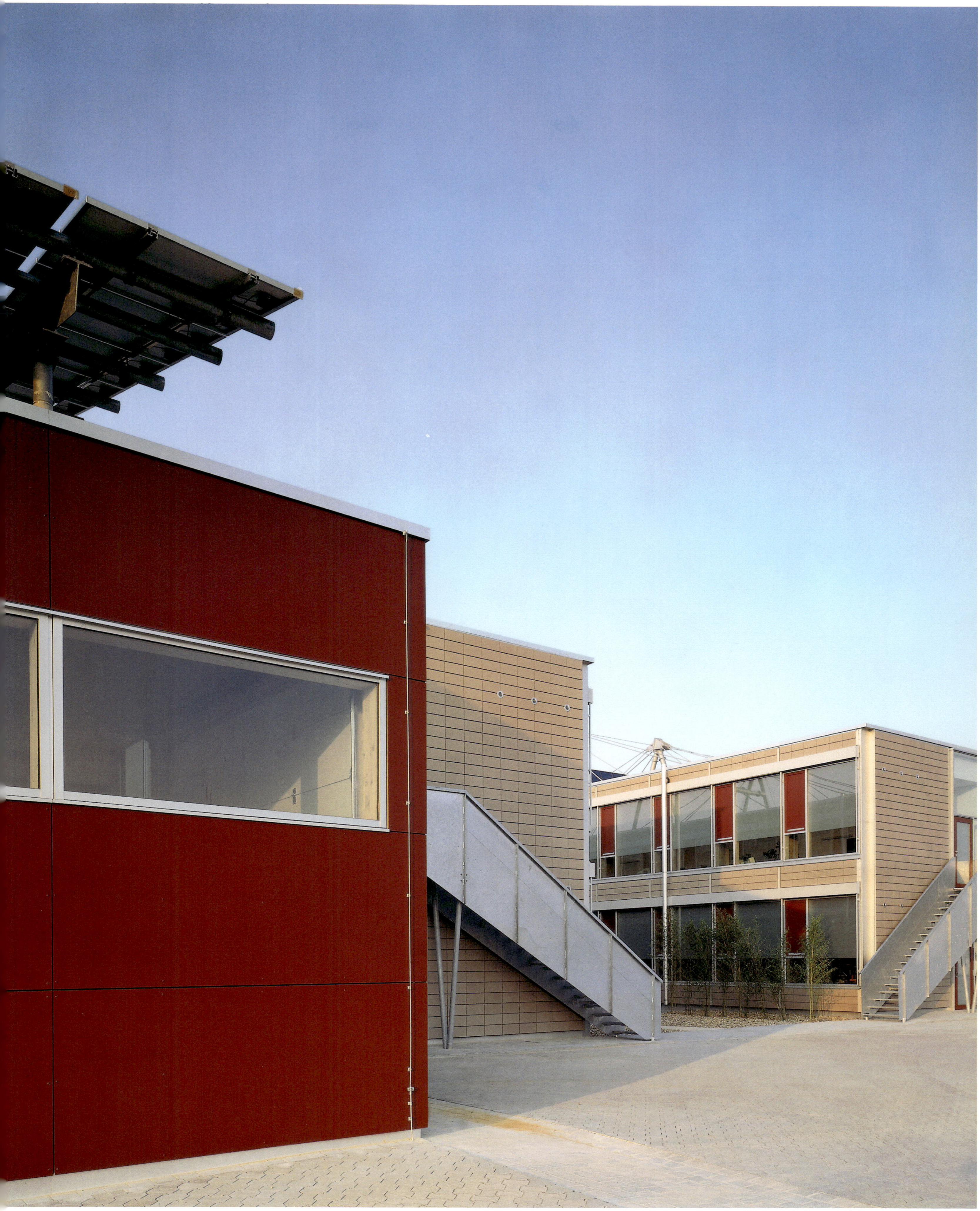

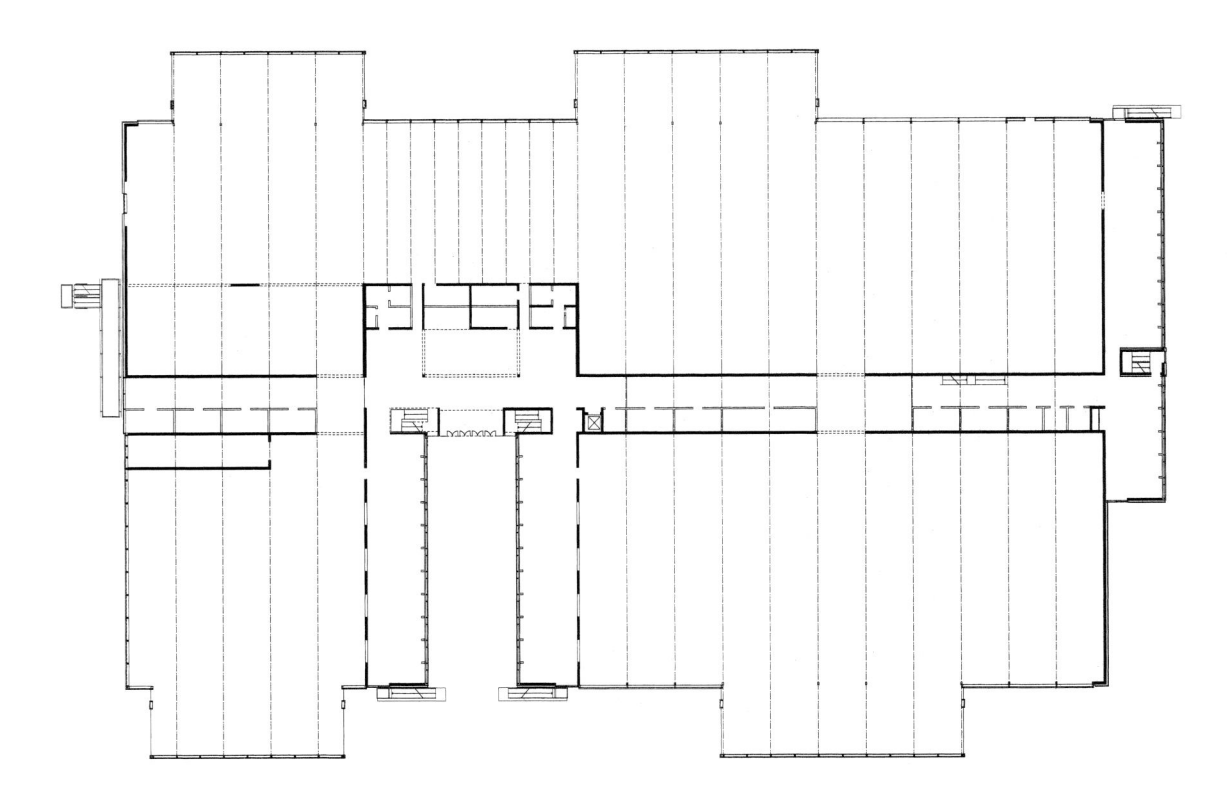

Grundriss Erdgeschoss

über A-Böcke auf den Stahlbetonwänden an Seilen aufzuhängen. Dadurch wurden rund zwei Drittel der Dachlasten auf den Stahlbetonkern verlagert; die Binderhöhe reduzierte sich auf 62 cm, und rund 9 450 m³ beheiztes Hallenvolumen konnten gegenüber der Variante eines 1,90 m hohen Brettschichtholz-Binders eingespart werden.

Zwei Brettschichtholzträger wurden auf jeder Hallenseite im Abstand von 5,00 m an einem A-Bock aufgehängt. Die Aufhängepunkte am Binder wurden so gewählt, dass sich optimierte Trägerquerschnitte und gleiche vertikale Verformungen der Aufhängepunkte ergaben. Der hohe optische Reiz des Pylontragwerks wurde vom Bauherrn werbewirksam durch die zwischen die Pylon-A–Böcke gespannten Solaranlagenträger genutzt.

Der erste Entwurf sah eine direkte Anbindung der Zugstangen an die Brettschichtholzträger vor. Über diese Stangen würden jedoch sehr hohe Druckkräfte in den Brettschichtholzträger eingeleitet, was ohne Querschnittserhöhungen zum Ausknicken des Trägers geführt hätte. Durch das Einfügen eines Stahlrahmes, der horizontal über der Dachfläche schwebt, konnte dieses Problem gelöst werden. Die Holzbinder wurden an diesem Druckrahmen, der nun die Druckkräfte aufnehmen konnte, durch 30 mm dünne Stangen aufgehängt. Die Dämmebene der Dachfläche wurde also nur im kleinsten Maße durchstoßen.

Zwischen den im Abstand von 5,00 m liegenden Holzträgern wurden einzelne Dachelemente mit einer Größe von 5,00 m x 2,50 m, die problemlos vorgefertigt werden konnten, gespannt. Dieses Maß führte zu sehr geringen Abfallmengen der OSB-3-Beplankung, die ebenfalls in diesen Abmessungen produziert werden konnten. Die horizontale Aussteifung der größeren Hallendecken wurde über diese Beplankung gewährleistet. Zusätzliche Horizontalverbände waren nicht erforderlich. Die Entscheidung für vorgefertigte Dachelemente ermöglichte ein schnelles Schließen der großen Dachfläche.

An den beiden äusseren Hallenlängsseiten wurden die Brettschichtholzbinder des Pylontragwerks auf Holzstützen aufgelagert. Wegen des Gabelstaplerbetriebs in den Werkhallen mussten diese Stützen für einen definierten Anprall eines dieser Fahrzeuge dimensioniert werden, ohne selbst zu versagen. Eine Dimensionierung der Holzstützen für solche Anpralllasten hätte jedoch zu sehr unwirtschaftlichen Stützenquerschnitten geführt und ein Anprallschutz hätte wertvollen Raum im Bereich der Hallendurchfahrten belegt. Statt dessen wurde die Idee entwickelt, die Querträger als Überzug zusätzlich an einem Brettschichtholzbinder über der Stützenseite aufzuhängen. Bei dem Ausfall einer Stütze würde dieser Träger die Last der ausge-

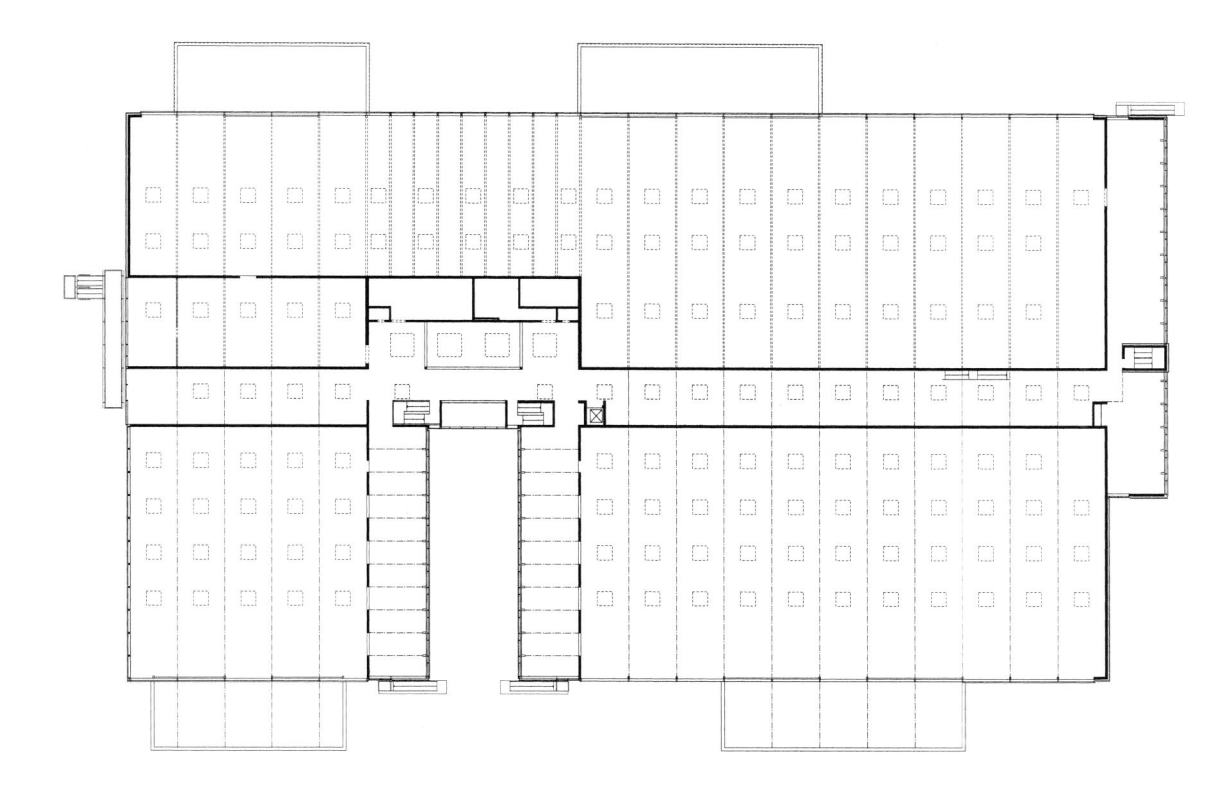

Grundriss Obergeschoss

fallenen Stütze auf die benachbarten verteilen. In den Anlieferbereichen war dieses System des Ausfallbinders aufgrund der großen Spannweiten nicht möglich. Deshalb wurden die Stützen hier in Stahlbauweise ausgeführt und für den Gabelstapleranprall bemessen. Um die Stützenverformung im Falle eines Anpralls gering zu halten, wurden die Rechteckrohrprofile bis auf 2,0 m Höhe mit Beton verfüllt.

Brand- und Korrosionsschutz

Im Bereich der Verwaltung war eine feuerhemmende Ausführung in F 60, also 60 Minuten Feuerwiderstand gefordert. Diese Auflage wurde durch Stahlbetonwände und -decken erfüllt. An den Fassadenseiten sollten jedoch Brettschichtholzstützen die Lasten aus den Stahlbetondecken tragen. Es wurde rechnerisch der Holzquerschnitt bestimmt, der zur Abtragung der Lasten nach einem 60minütigen Brand der Stütze noch zur Verfügung stehen musste. Dabei wurde von einer Abbrandgeschwindigkeit von 0,8 mm pro Minute ausgegangen. Daraus resultierten sichtbare Stützenquerschnitte, die im Normalzustand statisch überbemessen sind, im Brandfall jedoch 60 Minuten dem Feuer standhalten.

Die Stahlkonstruktion über der Dachfläche sollte für lange Zeit wartungsfrei bleiben. Da sich eine einfache Verzinkung linear abträgt, kommt es nach absehbarer Zeit zu Rostbildungen. Auch bei örtlichen Beschädigungen einer Verzinkung tritt ein elektrochemischer Abbau des benachbarten unbeschädigten Zinks auf. Deshalb wurde hier auf ein Duplex-Verfahren zurückgegriffen. Dabei wird die verzinkte Fläche mit einer Grundierungs- und zusätzlich mit einer Deckschicht überzogen. Diese Beschichtung verhindert ein Abtragen des Zinks, wobei die Verzinkung bei einer Beschädigung der Deckschicht ein Unterrosten der Grundierung verhindert. Der Steigerungsfaktor für die Schutzwirkung dieses Systems beträgt das 1,5- bis 2,5-fache der Wirkung von Einzelanstrichen.

Im Konsens mit der Genehmigungsbehörde sowie der städtischen Feuerwehr konnte durch den geplanten Einsatz einer Sprinkleranlage auf Brandschutzabtrennungen weitgehend verzichtetet werden. So wurde das Konzept eines offenen, lediglich in Temperaturbereiche unterteilten Produktionsbetriebes erfolgreich verwirklicht, dessen Gesamtnutzfläche von 8120 m^2 als ein einziger Brandabschnitt ohne Brandschutzanforderungen für die weitgespannten Hallenkonstruktionen genehmigt wurde.

Gebäudeoptimierung durch Simulationen

Mit den Stahlbetonwänden entlang der Mittelachse standen Bauteile zur Verfügung, die hohe Baulasten abtragen konnten. Über stählerne A-Böcke auf den Betonwänden wurden die Binder der Dachkonstruktion aufgehängt. Die statische Höhe der Binderquerschnitte konnte

PRODUKTION UND HANDWERK

hierdurch um 1,20 m reduziert werden, dies bedeutet eine Verminderung des zu belüftenden und zu beheizenden Gebäudevolumens um rund 9450 m³ (das entspricht etwa 15 Prozent) sowie die Reduktion der Gebäudefassadenfläche um umlaufend 1,20 m Höhe bei gleichbleibend nutzbarem Lichtraumprofil der Hallen von 5,60 m. Die Reduktion der dargestellten Gebäudeparameter erreicht die nachgewiesene Wirtschaftlichkeit des gewählten Tragwerkkonzepts.

Die Stahlböcke stehen sozusagen auf dem Dach und bilden ein weithin sichtbares Erkennungsmerkmal für das Gebäude. Die konstruktiven Durchdringungen der Dachhaut wurden unter Gesichtspunkten des Wärmedurchgangs und des langfristigen bauphysikalischen Verhaltens simuliert und entsprechend ausgeführt. Die Abhängepunkte wurden für reine Vertikallasten konzeptioniert, die Aufnahme der konstruktionsbedingten Horizontallasten erfolgt als Teil der aufgesetzten Stahlkonstruktion oberhalb der Dachebene in liegenden Druckrahmen.

Wesentliches Element im Rahmen der energetischen Optimierung des Gesamtsystems ist die Anordnung der Warenverkehrsbereiche in die thermische Gebäudehülle. Diese Logistikvorbauten dienen der Warenanlieferung und Warenauslieferung im Warmen.

Schnelllauftore reduzieren die Öffnungszeiten der Gesamthülle auf das mögliche Minimum, eine gesonderte Steuerung stellt das Öffnen immer nur eines Tores im Gesamtgebäude sicher, so dass über einen schnellen Luftaustausch entsprechende Wärmeverluste im Winter verhindert werden.

Eine tageslichttechnische Simulation ergab die Anordnung der notwendigen transparenten Bauteile in den Fassaden- und Dachkonstruktionen. Dadurch konnten die Betriebszeiten der elektrischen Beleuchtung auf ein Minimum reduziert werden.

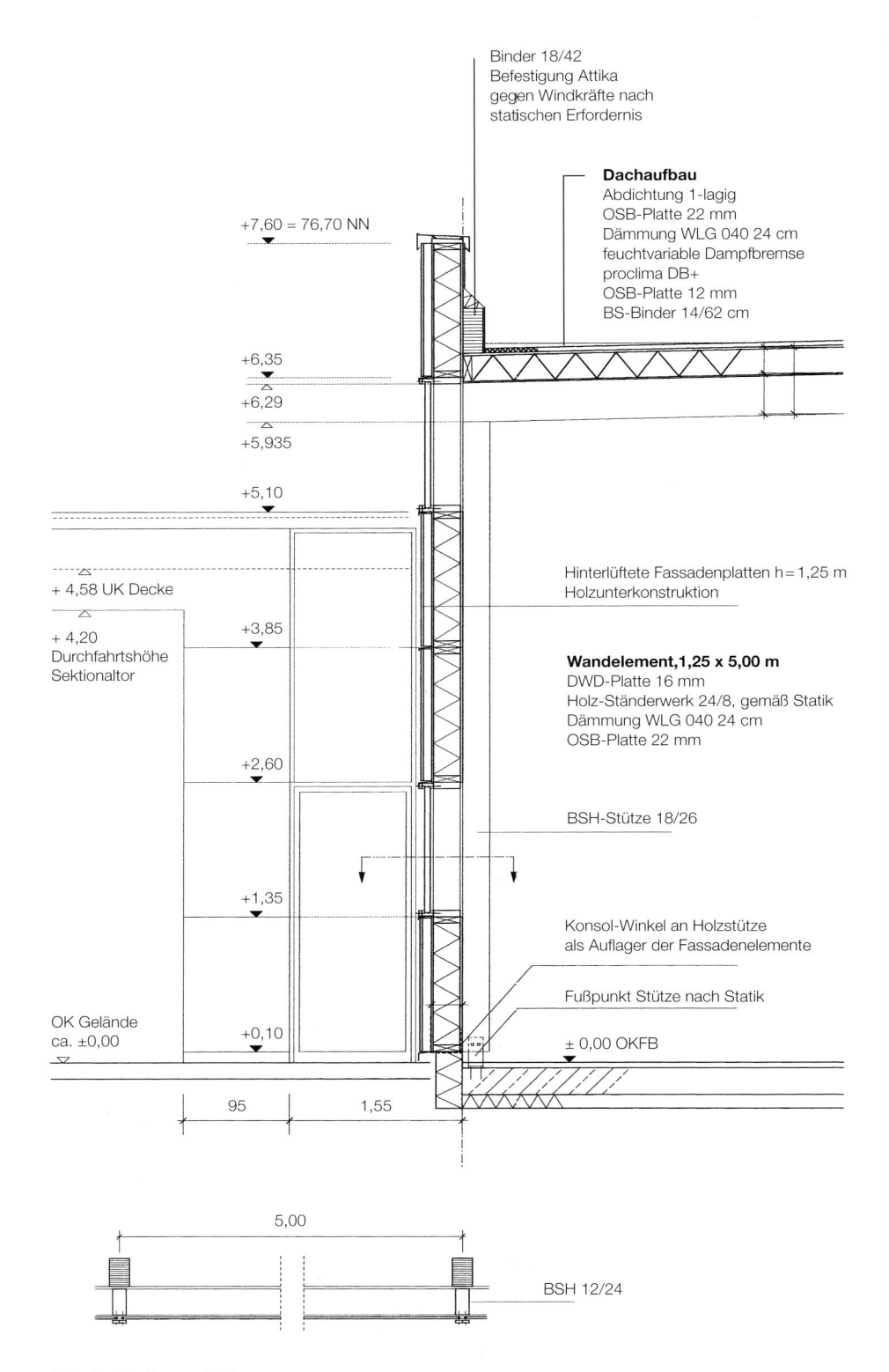

Schnitt Fertigungshalle

Lieferzone

Produktion

Lagerhalle

Fassadengestaltung als didaktisches Mittel

Die beiden äußeren Längsachsen der Holzkonstruktion wurden als Stützenkonstruktion mit vorgehängter Holzelementfassade, alternativ als hochwärmegedämmte Holzrahmenbaukonstruktion, ausgeführt. Die Konstruktionselemente wurden einschließlich 24 cm Wärmedämmung sowie innerer und äußerer witterungsschützender Bekleidung vorgefertigt.

Drei Maßnahmen bestimmen die technische, wahrnehmbare Gestaltung der Verwaltungsfassaden. Die Holz-Pfosten-Riegelkonstruktion erhielt zwischen Brüstungselement und oberem Massivbauanschluss über die Höhe von 2,50 m eine Verglasung. Insbesondere im Bereich der gegenüberliegenden Fassadenflächen im Innenhof wurden diese hohen Glaselemente ab einer Höhe von 1,65 m auf Ebene drei der Dreifach-Verglasung sandgestrahlt. So entstand auf Augenhöhe der Arbeitsplätze ein horizontaler «Sichtschlitz».

Die gesandstrahlten Glasflächen ergeben in der Raumtiefe ein diffuses Streulicht, welches den Großraumbüros ihre spezifische räumliche Qualität verleiht. Zur Minderung der sommerlichen Wärmeeinstrahlung wurden die Öffnungsflügel der Fassaden geschlossen ausgeführt und farbig gestaltet.

Die Fassadenöffnungsflügel wurden mit Vakuumdämmpaneelen mit geringer Bauteildicke und hochwärmedämmenden Eigenschaften ausgestattet. Die Frischluftzufuhr erfolgt über Belüftungselemente im Brüstungsbereich. Über diese Elemente wird die Luft gezielt, im Winter in Verbindung mit der Konvektion der Niedertemperaturheizkörper, in den Raum geführt.

Die Brüstungselemente dienen zusätzlich zur Installationsführung für Heizung, Elektroanlagen und Datenverarbeitung in den Fassadenlängsachsen.

Die Ausgestaltung der Fassadenteilmattierung, der geschlossenen, nicht verglasten, aber farblich hervorgehobenen Fassadenöffnungsflügel sowie die vorgesetzten Lüftungsschränke haben die Architekten bewusst als didaktische Mittel eingesetzt, um die Nutzer zu einem bewussteren Umgang mit diesen Baukomponenten anzuregen.

Energiekonzept

Drei wesentliche Vorgaben bestimmen die Ziele des Energiekonzepts: eine hohe Qualität der Arbeitsplätze, die eine hohe Produktivität ermöglichen sollte, qualitativ gleichwertige Arbeitsplätze mit kurzen Kommunikationswegen

PRODUKTION UND HANDWERK

sowie eine Produktion ohne Emissionen von Klimagasen, die sich aus dem ökologischen Selbstverständnis des Unternehmens ergibt. Emissionen aus dem Energiebedarf für Strom und Wärme sind aufgrund der Produktionsprozesse die einzigen potentiellen Emissionsquellen. Die Konzeption einer Nullemissionsfabrik ist daher vor allem ein Energiekonzept zur Reduktion des Strom- und Wärmebedarfs sowie zu einer CO_2-neutralen Energieversorgung.

Der hochwertige Wärmeschutz und die Kompaktheit der Kubatur der Produktionshalle und der Büros ermöglichen einen Heizwärmebedarf unter 30 kWh/m^2 a.

Nullemissionsfabrik

Als Energieträger für eine Energieversorgung ohne CO_2 äquivalente Emissionen kommen regenerative Energiequellen wie Solarenergie (Photovoltaik, Kollektoren), Wind- und Wasserkraft infrage. Wasser- und Windkraft stehen am Standort nicht zur Verfügung, so dass zur Strom- und Wärmeerzeugung auf weitere regenerative Energieträger wie Holzpellets oder kaltgepresstes Rapsöl zurückgegriffen werden musste. Aufgrund des zusätzlichen Bedarfs von Wärme und Strom wurde ein Rapsöl-Blockheizkraftwerk eingesetzt. Die Produktion von Rapsöl verursacht ebenfalls CO_2-Emissionen, wenn diese in konventionellem Anbau durchgeführt wird. Bei einem ökologischen Anbau, bei dem der Energieträger bei der Rapsölproduktion ebenfalls auf Rapsölbasis betrieben wird, ist eine CO_2-Neutralität erreichbar. Bei Netzeinspeisung von Überschüssen aus einem Photovoltaik-Generator und Substitution von Strom aus konventioneller Erzeugung kann mit Eigenstromerzeugung in einem Blockheizkraftwerk auch bei konventionellem Rapsölanbau eine CO_2-neutrale Energieversorgung erreicht werden.

Die Zielwerte für Heizwärme mit 40 kWh/m^2 a und für den Stromverbrauch für Gebäudetechnik mit 20 kWh/m^2 a ergeben sich aus den Grenzwerten des Förderkonzeptes solaroptimiertes Bauen der deutschen Bundesregierung. Zusätzlich ergibt sich aus dem Ziel einer CO_2-neutralen Energieversorgung und einer maximal zur Verfügung stehende Fläche von 600 m^2 für die Installation von Photovoltaik-Modulen eine Begrenzung auf 20 kWh/m^2 a Wärme und 12,5 kWh/m^2 a Strom für Gebäudetechnik und Betrieb. Die Zielwerte zeigen auf, das neben einem sehr geringen Heizwärmebedarf insbesondere der Strombedarf für die Gebäudetechnik sehr gering sein sollte. Schwerpunkte liegen deshalb auf einer energieeffizienten Lüftung, einer guten Versorgung mit Tageslicht und angepasster Beleuchtung sowie einer Integration der solaren Energieversorgung.

Raumklima und sommerlicher Wärmeschutz

Der sommerliche Wärmeschutz im Bereich der Büros wird durch einen außen liegenden, zweigeteilten Sonnenschutz gewährleistet. Durch Einsatz einer 3-fachen Wärmeschutzverglasung wurde eine Reduzierung des g-Wertes erreicht. Zusätzlich sind die öffenbaren Flügel in den Fenstern als Holzpaneel mit einer Vakuumdämmung ausgeführt worden, so lässt sich eine Reduktion des sommerlichen Wärmeeintrags ohne Erhöhung der Wärmeverluste erreichen. Durch eine konsequente Steuerung der internen Lasten, beispielsweise durch ein Leistungsmanagement im Bereich der Elektronischen Datenverarbeitung und durch eine bedarfsorientierte Beleuchtungssteuerung können diese erheblich reduziert werden. Aufgrund der dichten Belegung wird eine sommerliche Entwärmung durch Nachtlüftung (Luftwechsel 3/h) notwendig. Aus Gründen der Einbruchssicherheit des Gebäudes wird diese über eine mechanische Abluftanlage realisiert. Die Arbeitszeit mit Temperaturen über 25°C beträgt 245 Stunden, das sind weniger als 9 Prozent der Gesamtarbeitszeit.

Heizwärmebedarf

Ein niedriger Heizwärmebedarf wird zum einen durch einen guten Wärmedämmstandard erreicht, zum anderen durch eine effiziente Lüftungsanlage mit Wärmerückgewinnung in der Halle. Voraussetzung für das Erreichen des Wärmebereitstellungsgrades von > 75 Prozent ist eine luftdichte Gebäudehülle. Das Gebäude erreicht einen sehr niedrigen Luftwechsel von 0,22 1/h bei 50 Pa Unter- beziehungsweise Überdruck. Dieser Wert wurde durch eine Blower Door-Messung ermittelt. Für das Gebäude ergibt sich (ermittelt durch dynamische Gebäudesimulation) ein Wärmebedarf von 220 MWh/a, das sind 27 kWh/m^2 a bezogen auf die Nettogrundfläche mit internen Lasten von 150 Wh/m^2 d.

Tageslichtnutzung und Beleuchtung

Die Produktionshalle erreicht durch die Oberlichter einen Tageslichtquotienten von durchschnittlich 3 Prozent, so dass hier eine an die Erfordernisse angepasste Tageslichtversorgung vorliegt. Es erfolgt eine automatische, tageslichtabhängige Dimmung der Beleuchtung durch eine Außenhelligkeitssteuerung. Dadurch werden zum einen die Kosten gegenüber einer dezentralen Regelung reduziert, zum anderen eine Abhängigkeit der Fühler von den Reflexionseigenschaften der Oberflächen im Innenraum vermieden. Die Büros haben eine gute Versorgung mit Tageslicht (Tageslichtquotient im Bereich der Arbeitsplätze durchschnittlich 4,5 Prozent, Tageslichtautonomie 77 Prozent in 0,75 m Raumtiefe, 47 Prozent in 2,75 m Raumtiefe); wie in der Produktionshalle wurde auch in der Verwaltung eine Kombination der Beleuchtung mit einer tageslichtabhängigen Steuerung vorgesehen.

Wandaufbauten

	Büro	Halle
Außenwand	Holzrahmen mit 24 cm Dämmung U=0,20 W/qm K	Holzrahmen mit 24 cm Dämmung U=0,20 W/qm K
Dach	Holzrahmen mit 30 cm Dämmung U=0,16 W/qm K	Beton mit 22 cm Dämmung U=0,17 W/qm K
Boden	Estrich, Beton 20 cm, 12 cm WD, U=0,27 W/qm K	Beton 20 cm, 12 cm WD, U=0,30 W/qm K
Fenster	3-fache Wärmeschutzverglasung U=1,1 W/qm K, g=46%	2-fache Wärmeschutzverglasung U=1,4 W/qm K, g=58%
Oberlichter		U-Wert 1,8 W/qm K, g=50%
Hallentore		U-Wert 0,9 W/qm K

Strombedarf

Ein Großteil der elektrischen Energie (rund 55 Prozent) wird zur Beleuchtung und Datenverarbeitung/Kommunikation benötigt. Für den Bereich der elektrischen Energieversorgung wurden daher vorrangig konventionelle Energiesparmaßnahmen durchgeführt. Hierzu zählen die Beleuchtungssteuerung, TL5-Leuchtstoffröhren, Flachbildschirme, energiesparende Antriebe für Pumpen und Ventilatoren sowie ein energiesparender Betrieb der Datenverarbeitungs-Systeme. Durch eine Vakuumentwässerung wird der Wasserbedarf um 80 Prozent gegenüber einer herkömmlicher Entwässerung reduziert. Die restlichen Abwässer werden in die städtische Kanalisation eingeleitet, da die Klärschlämme in einem Blockheizkraftwerk weiterverarbeitet werden.

Zusammenstellung der elektrischen Verbraucher

Verbraucher	Energiebedarf [MWh/a]
Lüftung	23
Sonstige	12
Beleuchtung	70
S Gebäudetechnik	105
Grundlast Produktion	15
Betrieb Produktion	25
Betrieb Büro	15
S Nutzung	55
Gesamt	160

Solare Energieversorgung

Die Wärmeversorgung erfolgt über ein Rapsöl-Blockheizkraftwerk (180 MWh/a), eine Kollektoranlage (20 MWh/a) und durch die Abwärme aus der Entwicklungsabteilung (20 MWh). Der Strombedarf wird über eine 60 kWp Photovoltaik-Anlage (45 MWh/a) und über das Rapsöl-Blockheizkraftwerk (115 MWh) gedeckt. Damit wird eine Energieversorgung durch regenerative Energiequellen erreicht. Der Primärenergiebedarf für Wärme und Strom beträgt 700 MWh/a, das sind 90 kWh/m^2 a. Durch die Kollektoranlage und den Photovoltaik-Generator wird ein solarer Deckungsbeitrag von 22 Prozent erreicht.

Die im Gebäude aufgestellten, nicht gedämmten Sprinklertanks dienen als Pufferspeicher für die 150 m^2 Kollektoranlage und damit als Niedertemperaturstrahlungsheizung. Die Abwärme aus den Brennern des Entwicklungsbereiches werden über eine Sammelschiene dem Pufferspeicher des Rapsöl-Blockheizkraftwerks zugeführt. Die Abwärme der Datenverarbeitungs-Zentrale dient im Winter als Heizungsunterstützung der Lagerhalle, im Sommer kommt hier ein Umluftkühler zum Einsatz.

Heizung und Lüftung

Die Aufgabe der Gebäudetechnik ist die Bereitstellung angenehm warmer Räume mit hoher Luftqualität. Darüber hinaus müssen verschiedene Ver- und Entsorgungsaufgaben erfüllt werden. Bei der Gebäudetechnikplanung stand immer im Vordergrund, diese Aufgaben möglichst energieeffizient und Ressourcen sparend zu lösen, wobei ein Übermaß an Technik vermieden werden sollte. Gewünscht war ebenfalls eine sinnvolle Einbindung der Produkte des Auftraggebers. Nach umfassenden energieökonomischen Voruntersuchungen wurde ein hocheffizientes Gesamtsystem entwickelt und realisiert, das zahlreiche innovative Elemente miteinander verbindet.

Bei Heizung und Belüftung muss prinzipiell zwischen den Produktions- und Lagerhallen sowie den Büros mit angrenzenden Serviceräumen unterschieden werden. Diese Bereiche haben sehr unterschiedliche Anforderungen bezüglich des spezifischen Luftwechsels und der bereitzustellenden Temperaturen. An das Lüftungssystem der Produktions- und Lagerhallen wurden verschiedene Anforderungen gestellt. So war eine sichere Ableitung der Emissionen des Produktionsprozesses sowie der anliefernden Lastkraftwagen zu gewährleisten. Eine Beheizung der Produktions- und Lagerhalle auf mindestens 17°C war ebenso gefordert wie die Wärmerückgewinnung mit einer trockenen Rückwärmzahl von mindestens 75 Prozent.

Aus der Planung ergab sich ein System, das für jeden der insgesamt drei Hallenbereiche ein eigenes Lüftungsgerät vorsieht und eine trockene Rückwärmzahl von rund 80 Prozent aufweist.

Um eine ausreichende Luftqualität zu sichern, ist ein Luftwechsel von 2,0 1/h in den Aufenthaltsbereichen (bis 2 m Hallenhöhe) notwendig. Für die Hallen ergibt sich daraus eine sehr niedrige Gesamtluftwechselrate von 0,35 1/h. Dennoch ist es aufgrund des hochwertigen Wärmeschutzes möglich, die Beheizung der Hallen vollständig über die Zuluft bereit zu stellen. Mit Hilfe von Weitwurfdüsen wird eine entsprechende Vermischung erreicht. Die Lüftungsgeräte selbst sowie das gesamte Kanalnetz wurden großzügig dimensioniert, um den Druckverlust und damit den elektrischen Leistungsbedarf für den Antrieb der Ventilatoren gering zu halten. Der spezifische Leistungsbedarf der Geräte beträgt lediglich 0,45 Wh/m^2. Eine Nachtlüftung ist in den Hallenbereichen aufgrund ihres relativ unkritischen sommerlichen Temperaturverhaltens nicht vorgesehen. Die Hallen können jedoch durchlüftet werden, indem die Hallentore und die Oberlichter über eine zentrale Steuerung geöffnet werden. Bei den Lüftungsgeräten wurden bewusst zwei verschiedene Fabrikate verwendet, um beim anschließenden Monitoring Vergleiche anstellen zu können. Die Aufstellung erfolgte sichtbar und markant im 1. Obergeschoss des Solvis-Wegs.

Die Anforderungen an Heizung und Lüftung in den Büroräumen weichen von denen in den Produktionshallen ab: Hier ist eine Lufttemperatur von mindestens 20°C gefordert sowie eine Nachtkühlung. In den Bürozonen wurde kein Zu-/Abluftsystem mit Wärmerückgewinnung wie in den Hallenbereichen realisiert, da aufgrund des aufwendigeren Kanalnetzes und der Nachtlüftung der elektrische Energiebedarf für den Antrieb der Ventilatoren sehr groß ist. Dadurch wird die Primärenergieeinsparung durch die Lüftungswärmerückgewinnung deutlich verringert. Im Vergleich zeigte sich, dass ein einfaches Abluftsystem mit Wärmerückgewinnung über Abluftwärmepumpe eine ähnliche Primärenergieeinsparung bei deutlich geringeren Investitionskosten aufweist. Daraufhin wurde dieses System für die Bürobereiche eingesetzt.

Die Abluft wird aus den Büros über drei zentrale Dachventilatoren abgesaugt. Die Frischluft strömt über Zuluftelemente im Brüstungsbereich der Fassade nach. Die Zuluftelemente sind mit einem elektrischen Antrieb versehen und können zentral gesteuert werden. Mit Hilfe von Wärmepumpen wird der Abluft Wärme entzogen und in die Pufferspeicher eingespeist. Über Mischgassensoren und Volumenstromregler wird eine Luftqualitätsregelung ermöglicht, die bewirkt, dass der Volumenstrom bei geringerer Belegung abgesenkt wird. Dadurch werden die Lüftungsverluste weiter minimiert.

Einer der entscheidenden Vorteile des Abluftsystems ist es, dass die für ein angenehmes Raumklima notwendige Nachtlüftung mit ein und demselben System – bei geringem Mehraufwand – möglich ist. Lediglich die Ventilatoren und das Leitungsnetz mussten etwas größer dimensioniert werden. Im Nachtlüftungsfall erfolgt der Betrieb der Ventilatoren mit erhöhter Drehzahl und somit höherem Volumenstrom. Der im Vergleich zur Taglüftung deutlich erhöhte Unterdruck im Gebäude ist in dieser Zeit nicht störend. Die Gebäudemassen können auf diese Weise mit geringem Energieaufwand gekühlt werden. Die Beheizung der Bürobereiche erfolgt über Radiatoren.

Grundvoraussetzung für die korrekte Funktion der Lüftungssysteme ist die Luftdichtigkeit der Gebäudehülle, die mit einer Blower-Door-Messung nachgewiesen wurde und mit $n_{L50} = 0,22$ 1/h einen sehr guten Wert erreicht.

Sanitär und Wasserhaushalt
Die Schmutzwasserentsorgung geschieht komplett über ein Vakuumsystem. Im Planungsverlauf hat sich gezeigt, dass dieses System gegenüber einer konventionellen Lösung kostenneutral ist und den Bauablauf aufgrund entfallender Grundleitungen beschleunigt. Durch das Vakuumsystem kann der Wasserbedarf pro Toilettenspülung von 6 auf 1,5 Liter reduziert werden. Weiterhin wurden wasserlose Urinale eingesetzt.

Insgesamt wurden die Warmwasserzapfstellen minimiert. Das Regenwasser wird komplett auf dem Gelände versickert. Das Sprinklersystem besitzt einen geschlossenen Kreislauf, so dass bei den regelmäßig vorzunehmenden Funktionstests kein Wasserverlust auftritt.

Fazit
Das Projekt ist in der geplanten Größe und der erreichten gebäudetechnischen Leistungswerte das Ergebnis des integralen Planungsprozesses von Architekten, Fachplanern und Auftraggeber und in diesem Sinne als Vorzeigebeispiel eines ökologisch, ökonomisch, fertigungstechnisch sowie auch im Hinblick auf das Wohlbefinden der Belegschaft ganzheitlich geplanten und organisierten Industrie- und Gewerbebaus zu sehen.

Standort Braunschweig/Deutschland

Bauzeit 6/2001–5/2002; Errichtung Holzkonstruktion: 10/2001–12/2001

Bauherr SOLVIS Energiesysteme GmbH & Co. KG, Braunschweig

Architekten Banz + Riecks, Architekten, Bochum; Dipl.-Ing. Elke Banz, Dipl.-Ing. Dietmar Riecks

Fertigungsplanung und Produktionslogistik Vollmer & Scheffczyk GmbH, Hannover; Dr.-Ing. Lars Vollmer

Fertigungslogistik Gideon Auerbach, St. Augustin

Tragwerksplanung Ingenieurbüro für Bauwesen, Aachen

Energie und Tageslicht Fraunhofer Institut für Solare Energiesysteme ISE, Freiburg; Dipl.-Ing. Sebastian Herkel

Bauphysik Büro für Bauphysik, Aachen; Robert Borsch-Laaks

Haustechnik Solares Bauen GmbH, Freiburg; Dipl.-Ing. (FH) Martin Ufheil, Mitarbeit: Dipl.-Ing. Olaf Seiter

Brandschutz Neumann Krex & Partner, Schmallenberg; Dipl.-Ing. Peter Neumann

Prüfstatik Ingenieurbüro kgs, Hildesheim Prof. Dr.-Ing. Martin H. Kessel

Blower-Door-Messung Ingenieurgesellschaft Bauen+Energie+Umwelt, Springe; Dipl.-Ing. Paul Simons

Holzbau Gumpp AG, Binswangen; Kaufmann Holz AG, Reuthe/Österreich; Holzbau Seufert-Niklaus GmbH, Bastheim

Holzbehandlung AURO Pflanzenchemie, Braunschweig

Bruttorauminhalt 54 736 m^3

Bebaute Fläche 7 092 m^2

Gebäudelänge 108,75 m

Gebäudebreite 76,25 m

Gesamthöhe Gebäude 7,60 m

Gesamthöhe mit Tragwerk 16,10 m

PRODUKTION UND HANDWERK

Architekten: Bothe Richter Teherani

LEUCHTRÖHRE

Leuchtenhersteller in Rellingen / Deutschland

Die Aufgabenstellung beinhaltete den Neubau eines Firmengebäudes für einen Leuchtenhersteller mit 30 Mitarbeitern in Rellingen. Das Raumprogramm umfasst sowohl ein Fertigteillager mit Endmontage, Anlieferung und Versand als auch einen Büroteil mit einer Entwurfsabteilung. Ziel war es, mit möglichst einfachen Mitteln wie Brettschichtholzbindern eine anspruchsvolle Architektur zu schaffen.

Das Gebäude wurde drei Jahre nach Fertigstellung in einem zweiten Bauabschnitt erweitert, wobei dieser schon von Anfang an in Bezug auf die Gestaltung, den technischen Ablauf sowie die Kosten in die Planung des ersten Bauabschnitts einbezogen worden war.

Entwurf und Konstruktion

Der Entwurf der Architekten ergab eine vollkommen neue Gebäudekonzeption. Der erste Bauabschnitt besteht aus einem lang gestreckten, ovalen Baukörper. Als Erweiterungsbau wurde eine identische Form realisiert, die mit einem zweigeschossigen, nahezu quadratischen Baukörper an das erste Gebäude angebunden ist.

Die Konstruktion bilden über 20 m spannende Brettschichtholzbinder, die im Abstand von 5 m errichtet wurden und die Aluminiumaußenhaut tragen. Ein eingestellter «Betontisch» im ersten Gebäude ergibt eine zweigeschossige Nutzung und dient gleichzeitig als Aussteifung. Im Obergeschoss wird das Tragwerk durch Holzpendelstützen vervollständigt.

Die Erweiterung ist mit entsprechend konstruierten Holzleimbindern als eine große Halle vollkommen stützenfrei realisiert worden. Es ist vorstellbar und technisch unproblematisch, den Baukörper durch weitere solcher Anbauten zu erweitern.

Aussage und Ausstrahlung

Das Bauwerk strahlt Transparenz und Offenheit, eine Gemeinsamkeit aller Firmenbereiche aus. Dies manifestiert sich auch im unkomplizierten Umgang der Mitarbeiter und der Geschäftsführung und einer hohen Wertschätzung der Mitarbeiter untereinander. Eine Grundrissgestaltung der «kurzen Wege», wie sie hier beabsichtigt war, führte zu unkomplizierter, kommunikativer Teamarbeit.

Ausgehend von einem Grundsatzentwurf entwickelte sich die Architektur, der Ausbau, die Haustechnik, der Innenausbau und die Möblierung im Sinne einer Unternehmenskultur. Das heißt, unter der Prämisse einfacher aber funktioneller Bauteile wurden kompromisslos passende Elemente aus dem Markt verwendet oder eigens für das Gebäude entworfen.

Beleuchtung und Leuchten

Für den Bauherrn, einen Hersteller von Leuchten, ergab sich die Möglichkeit, die Lampen speziell für dieses Gebäude selbst zu entwickeln. So sind fast alle Leuchten von der Konferenzraum-, über Sanitär-, Hallen-, Treppenhaus-, Cafeterialampe bis hin zur Arbeitsplatzbeleuchtung in das industrielle Serienprogramm aufgenommen worden.

Die Architektur des eigenen Firmengebäudes wurde so Ideengeber für die Produkt- und Programmentwicklung. Darüber hinaus ist das Haus ein stilvolles Ambiente für die fotografische Dokumentation im Leuchtenkatalog. Die Architektur wird also in jeder Hinsicht zum untrennbaren Bestandteil der Corporate Culture.

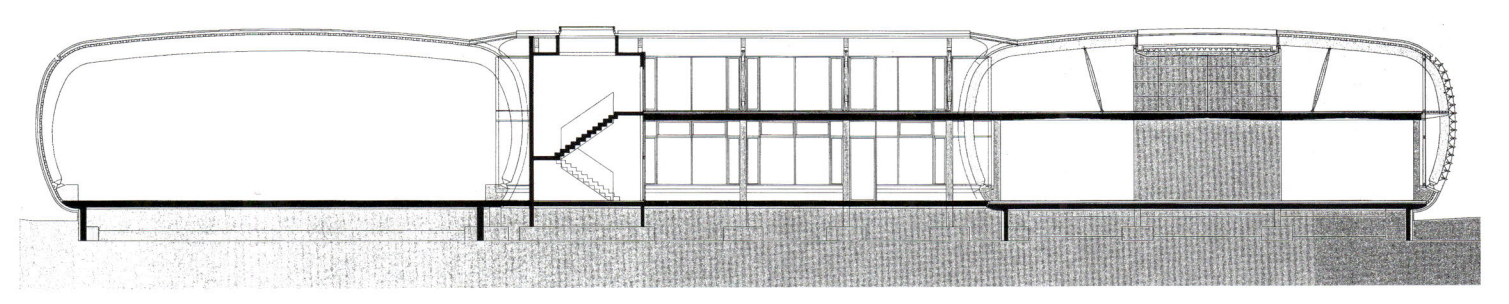

Schnitt

PRODUKTION UND HANDWERK

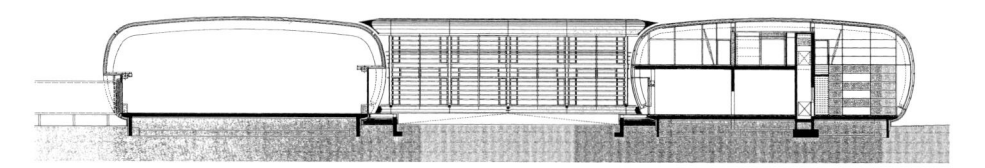

Schnitt

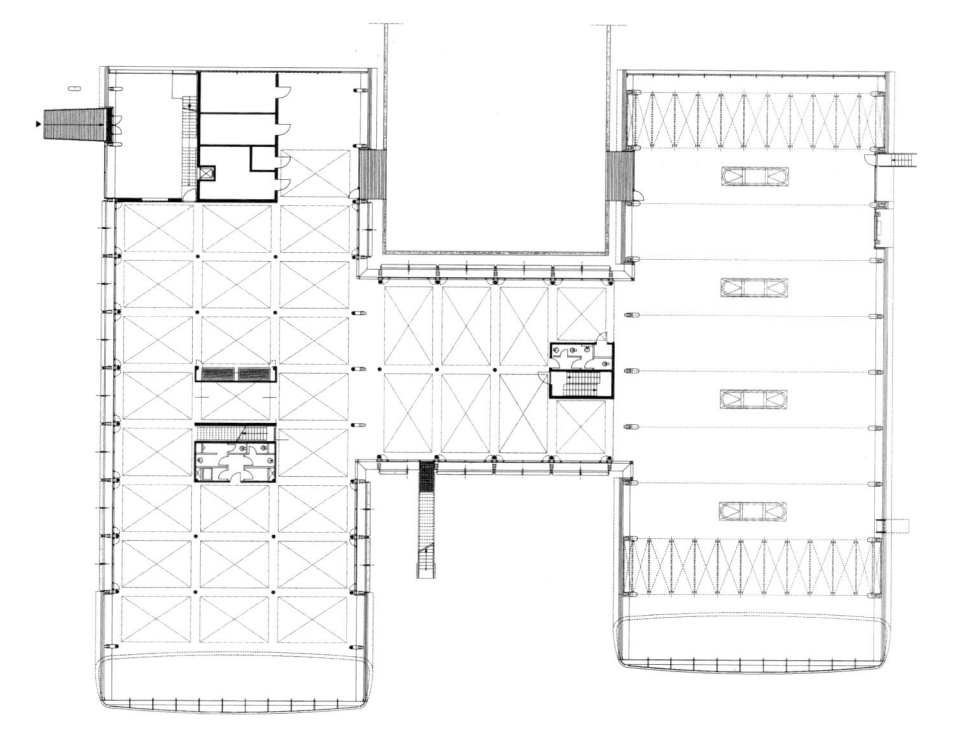

Grundriss Obergeschoss

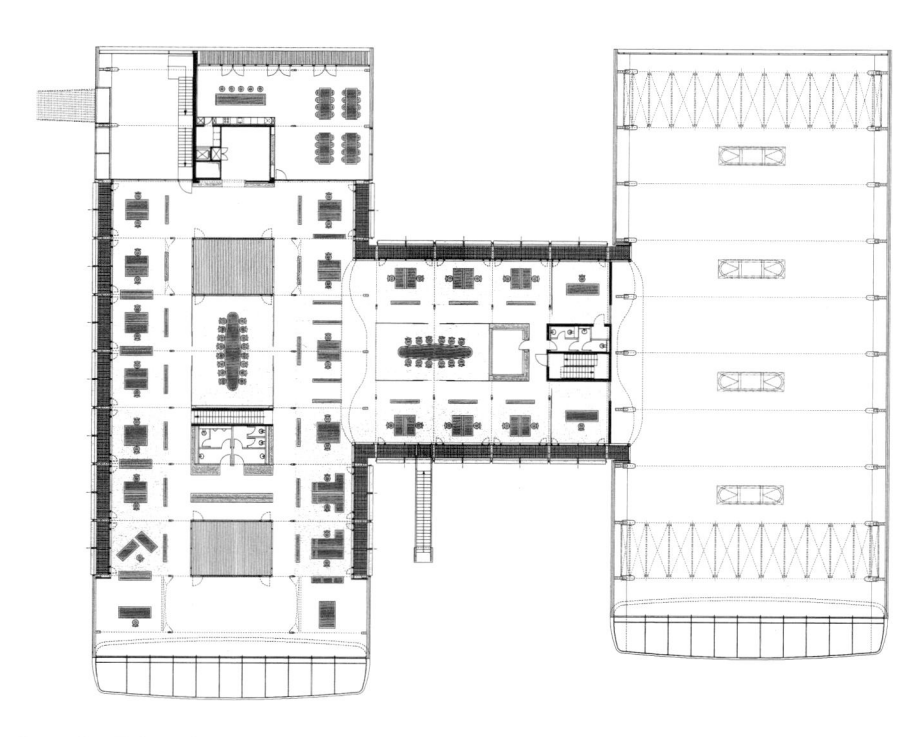

Grundriss Erdgeschoss

Bürolandschaft und Büromöbel

Trotz der ungewöhnlichen Form des Gebäudes wird es selbstverständlich wahr- und angenommen. Ein Grund dafür liegt in der klaren Architektursprache, die im Inneren durch eine warm anmutende, offene Bürolandschaft weitergeführt wurde. Auch das Büromöbelsystem ist vom Bauherrn eigens für dieses Gebäude entworfen worden. Bewusst zurückhaltend fügt es sich in die Architektur ein.

Am einzelnen Arbeitsplatz ermöglicht ein Fenster Blickkontakt nach außen, der Tresen zum Gang wirkt als Ordnungs- und Kommunikationsmöbel, dazwischen sind ein bis drei Schreibtische angeordnet. Halbhohe Regalmöbel ersetzen die Wände zwischen den verschiedenen Büros. Verglaste Konferenzräume sowie die Sanitäranlagen trennen die einzelnen Büroräume. An verschiedenen Stellen sind Büro- und Kommunikationsgeräte installiert. Trotz eines konventionellen Bürozuschnitts mit seinen einfachen Ordnungs- und Wegesystemen entspricht die Situation einem flexiblen Großraumbüro.

Standort Rellingen bei Hamburg/Deutschland
Bauzeit 1. Bauabschnitt 1998; 2. Bauabschnitt 2001
Bauherr Franziska und Tobias Grau, Rellingen
Architekten Bothe Richter Teherani, Hamburg
Entwurf: Hadi Teherani
Tragwerksplanung Ridder, Meyn + Partner, Hamburg
Einrichtung und Beleuchtung Tobias Grau, Hamburg
Bruttogeschossfläche 1. Bauabschnitt: 2 300 m^2; 2. Bauabschnitt: 2 000 m^2

BÜRO UND VERWALTUNG

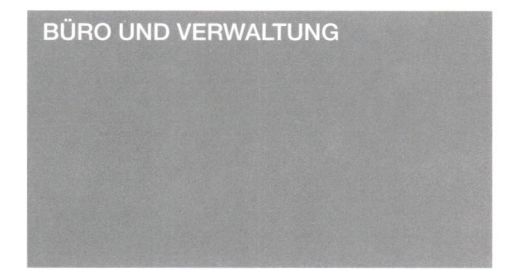

Architekt: Andreas Weber

ARCHE

Bürogebäude in Erkheim / Deutschland

Das menschliche Büro

Mit dem Ziel, ein ganzheitliches menschliches Büro der Zukunft zu definieren, zu entwickeln und für das eigene Unternehmen umzusetzen, haben sich Auftraggeber, Planer und Einrichter an einen Tisch gesetzt. Ein erster Schritt, diese Vision zu verwirklichen, war eine kritische Bestandsaufnahme des größtenteils unbefriedigenden Ist-Zustandes. Hieraus entwickelte sich unter Berücksichtigung von architektonischen, ökologischen, technischen, ergonomischen, soziologischen, psychologischen und energetischen Aspekten ein Gesamtkonzept, das den Baustoff Holz favorisierte, weil er als humaner Baustoff angesehen wird und vielfältige Veränderungen am Gebäude erlaubt.

Der Ist-Zustand

In einem Bürogebäude wird der Mensch zur Maschine. Auf eine sinnvolle, der jeweiligen Persönlichkeit gemäße Platzierung des Arbeitsplatzes kann häufig aufgrund der räumlichen Gegebenheiten nicht geachtet werden. Für Licht, Luft und Farbe – Stimulanzen des Lebens und auch der Arbeitsleistung – ist häufig nicht ausreichend gesorgt, allen Normvorgaben und verfügbaren Erkenntnissen von Arbeitspsychologen zum Trotz. Die Persönlichkeit des Arbeitnehmers hat in einem winzigen Container unter der Schreibtischplatte Platz zu finden. Auf Materialien und deren ökologische, baubiologische und haptische Eigenschaften wird in den seltensten Fällen geachtet. Überhöhte Lärmpegel sind an der Tagesordnung, Rückzug für den Einzelnen ist kaum möglich, obwohl der Arbeitsalltag auch ungestörtes Nachdenken über ein Problem erfordert. Kommunikationsräume oder -flächen, die zum notwendigen Austausch unter den Mitarbeitern und zu einem positiven Gruppengefüge führen würden, werden vernachlässigt. Ein motiviertes, kreatives und damit leistungsstarkes Arbeiten hat in solch einem Umfeld für den Einzelnen keinen Platz.

Der Lösungsansatz

Auf der Basis einer ökologischen, baubiologischen und gesundheitsfördernden Grundhaltung wurden von dem Projektteam ein baulicher Rahmen sowie inhaltliche Kriterien für ein ganzheitliches menschliches Büro entwickelt. Das Wohlbefinden der Arbeitnehmer – und zwar auf allen Ebenen des Menschseins – wurde in den Mittelpunkt gestellt. Das Konzept beginnt bei der Raumaufteilung und optimalen Platzierung der Arbeitsplätze und entwickelt sich über die Wirkung von Licht, Farbe, Form und Material bis hin zur Einbeziehung von Natur beziehungsweise natürlichen Elementen in die Arbeitswelt. Aspekte des fernöstlichen Feng Shui wurden ebenso berücksichtigt wie die Einrichtung von Ruhe- und Entspannungsräumen für die Mitarbeiter mit spielerischen, Kreativität fördernden Elementen. Somit wird der Mitarbeiter nicht mehr nur als Leistungsträger und Unternehmensfaktor betrachtet, sondern zu einem ihm gemäßen individuellen und sozialen Verhalten hingeführt. Bei diesen Überlegungen wurden modernste technische und ergonomische Standards als selbstverständlich vorausgesetzt und in das Konzept integriert.

Das Projekt

Das Konzept wurde am Firmensitz des Bauherrn, eines Hausherstellers in Erkheim (Süddeutschland) als Neubau für den Kundenempfang und Vertrieb umgesetzt. Der Name des Büros ist Programm: Die «Arche» ist Sinnbild für das, was es an Wertvollem zu bewahren oder wieder bewusst zu machen gilt. Erst daraus kann Neues entstehen. Die zuweilen «archaischen», elementaren Bedürfnisse des Menschen werden in die Arbeitsweit integriert, ohne seine Hightech-Bedürfnisse außer Acht zu lassen.

Die Architektur

Die bauliche Grundform des Quadrates (Seitenlänge 15,31 m) wurde um vier kleine, rechteckige Erker erweitert und belebt. Die Holzskelettkonstruktion sowie Decke und Dach bestehen aus Lärchenholz, die Fassaden des zweigeschossigen Baus sind verglast. Der Bau wird von einem flachen, leichten Blech-Zeltdach und einer pyramidenförmigen Glaskuppel überspannt, durch die Licht in das zweigeschossige Zentrum des Hauses flutet. Fenster und Türen des Gebäudes sind aus mittelgrau lackiertem Holz, das die Leichtigkeit und Transparenz des Baus unterstützt.

Vor der Fassade sind im Außenbereich Schiebeläden zur Beschattung angebracht. Diese sind mit hellgrauem Segeltuch bespannt und eignen sich hervorragend als Werbeträger zur visuellen Selbstdarstellung des Unternehmens. Dies kann zu einem Image-Gewinn auf den ersten Blick führen, obwohl oder gerade weil klassische prestigeorientierte Gestaltungen wie zum Beispiel die Marmorfassade fehlen – Corporate Identity bereits in der Außenwirkung.

Eine wesentliche Vorgabe war, Flexibilität und Variabilität in die Architektur zu integrieren, um unterschiedlichsten Bedürfnissen des Unternehmens gerecht zu werden. So kann der Bau durch seine flexiblen und offenen Fassaden jederzeit und problemlos erweitert werden, falls zum Beispiel das Unternehmen wachsen und mehr Raumbedarf entstehen sollte. Hierzu wurden vier unterschiedliche Anbau-Module entwickelt. Diese Variabilität findet sich auch im Inneren des Baus, da er nicht auf tragenden Innenwänden ruht. Räumliche Abgrenzungen im Obergeschoss erfolgen durch Schiebewände, im Erdgeschoss übernehmen Pflanzen diese Aufgabe.

Das Gebäude ist von einer umlaufenden Terrasse umgeben, die ebenfalls aus Lärchenholz besteht. Der Übergang von außen nach innen mutet harmonisch an und setzt sich im Inneren in analoger Linienführung zum Holzboden der Terrasse durch Buchenholzparkett fort.

Sämtliche Einrichtungen, Farbgestaltungen, Pflanzungen, Materialien, Licht und Ton entsprechen dem aktuellen Wissen um Gesundheit, Psychologie, Soziologie und Feng Shui. Zahlreiche Impulse im Haus betonen den sinnlichen Aspekt des Mensch-Seins, fördern die Kreativität, das Spielerische, beleben auch Humor und Heiterkeit der Mitarbeiter. Der Unternehmer geht davon aus, dass der Arbeitnehmer den Respekt gegenüber seinen Bedürfnissen spürt und so seine Motivation und Leistungsbereitschaft gesteigert werden.

Auf einem geschwungenen, von Pflanzen eingefassten Weg wird der Mitarbeiter oder der Besucher einladend an das Gebäude herangeführt, von einem überdachten und im Innenbereich begrünten Eingangsbereich empfangen – im Feng Shui der Mund des Hauses – und in ein Bürointerieur der besonderen Art eingeladen. Der Blick fällt zuerst auf den transparent gestalteten Empfangstresen mit angeschlossener Litfasssäule. Die zwei Bereiche um Eingang und Tresen sind in Blau-Grau-Tönen gehalten.

Hinter dem Tresen ist eine Work-Station für technische Geräte platziert. Die Farbgestaltung wird dort mit Gelb-Orange-Tönen deutlich lebendiger und aktivierender.

Der zweite Blick richtet sich dann auf das Zentrum des Erdgeschosses, die mittig angeordnete Wendeltreppe, die von Pflanzbecken umrahmt ist. Hohe Rankpflanzen begleiten optisch den Weg in die zweite Etage und bringen natürliche Elemente in das Bürogebäude. Links vom Eingang findet der Besucher eine Mediothek vor, eine Wartezone mit Informationen über das Unternehmen, in der Fach-Zeitschriften und Prospektmaterial ausliegen. Die normalerweise negativ erlebte Zeit des Wartens wird so positiv erfahren. Eine sachlich-kühle Farbgebung in Blau unterstreicht in diesem Wartebereich den Informationscharakter. Die Abgrenzung der Mediothek zum Hauptraum erfolgt durch Raumteiler aus Holz und Pflanzbecken.

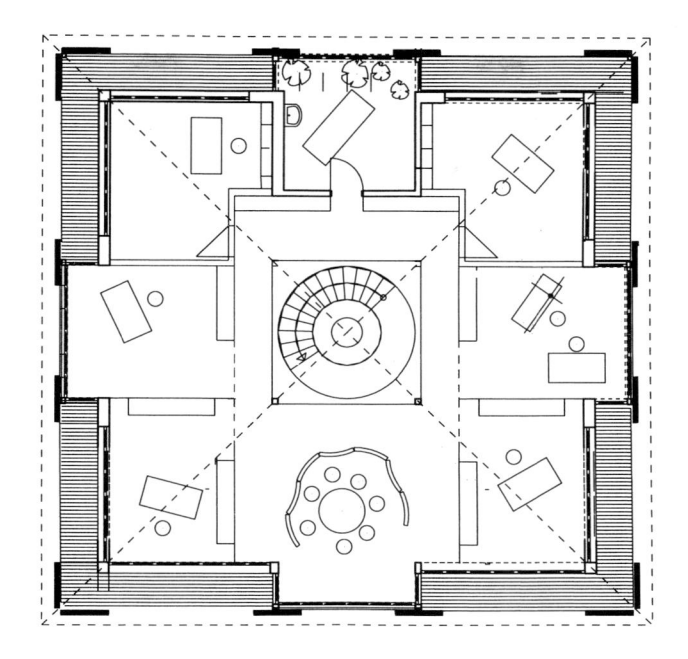

Grundriss Obergeschoss

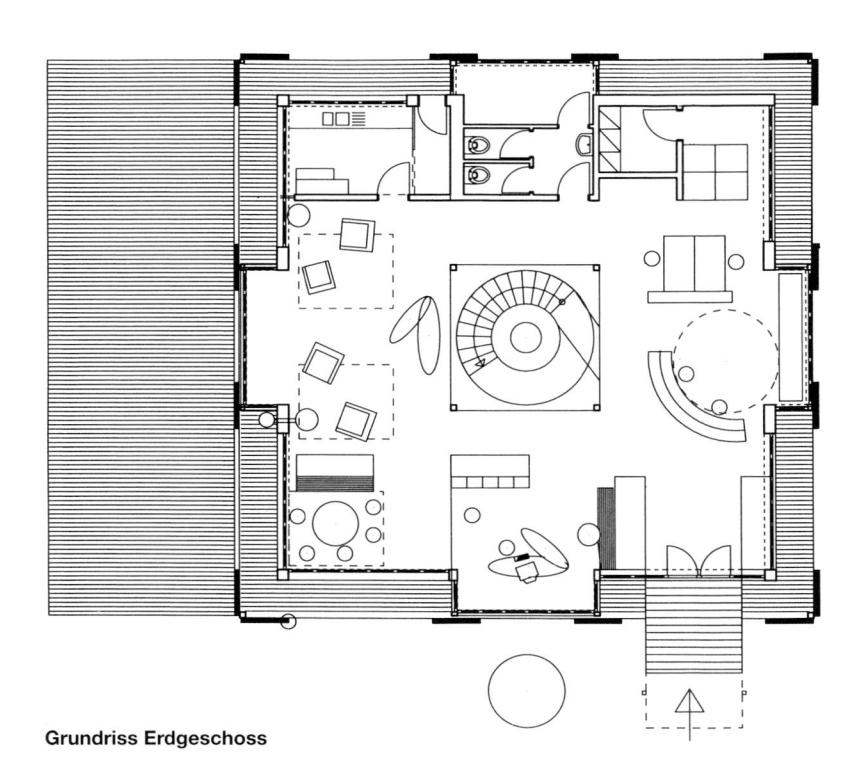

Grundriss Erdgeschoss

BÜRO UND VERWALTUNG

In der linken Hälfte des Gebäudes ist Platz für kleine Bereiche für Besprechungen zwischen Mitarbeiter und Kunde. Ein Bewirtungstresen mit Cafeteria und eine abgetrennte Küche sorgen für das leibliche Wohl. Dieses Areal ist mit behaglichen Loom-Chairs und haptischen Filz-Teppichen wohnlich gestaltet und erhält zusätzliche Akzente wie einen Holzofen mit offener Flamme und eine Brunnenskulptur, deren plätscherndes Wasser nicht nur für gute Raumluft und Atmosphäre sorgt, sondern auch als Feng Shui-Element «Reichtum» für den wirtschaftlichen Erfolg steht. Die Farbwelt ist warm und sinnlich: Gelb-Orange-Töne erhalten im Verlauf zum hinteren Teil der Empfangshalle zusätzliche grüne Akzente.

Das gesamte Erdgeschoss ist offen um die zentrale Treppe und deren Bepflanzung gruppiert. Der Eindruck der gesamten Etage ist heiter, natürlich, lebensfroh, wohnlich, behaglich, sinnlich.

Der positive Energiefluss des Erdgeschosses wird über die Wendeltreppe in das Obergeschoss geführt. Dort finden in Büros von 10 bis 13 m^2 elf Mitarbeiter Platz. Lediglich zwei Büroräume sind mit festen Wänden abgetrennt, die übrigen sechs können individuell durch Schiebewände und mobile Schränke geöffnet oder abgegrenzt werden. Vor den festen Wänden befindet sich eine Zentralbibliothek für Arbeitsunterlagen, in der jeder Mitarbeiter auch einen persönlichen Bereich besitzt. Die Schiebewände sind mit Schiefertafeln belegt – dem Mitarbeiter steht es frei, hierauf seine Notizen zu schreiben oder ein Bild zu präsentieren. Der Unternehmer fordert seine Mitarbeiter gezielt dazu auf, in die einzelnen Arbeitsbereiche persönliche Elemente zur Auflockerung und Identifikation einzubringen.

Durch die variable und damit offene Gestaltung sowie durch die veränderbare Möblierung der Arbeitsplätze kann das Obergeschoss jederzeit in einen großen Besprechungsraum umfunktioniert werden, die zusammengeführten Schreibtische werden dann für die Dauer der Gesprächsrunde oder Präsentation zum großen Konferenztisch.

Jeder Mitarbeiter kann sich jederzeit in einen Motivations- und Meditationsraum zurückziehen – zum Denken, zum Beruhigen, zur Entspannung, zur Massage – die ortsnahe Masseurin kommt auf Abruf. Der Raum hat einen besonders meditativen und beruhigenden Charakter: Im Zentrum liegt ein Schurwolle-Teppich, der einen Zen-Steingarten imitiert. Ein Liegemöbel und ein Sessel laden zum Ausruhen ein. Dem reduzierten Grau der Möblierung ist ein großes Bild entgegengesetzt, dessen beruhigendes, zartes Grün den Erkenntnissen der Farbpsychologie entspricht. So vermittelt dieses Bild dem möglicherweise erschöpften Mitarbeiter die Ruhe und Gelassenheit, die er für sich und sein Arbeiten benötigt. Pflanzen geben einen natürlichen Impuls; Musik, Klangspiele, Raumdüfte aus dem Aurasoma, veränderbare Lichtwirkungen, farblich unterschiedliche Jalousien – aus dem Angebot kann sich jeder Mitarbeiter das auswählen, was er gerade zu seinem Wohlbefinden benötigt.

Die Gebäudetechnik

Das Raumklima ist ein wichtiger Faktor in einem Gebäude, damit sich der Bewohner – in diesem Fall der Arbeitnehmer – wohl fühlen kann. Es wird durch die Haustechnik gesteuert, insbesondere Heizung, Lüftung, Verschattung, Beleuchtung und die intelligente Hausleittechnik via Bus-Installation.

Die ausgezeichnete Wärmedämmung der Außenhülle, gekoppelt mit einem energiesparenden Lüftungs- und Wärmerückgewinnungs-Konzept, gestattet den vollständigen Verzicht auf fossile Energien bei der Energieerzeugung. Diese erfolgt umweltfreundlich über eine Wasser-Wasser-Wärmepumpe. Die Wärmepumpe kann im Sommer zur Kühlung eingesetzt werden.

Die Wärmeverteilung erfolgt über ein modernes Fußboden-Heizsystem. Die Fußboden-Heizung stellt aufgrund ihrer relativ niedrigen Vorlauftemperaturen die ideale Verteilung für ein Energiesystem auf Wärmepumpen-Basis dar. Das Heizsystem ist in die Hausleittechnik – LONworks-Bustechnik – integriert und kann somit auf die individuellen Wünsche der Nutzer sowie die objektiven Gegebenheiten der Büroumwelt reagieren. Aufwändige Simulationsberechnungen haben die Stimmigkeit der Konzeption im Vorfeld geklärt.

Eine breite Palette von bürotechnischen Anlagen ist heute in fast allen Büroräumen Standard. Entsprechend hoch sind die Belastungen für die Raumluft und damit indirekt der Bedarf an Frischluft-Zufuhr. Effizientes Arbeiten und Wohlbefinden sind nur gewährleistet, wenn kontinuierlich eine hygienisch unbedenkliche, möglichst zugluftfreie Raumluft-Qualität sichergestellt ist. In idealer Weise erfüllt bei dem vorgestellten Projekt das eingesetzte dezentrale Lüftungssystem die genannten Anforderungen.

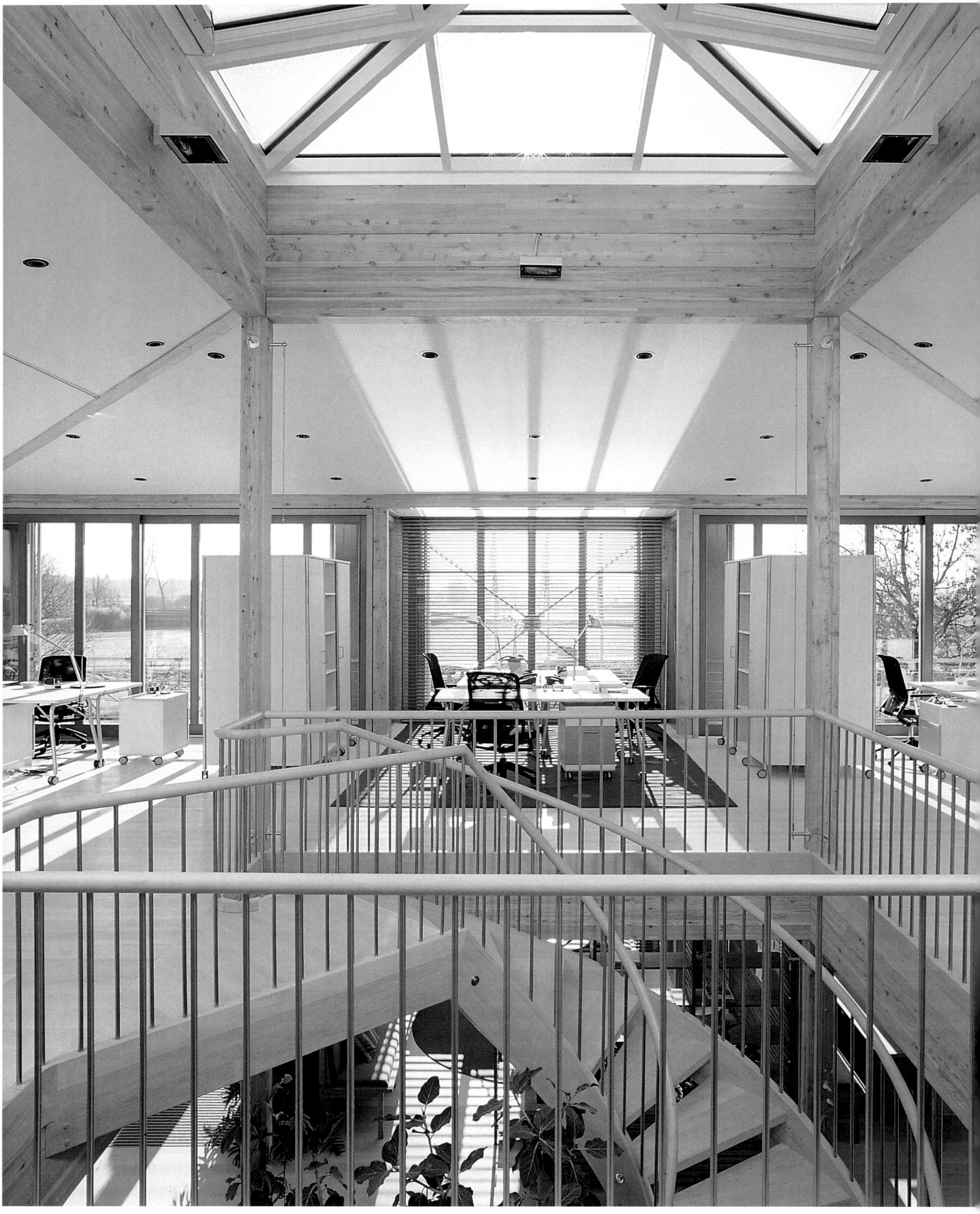

Ein extrem leises und energiesparendes Lüftungsgebläse befördert zunächst 80 Sekunden lang die verbrauchte Raumluft ins Freie. Die Wärme der Innenraumluft wird in einem Wärmespeicher gepuffert. Nach 80 Sekunden kehrt sich die Laufrichtung des Lüfters automatisch um, so dass die kalte Außenluft über den Wärmespeicher und somit als erwärmte Frischluft in den Raum geführt wird.

Da die Zuluft dezentral und nicht rohrgebunden erfolgt, ist sicher gestellt, dass die eingespeiste Frischluft in jedem Fall hygienisch einwandfrei ist. Entsprechende Filtersysteme verhindern den Eintritt von Insekten und Pollen. Das System leistet mit einem Wärmerückgewinnungsgrad von 90 Prozent bei einer minimalen Leistungsaufnahme von 5 Watt einen erheblichen Beitrag zur Energieeinsparung.

Belichtung und Beleuchtung
Soweit möglich wird Tageslicht in das Bürogebäude gelenkt und dort genutzt. Auf der Innenseite der Fenster ist ein Aluminium-Rollo mit einem kontrollierten Lichtlenkungs-System installiert. Im oberen Drittel der Rollos wird natürliches Licht an die Decke geworfen und von dort in das Rauminnere reflektiert. Die Lamellen sind elektronisch gesteuert und reagieren auf unterschiedliche Lichtverhältnisse und erlauben so die motivierende und leistungsfördernde Wirkung des Tageslichtes. Über die Lichtkuppel, die bei Bedarf mit Segeltuch beschattet werden kann, gelangt zusätzliches Tageslicht in das Gebäude.

Dieses moderne System der Tageslicht-Lenkung sorgt zum einen für einen wirksamen Blendschutz, zum anderen für eine optimale Einleitung des Tageslichtes. Die kontrollierte Tageslicht-Nutzung verbessert nicht nur die Qualität der Raumbeleuchtung, sondern mindert auch den Einsatz von Kunstlicht, was gerade im Bürobau bedeutend zur Energieeinsparung beiträgt. Die effektive Tageslicht-Lenkung erfolgt über zwei separat geführte und angesteuerte Bereiche einer Innenjalousie. Der obere Bereich übernimmt die Tageslicht-Lenkung, der untere den Blendschutz.

Die Steuerung der Antriebe erfolgt über das LONworks-Netzwerk. Als Regelgrößen gehen Lichtstärke, Sonnenstand, Windstärke und eine Zeitschaltung ein. Über die Regelung und Steuerung ist gewährleistet, dass das System nutzerunabhängig die Funktionen Tageslicht-Lenkung, Blendschutz und Hitzeschutz in optimaler Weise erfüllt. Darüber hinaus kann der Nutzer die Automatik über individuelle Bedienelemente an seine persönlichen Bedürfnisse anpassen.

Bei der Planung des Kunstlichts wurde darauf geachtet, dass keinerlei Niedervolt-Beleuchtung zum Einsatz kam, um die negativen Auswirkungen durch Elektrosmog zu vermeiden. Eingesetzt wurden Spektral-Leuchten, die ein weißgelbliches, tageslichtähnliches Licht erzeugen. Diese wiederum sind an ein System angeschlossen, mit dem der Einzelne aus drei Farbvarianten seine individuelle Beleuchtung auswählen kann.

Die komplette Beleuchtungstechnik ist regelungs- und steuerungstechnisch ebenfalls in die Hausleittechnik integriert. Durch diese Integration ist eine Abstimmung des Kunstlicht-Einsatzes mit der Tageslicht-Lenkung und Blendschutz-Funktion der Verschattungstechnik gegeben. Ebenso gestattet sie ein komfortables Abrufen von Lichtszenerien für unterschiedliche Bürosituationen (Bildschirmarbeit, Schreibtischarbeit, Präsentation, Gespräch etc.). Eine besondere Attraktion stellen die einprogrammierten Lichtspiele dar, in die Gartenbereich, Laubengänge und Glaskuppelbereich effektvoll integriert sind. Bei der technischen Lösung hat man sich aus Gründen der Wohngesundheit für Halogentechnik (50 Hz) entschieden.

Hausleittechnik (LON-Bustechnik)
Die gesamte Haustechnik kann nur dann einen adäquaten Beitrag für das ganzheitliche menschliche Büro leisten, wenn alle technischen Funktionen intelligent miteinander verbunden sind. Im Arche-Büro wurden die wesentlichen Haustechnik-Einheiten aus Heizung, Lüftung, Verschattung und Beleuchtung auf der Basis der LONworks-Technologie miteinander verknüpft.

Im Meditationsraum während der Arbeitszeit entspannen

Durch verschiebbare Schrankelemente und mobile Tische lässt sich in kurzer Zeit aus Büroeinheiten ein großer Konferenzraum erstellen.

Kontakte melden den Öffnungszustand der Fenster und nehmen direkt Einfluss auf die Regelung der Heizung und Lüftung. Der Eingangstür-Kontakt sorgt dafür, dass der Schließzustand der Haustür als Regelgröße einfließt. In Kombination mit den Fensterkontakten und Bewegungsmeldern entsteht somit ein effizientes Alarmanlagen-System. Der Alarm wird automatisch ausgelöst. Über das LON-System wird an der Eingangstür eine Zutrittskontrolle realisiert: Sie öffnet sich über ein passives Transponder-System automatisch und identifiziert die Berechtigung der eintretenden Person.

Die Einzelraumregelung verzahnt Verschattung, Kunstlicht und Heizung miteinander. Hierbei reagiert die Heizung sofort auf Wärmeerträge, die sich aus dem Kunstlicht-Einsatz und der Tageslicht-Erwärmung ergeben. Umgekehrt wird dem System mitgeteilt, wenn Hitzeschutz (Verschattung geschlossen) beziehungsweise Energiegewinn (Verschattung offen) Vorrang haben.

Bei einer Aktivierung der Brandmeldeanlage werden verschiedene Aktionen in Gang gesetzt. So werden unter anderem die Lüftungsanlage abgeschaltet, die Ausgänge entriegelt und die Brandmeldung auf die Fernmeldeanlage geschaltet.

Über eine multifunktionale Kommunikationsbox besteht die Möglichkeit, via (Funk-)Telefon oder externem Computer von außen mit der Leittechnik des Bürogebäudes zu kommunizieren. So lassen sich die Zustände des Gebäudes, der Heizung, der Beleuchtung etc. abfragen und steuern. Auch Service-Dienstleistungen wie ein externer Sicherheitsdienst, Fernauslese von Strom, Energiemanagement etc. sind einfach und komfortabel möglich.

Die Rechner sind in schallisolierten, nahezu luftdichten und gegen Elektrosmog geerdeten Holzcontainern platziert. In solch einem Container befindet sich ein Luft-Wasser-Wärmetauscher, der die Lüftungswärme (Abluft) der Computer mittels des Wärmetauschers in Heizenergie umwandelt. Der Wärmetauscher gibt über ein Leitsystem die so erzeugte Wärme an den Wasserspeicher weiter und erwärmt dadurch das Brauchwasser des gesamten Gebäudes; die Leistung beträgt 1 KW aus sieben Rechnern. Die Abluft der Computer gelangt nicht in die Arbeitsräume, sondern wird in den Containern direkt abgeführt. Auch eine Überhitzung des Büroraumes wird so vermieden. Die Raumluft bleibt schadstofffrei und führt zu einem spürbar besseren Raumklima.

Die unternehmerischen Vorteile der Bürokonzeption

Das Bürogebäude kann jederzeit vergrößert oder im Grundriss verändert werden. So eignet es sich für Wachstums-Branchen mit stetig steigendem Platzbedarf, aber auch für das mittelständische Handwerks-Unternehmen, das sich unkompliziert baulich verändern kann. Dadurch können unterschiedliche Arbeitsplatz-Bedürfnisse berücksichtigt werden. Auch eine Mehrfachnutzung von Räumen ist problemlos möglich. Dadurch verringert sich der Finanzeinsatz für den Unternehmer deutlich.

Auf den ersten Blick ist erkennbar, dass dieses Bürogebäude anders ist und somit auch das Unternehmen von Engagement für die Mitarbeiter, von Innovationsfreudigkeit sowie von einem persönlichen, unvergleichlichen Führungsstil geprägt ist. Kleine gastliche Oasen vermitteln dem Besucher ein Gefühl des Willkommen-Seins. Der Besucher eines Unternehmens, der sich angenommen fühlt, zeigt sich in jedem Fall kooperativer; eine emotionale Verbindung zwischen Unternehmen und Gast ist wesentlich schneller und unmittelbarer hergestellt. Mitarbeiter, die keinen «Sicherheits-Abstand» aufbauen müssen, sind eher zu einer Identifizierung mit dem Unternehmen bereit; eine geringere Fluktuation der Belegschaft ist die Folge.

Dadurch, dass der Mensch bei allen Überlegungen im Mittelpunkt steht, findet sich der Arbeitnehmer in einem humanen Umfeld wieder und wird sich auch selbst humaner verhalten, das heißt Faktoren wie zum Beispiel Mobbing werden von vornherein reduziert. Der arbeitende Mensch wird nicht nur als Leistungsträger betrachtet, sondern als ganzheitliches Wesen mit zum Teil durchaus archaischen Bedürfnissen, die im Arbeitsleben wie auch im Privaten erfüllt werden müssen. Der Arbeitnehmer empfindet die Wertschätzung seitens des Arbeitgebers und fühlt sich angenommen und respektiert. Die Folge ist eine gesteigerte Motivation und größere Leistungsbereitschaft.

Ökologische und baubiologische Aspekte dienen der Gesundheit und fördern ein positives, unbelastetes Raumklima. Auch die Innenausstattung bis hin zur Möblierung ist nach ökologischen und baubiologischen Kriterien konzipiert. Sämtliche Einrichtungen, Farbgestaltungen, Pflanzungen, Materialien, Licht, Ton, Duft entsprechen dem neuesten Wissen um Gesundheit, Psychologie und Soziologie. Auf bewusster wie auf unbewusster Ebene wird der Mensch in seinen Bedürfnissen respektiert, wobei die unbewusste Resonanz, in die Arbeitnehmer wie Besucher kommen, wesentlich entscheidender ist. Nicht nur durch ein motivierendes Arbeitsumfeld, sondern auch ganz pragmatisch durch wohngesunde Bedingungen fühlt sich der Arbeitnehmer wohl und bleibt gesünder. Eine deutliche Reduzierung von Krankheitstagen ist die Folge. Das Arche-Büro hat einen engen Bezug zur Natur; durch verschiebbare Glasfassaden und barrierefreien Übergang zwischen Innen- und Außenbereich kann der Schreibtisch auch auf die Terrasse bewegt werden. Die Arbeit wird mit Freude an der Natur und Sonnenschein verbunden. Positiv sinnlich stimulierte Arbeitnehmer verhalten sich emotional intelligenter, kreativer, teamfähiger, leistungs- und entscheidungsfreudiger. Das sind genau die Attribute, die von modernen Arbeitspsychologen als notwendig und wünschenswert für den Erfolg eines Unternehmens betrachtet werden.

Feng Shui als «energetische Akupunktur» des Raumes ist eine Jahrtausend alte chinesische Wissenschaft. Das Berücksichtigen ihrer Aspekte gewährleistet einen harmonischen Energiefluss (Chi) im Gebäude, der in steter Wechselwirkung zum Menschen steht. Dadurch wird nicht nur das Wohlbefinden stimuliert, nach dieser Lehre können auch unternehmerisch wichtige Bereiche wie Wohlstand oder Kreativität gefördert werden.

Standort Erkheim/Deutschland
Bauzeit 2000
Bauherr BAUFRITZ, Erkheim
Entwicklung Gesamtkonzept Architektur und Design Andreas Weber, Weßling; BAUFRITZ, Erkheim
Projektgruppe Technik ERCO Leuchten, Lüdenscheid; NETWORK Consulting, Herrenberg; Prof. Dr. Schönemann, Winden; VISSMANN WERKE, Allendorf; ZAE Bayern, München; WINI BÜROMÖBEL, Coppenbrügge; Irene Fromberger PR, Germering; Hauptverband der Deutschen Holzindustrie, Bad Honnef; REKO Electronic, Marktheidenfeld; SPEGA GmbH, Duisburg; Winkler Kommunikationssysteme, Oberkochen
Grundfläche 15,55 x 15,55 m
Überbaute Grundfläche 242 m^2
Nutzfläche 380 m^2
Holzskelettbauweise Brettschichtholz Lärche
Stützachsmaß 477,5 cm
Isolierung Hobelspäne HOIZ
Elektrosmog-Schutzplatte XUND-E
k-Wert Wand 0,23
k-Wert Verglasungen 0,9
k-Wert Dach 0,21
Dachneigung 8°

BRÜCKENBAU

Bürotrakt in Roggwil / Schweiz

Architekten: Inauen & Partner

Die Neugliederung eines Betriebes zur Herstellung von hochwertigen pflanzlichen Heilmitteln in drei Reinlichkeitszonen, die aufgrund von Vorschriften nötig wurde, erforderte eine Umorganisation des Material- und Personalflusses. Ein kontrollierbarer Personalübergang in die nächste reinere Zone war nur mit einer neuen zentralen Funktionseinheit lösbar. Dieser Lösung stand der in der Mitte gelegene, dreiseitig umbaute Umschlaghof im Weg, der nicht verlegt werden konnte. Als möglicher Standort kam somit nur der Luftraum über dem Hof in Frage. Dieser ungewöhnliche Bauplatz wird von drei Baukörpern umschlossen. Die Unterkante des Neubaus musste mindestens 4,50 m über dem Bodenniveau liegen, damit der LKW-Verkehr unbehindert bleiben kann. Die erforderliche neue Nutzfläche war mit 700 m² vorgegeben. Die Spannweite über den Hof beträgt rund 20 m. Diese standortbedingten Vorgaben verlangten eine besondere Lösung, wobei die Idee einer Brückenbauweise in Holzkonstruktion rasch gefunden wurde und der architektonische Entwurf dafür zwangsläufig auch eine statische Lösung beinhalten musste.

Eine Brücke als Verbindung

Eine Brücke als verbindendes Element konnte die funktionellen Anforderungen, nämlich die Verbindung zwischen Verwaltungsbau, Produktion und Lager, erfüllen. Gestalterisch kann sie zwischen den aus verschiedenen Zeiten stammenden Baukörpern vermitteln und die Verbindung zwischen «Kopf» (Verwaltung) und «Hand» (Produktion und Lager) des Unternehmens herstellen.

Die Grundform ergab sich fast von alleine aus den räumlichen Begrenzungen in Verbindung mit der gewünschten Fläche: ein zweigeschossiger Kubus, etwa 7 m hoch, 20 m breit und 16 m tief. Das Tragwerk wurde zum Hauptthema der architektonischen Aussage. Sichtbar nach innen und außen überspannen drei 7 m hohe Fachwerke den Hof. Der klar definierte Baukörper steht als scharf geschnittener Kubus auf sechs Säulen. Zurücktretende, verspiegelte Übergangsbereiche verbinden ihn funktionell mit den umliegenden Betriebseinheiten. Die Fachwerke verbinden darüber hinaus die beiden Obergeschosse des Neubaus und geben dem Baukörper eine Einheit in der Höhe und eine Maßstäblichkeit, die sich von den umliegenden Bauten klar abhebt und Eigenständigkeit dokumentiert. Diese Wirkung wird durch eine Vorfassade aus Glas nochmals verstärkt. Die dadurch erzielte Offenheit steht im direkten Bezug zur Offenheit des Unternehmens und dessen Bezug zur Öffentlichkeit und zur Natur. Die Firmenphilosophie (der Unternehmensgründer hatte die Natur und die natürlichen Stoffe ins Zentrum seines Wirkens gestellt) wird mit dem Einsatz von natürlichen Materialien exemplarisch umgesetzt und konsequent weitergelebt. Dieser Logik folgend wurden alle Tragelemente aus Holz gebaut und, soweit möglich, nach innen und außen sichtbar belassen und somit erlebbar gemacht.

Lösung aus Holz

Die frühzeitige Einbeziehung des Holzbauingenieurs in die Planung und die klare Definition der Vorgaben waren die ideale Ausgangslage für eine enge und fruchtbare Zusammenarbeit. Aus einer Varianten- und Machbarkeitsstudie entsprang die Lösung der drei großen Holzfachwerke mit 20 m Spannweite und 7,50 m Höhe. Holzträger und Verbundelemente (Hohlkastenträger) verbinden die Fachwerke und bilden Böden, Decken und Wände. Witterungsschutz, Wärme-, Schall- und Brandschutz sind

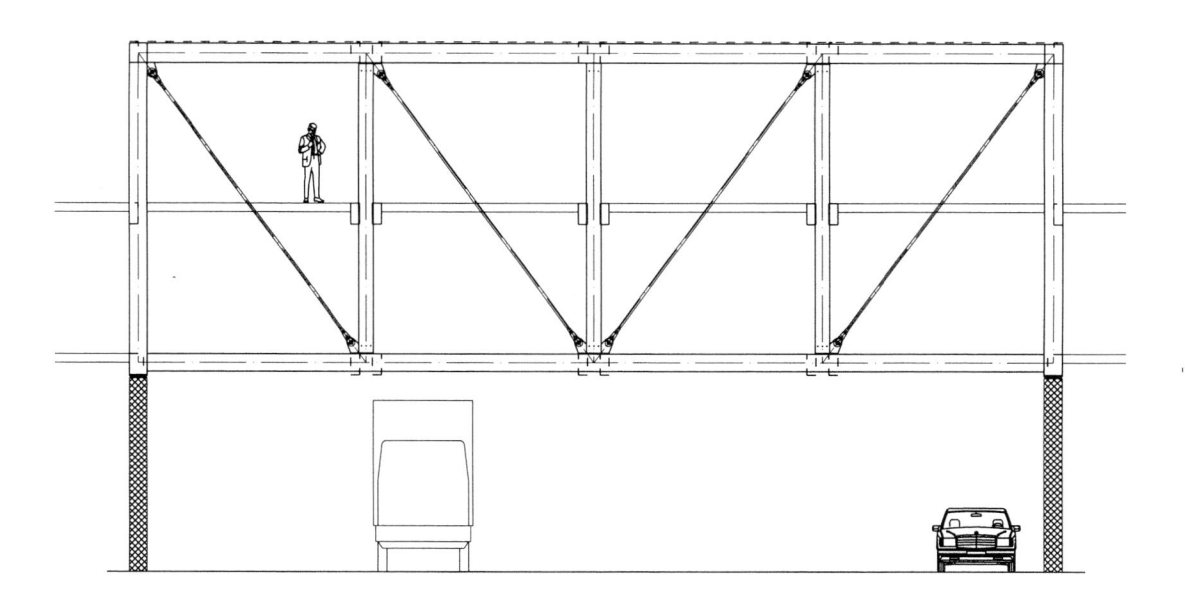

Querschnitt Tragwerk

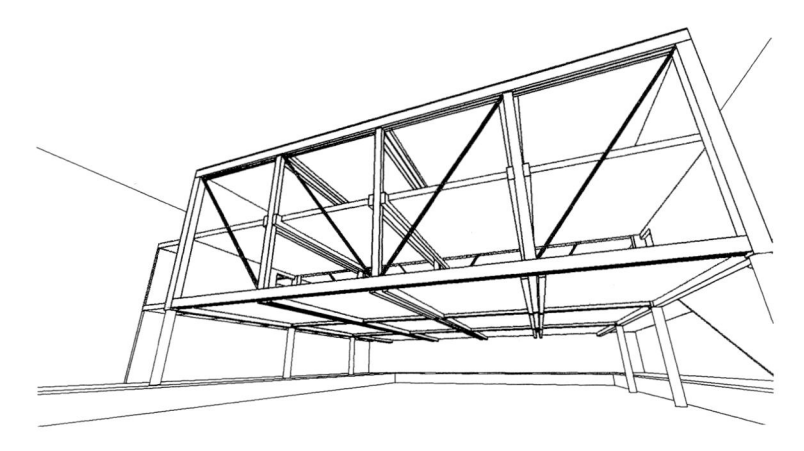

Computersimulation Gesamtansicht Tragwerk

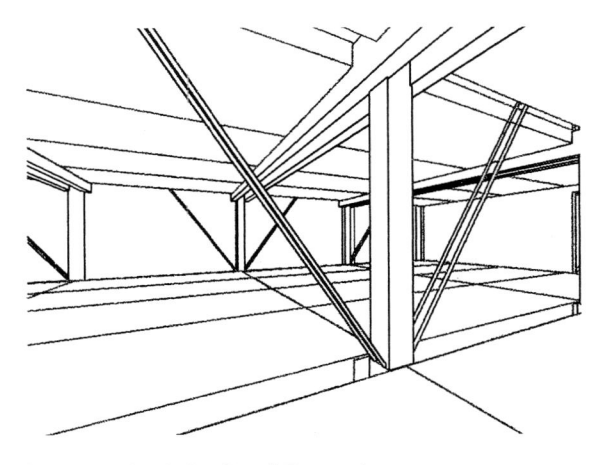

Computersimulation Detail Tragwerk

bei Holzbauten entscheidende Aspekte. Hier ist die gesamte Holztragkonstruktion vom gläsernen Gebäudemantel eingepackt: Die vorgesetzte Glasfront ist Witterungs- und Lärmschutz zugleich. Der durchdachte Deckenaufbau schützt vor Tritt- und Luftschall.

Kräfte bis 200 Tonnen wirken auf die am stärksten belasteten Holzbauteile. Im heutigen Ingenieurholzbau stehen dazu leistungsfähige Holzwerkstoffe zur Verfügung. So sind die linearen, tragenden Bauteile wie Pfosten, Balken und Gurte aus Brettschichtholz unterschiedlicher Sortierung und Festigkeit entsprechend den Anforderungen gefertigt. Die Decken bestehen aus Verbundelementen aus 200 mm hohen Vollholzrippen mit beidseitiger Beplankung aus 27 mm dicken Holz-Dreischichtplatten. Diese so genannten Hohlkastenelemente sind nicht nur als Deckensystem statisch hoch wirksam, sondern dienen zusammen mit den entsprechenden Wandkonstruktionen auch der Aussteifung des ganzen Gebäudes. Aufgrund der Brückenbauweise musste dem Schwingungsverhalten der Decken und der gesamten Konstruktion besondere Bedeutung beigemessen werden. Neueste Erkenntnisse aus der Forschung bildeten die Grundlage für die Berechnung und die Dimensionierung. Das geringe Eigengewicht, ein berechenbares Brandverhalten und die Möglichkeit, gute schall- und wärmedämmende Konstruktionen erstellen zu können, unterstrichen hier außerdem die Wahl des Baustoffes Holz. Dazu kam der ökonomische Vorteil der verkürzten Bauzeit: der Rohbau war trotz schlechter Wetterbedingungen bereits nach vier Tagen fertig gestellt.

Aufstockung vorgesehen

Die schalltechnischen Bedingungen ließen sich in Kombination mit den Wärmeschutzanforderungen vorteilhaft lösen: Die Decke über der Durchfahrt wird von den LKW-Geräuschen unangenehm beschallt. Die mittlere Decke hat Tritt- und Luftschalldämmung zwischen Arbeitsbereichen zu leisten. Die Dachdecke muss Wärmeschutz bieten und zugleich eine unproblematische spätere Aufstockung zulassen. Das Dach wurde deshalb so geplant, dass mit geringem Aufwand ein drittes Geschoss aufgestockt werden kann. Hinsichtlich der Statik war das gesamte Bauwerk also für drei Geschosse auszulegen. Der Dachaufbau besteht aus Hohlkastenelementen, 120 mm Wärmedämmung und darüber aufgeständert einem leichten Holztragwerk mit flach geneigter, selbst tragender Blechdeckung.

Die «Bürobrücke» bietet pro Geschoss rund 320 m² Nutzfläche. Die Verbindung zwischen den Altbauten und dem Neubau erfolgt einerseits durch zwei außerhalb des Kubus liegende Gänge im unteren Geschoss, andererseits durch ein zweigeschossiges Treppenhaus, halb im Neubau integriert, halb im angrenzenden Altbau gelegen. Optisch treten diese Anschlüsse hinter den Hauptbau zurück, so dass er als freistehende Form wirkt. Innen hat das Gebäude einen offenen Grundriss, der lediglich in beide Geschosse durch einen Gang der Länge nach geteilt wird.

Wegen der großen Raumtiefen ist es notwendig, dass möglichst viel Licht in das Gebäudeinnere gelangt, gleichzeitig aber der LKW- und Lade-Lärm draußen gehalten werden. Die hauptsächlich beschallten Seiten sind trotzdem voll verglast. Zur Straßenseite hin sind Fassadenverglasung und Fenster in der Tiefe versetzt angeordnet. Zum Hinterhof liegt im ersten Geschoss der voll verglaste Flur vor den Büros, während das Obergeschoss ausschließlich durch Fenster belichtet wird. Die Einhaltung der Feuerwiderstandsklasse F 30 für die Konstruktion war kein Problem, da die Bauteile aus Holz diese ohne zusätzliche Maßnahmen erfüllen.

Die Überbauung eines Hofgeländes ohne Beeinträchtigung der Fahrbahnen ist mit dem leichten Baustoff Holz problemlos möglich. Dies zeigt dieses Beispiel aus der Schweiz. Es regt aber auch zum Nachdenken darüber an, wie vorhandene Bauplätze, auch wenn sie aus «Luftraum» bestehen, sinnvoll genutzt werden können.

Standort Roggwil / Schweiz
Bauzeit 1/2001 – 9/2001
Bauherr Bioforce AG, Roggwil
Architekten Inauen & Partner AG, St. Gallen
Tragwerksplanung Josef Kolb AG, Kesswil
Holzbau Kaufmann Holzbau AG, Roggwil
Nutzfläche 640 m²

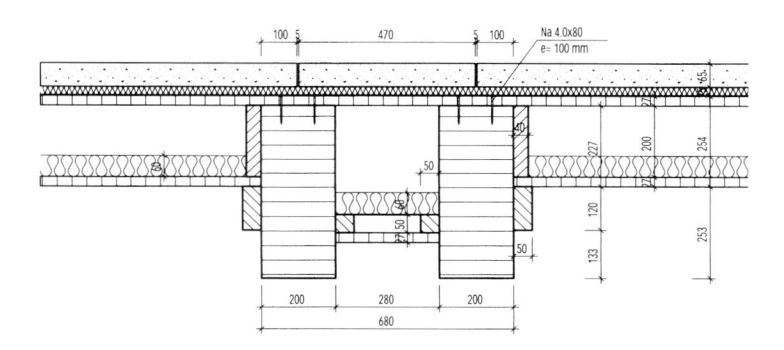

Deckenaufbau über dem 1. Obergeschoss

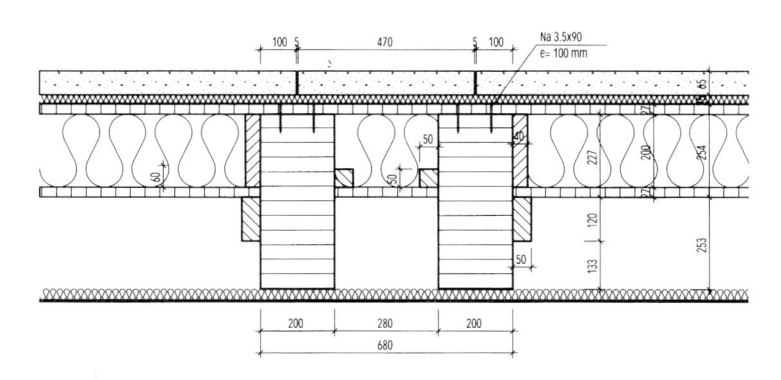

Detail Fußbodenaufbau (Decke über der Zufahrt)

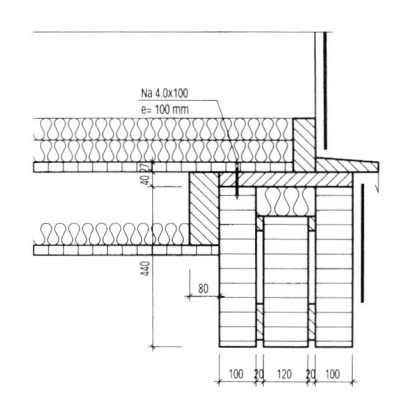

Ortgangdetail – Dachaufbau, zur Aufstockung vorbereitet

BÜRO UND VERWALTUNG

Aufzughersteller in Ebikon / Schweiz
MODULAR OFFICE
Kündig. Bickel Architekten

Mit dem Bürogebäude für die Mitarbeiter der Forschungs- und Entwicklungsabteilung auf dem Areal eines Unternehmens für Aufzugbau konnten die theoretischen Überlegungen der Planer, mehrgeschossig in vorgefertigter Holz-Modulkonstruktion zu bauen, zum ersten Mal in die Realität umgesetzt werden. Die Vorteile des innovativen Aufzugsystems des Bauherrn, das sich speziell für Gebäude in Leichtbaukonstruktion eignet, sollten in diesem industriell gefertigten, dreigeschossigen modularen Holzgebäude auf direkte Art veranschaulicht und demonstriert werden.

Entwurfsplanung
Durch die Zusammenarbeit der Architekten mit dem Holzbauunternehmen sowie den maßgeblichen Fachplanern bereits in der Vorplanungsphase und ihrer langjährigen Auseinandersetzung mit modularen Bauweisen konnte das Gebäude in sehr kurzer Zeit ausführungsreif geplant werden. Im Gegensatz zum konventionellen Bauprozess mussten nahezu die gesamten Planungsarbeiten bei Produktionsbeginn der Zellen abgeschlossen sein.

Die handwerkliche Methode des kontinuierlichen Bauens, deren Planung und Steuerung ein Prozess während der gesamten Bauphase ist, wurde in diesem Projekt durch das Zusammensetzen industriell gefertigter und konstruktiv standardisierter Gebäudekomponenten ersetzt. Der Lift und die Klimaanlage wurden auf die gleiche Art eingesetzt wie die Holz-Module, wodurch sich die konzeptionellen Unterschiede der verschiedenen Gebäudeteile auflösten. Serie und Addition sind Konsequenzen dieser Methode.

Maßgebend für den Entwurf war deshalb die Frage, wie der primär serielle Charakter eines solchen Gebäudes mittels architektonischer Maßnahmen zu einer neuen Ganzheit verändert werden kann, oder wie das standardisierte Modulsystem mit seinen konstruktiven und geometrischen Gesetzmäßigkeiten an die spezifischen Gegebenheiten der Aufgabe angepasst werden könnte.

Architektur und Programm
Wichtigstes Element dieses Projektes ist der dreigeschossige zentrale Luftraum, der das große Gebäude durch die vertikale Durchdringung strukturell organisiert. Das Licht als architektonisches Mittel inszeniert den Raum, der für den Unternehmer und sein Produkt zur Demonstrationsplattform wird. In der Mittelachse steht, als Begrenzung des Lichthofs an der einen Seite und flankiert von den Medien-Steigschächten das Produkt: der Aufzug. Auf der gegenüberliegenden Seite sind die Aufenthaltszonen der Mitarbeiter. Um den Lichthof organisiert, befindet sich die Erschließungszone für die 200 m^2 großen Büroeinheiten. Diese waren ursprünglich zum Lichthof hin offen und als Großbüros konzipiert, wurden später jedoch mit einem mobilen Trennwandsystem in kleinere Einheiten unterteilt.

Die Treppenhäuser wurden aus Brandschutzgründen modular in Stahlkonstruktion erstellt. Alle anderen Raumzellen sind in reiner Holzbauweise mit einer integrierten Sprinkleranlage als Brandschutzmassnahme ausgeführt.

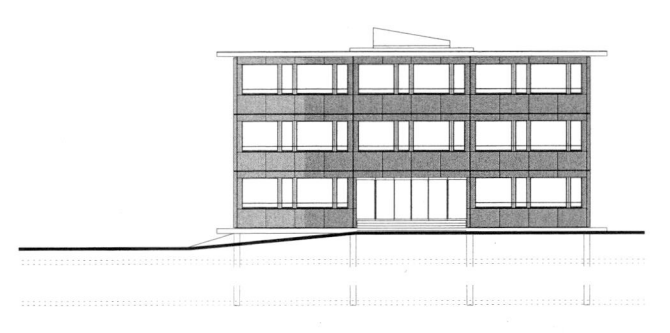

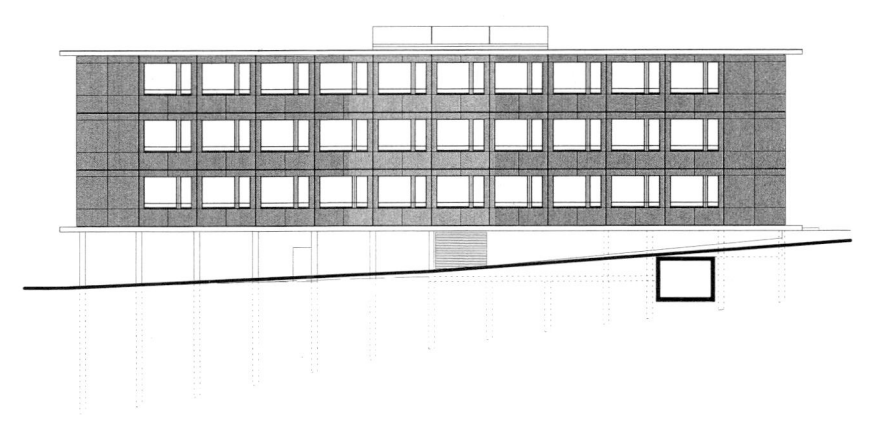

Ansicht Südfassade

Ansicht Westfassade

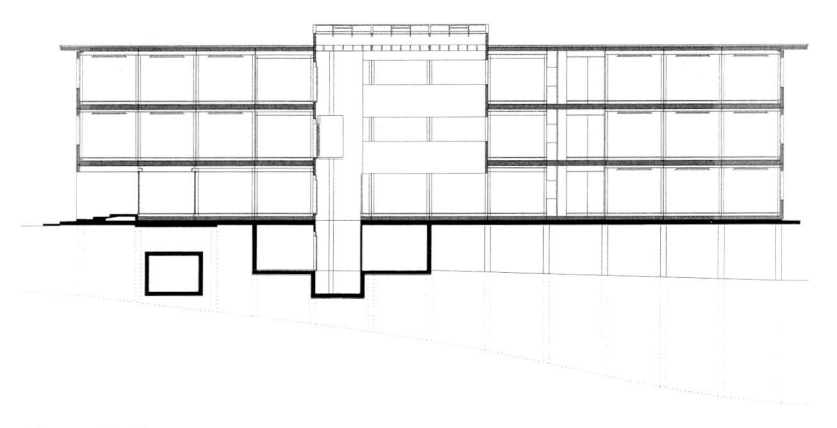

BÜRO UND VERWALTUNG

Längsschnitt

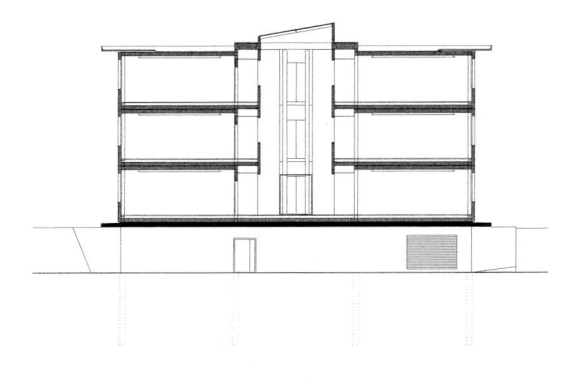

Querschnitt

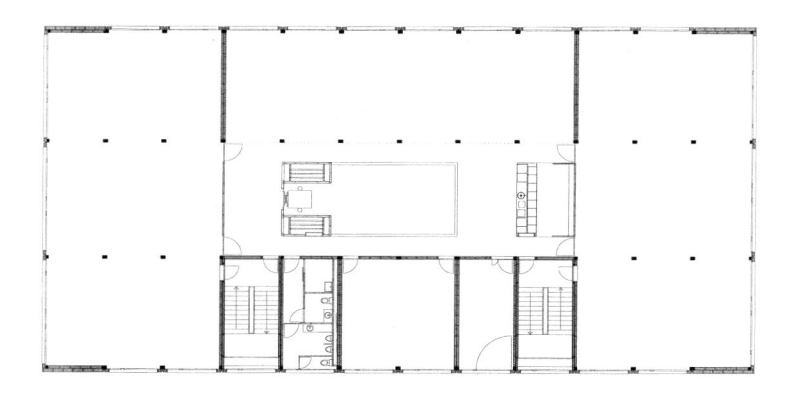

Grundriss 1. und 2. Obergeschoss

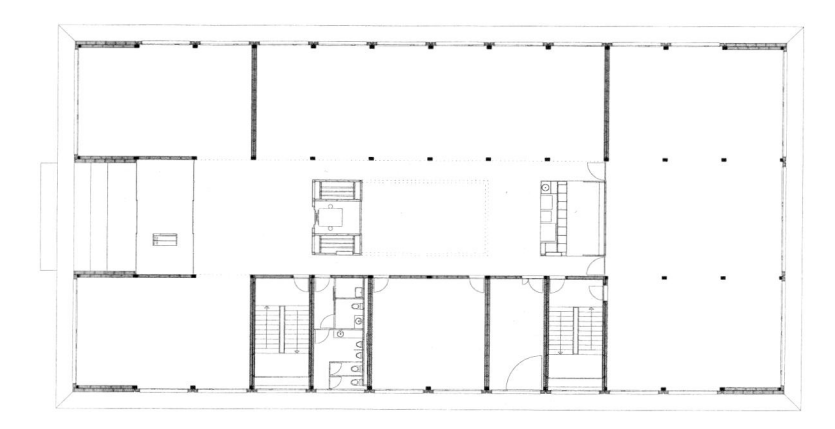

Grundriss Erdgeschoss

Struktur und Typologie

Das Gebäude steht auf einer Betonplatte, die als vermittelndes Element den Anschluss zum abfallenden Gelände schafft. Die darauf aufgebaute dreibündige Anlage ist an den beiden Längsseiten aus Raumzellen errichtet. Den inneren Bereich überspannen Holzplatten, die an den Modulen angehängt sind. Durch das Weglassen der Geschossböden in der Mitte wird das konventionelle Gebäude in ein Innenhof-Haus verwandelt. Der dadurch entstehende Lichthof wird zum architektonischen, konstruktiven und erschließungstechnischen Zentrum des ganzen Bauwerks.

An den Innenhof angrenzende Module besitzen eine vorspringende Bodenplatte, die eine Erschließungszone bildet. Der Platz unter diesen auskragenden Platten wird für die horizontale Verteilung der Sprinkleranlage und die Zuleitung zu den Installationen sowie zur Rückführung aus den Zellen genutzt. Die gesamte Tragkonstruktion des Gebäudes wurde mit unverkleideten Holzstützen und -trägern ausgeführt. Für die nicht hinterlüftete Fassadenverkleidung wurde wetterfestes Okoumé-Sperrholz eingesetzt.

Verbindungen

Mit speziell entwickelten Stahlteilen wurden die Module passgenau aufeinander gesetzt und die statisch wirksamen Verbindungen hergestellt. Diese Stahlteile verbinden die Böden und Deckenelemente jeder Raumzelle mit den Holzstützen, so dass Zugkräfte innerhalb des Moduls übertragen werden können. Die gleichen Verbindungspunkte wurden außerdem zur Anhängung an den Montagekran, zur Befestigung der Module auf der Fundamentplatte und zur Fixierung des Daches verwendet. Mit dieser einfachen Verbindungstechnik können die Module wieder von einander gelöst, vollständig abgebaut und an einem anderen Ort erneut aufgebaut werden.

Vorfertigung

Raumzellen haben den Vorteil, dass sie beinahe vollständig ausgebaut auf der Baustelle montiert werden können. So wurden bei diesem Projekt die einzelnen Module mit elektrischen Installationen einschließlich der Steuerung, mit der Deckenbeleuchtung, der Sprinkleranlage und den festen Trennwänden fertig montiert und endbehandelt auf der Baustelle angeliefert.

Der Brandschutz wird durch eine Sprinkleranlage sowie eine Brandmeldeeinrichtung gewährleistet. Kernstück der Haustechnik ist ein Doppelboden, der einerseits als Druckkammer für die Verteilung der Zuluft dient und andererseits eine große Flexibilität für die Verlegung der Installationen zu den Arbeitsplätzen gewährleistet. Dieser Doppelboden und die Medieninstallationen wurden in die beinahe vollständig vorgefertigten Raumzellen direkt vor Ort auf der Baustelle eingebaut.

Stoß zweier Raumzellen mit Anschluss an Holzstützen

Standort	Ebikon/Schweiz
Bauzeit	7/1998 – 1/1999
Bauherr	Schindler Aufzüge AG, Ebikon
Architekten	Kündig. Bickel Architekten ETH SIA BSA, Zürich
Projektleitung	Markus Kummer
Mitarbeit	Lukas Walpen, Guido Schnegg
Tragwerksplanung Holzbau	Merz + Kaufmann, Lutzenberg. Gordian Kley, Bruno Ludescher
Tragwerksplanung Stahlbetonbau	Mühlemann & Partner, Ebikon. Richard Nufer
Planung Heizung	Lüftung, Klima: Gallusser + Partner, St. Gallen
Planung Elektro	Elektro Wey, Luzern, Xaver Husmann
Planung Sanitär	Anton Wyss, Luzern
Planung Akustik und Bauphysik	Wichser AG, Dübendorf, Michael Herrmann
Generalunternehmer	Bauengineering AG, Altenrhein. Peter Mettler, Stefan Rausch
Holzbau	Erne AG Holzbau, Laufenburg

Verwaltungsgebäude in Stainach/Österreich
LANDGENOSSENSCHAFT

Architekten: Herwig und Andrea Ronacher

Die Vorgabe der Bauherrschaft, ein neues Verwaltungsgebäude in Holzbauweise zu errichten, stellte für die Architekten eine interessante und reizvolle Aufgabe dar. Gleichzeitig bedeutete die Forderung nach einem ebenerdigen Verwaltungsgebäude im bestehenden städtebaulichen Umfeld mit überwiegend mehrgeschossiger Bebauung in Massivbauweise zunächst auch eine nahezu unbewältigbares Problem.

Städtebauliche Situation
Die Lösung lag schließlich darin, unterhalb der gesamten Bürofläche eine Tiefgarage zu errichten, die durch die natürliche Höhendifferenz von etwa einem Geschoss zwischen Straßenniveau und Höhenlage des Grundstücks an der Hauptfront im Süden optisch bestimmend in Erscheinung tritt. Zusätzlich wurde der Bereich der Fensterbrüstung an der Südseite des Bürogeschosses in einer Fläche mit dem Basisgeschoss der Tiefgarage in Stahlbeton errichtet.

Durch diese bauliche Maßnahme erscheint das Gebäude in seiner Hauptansicht von Süden zweigeschossig. Der Vorgabe, das Verwaltungsgebäude ebenerdig anzulegen und in reiner Holzbauweise zu errichten, stand somit nichts mehr im Weg. Lediglich die Kerne der Nassräume und des Treppenhauses sowie die ostseitigen Abschlüsse der Bürotrakte durch eine hochgezogene Brandmauer aus Stahlbeton sollten sich nach außen hin von der Holzskelettbauweise absetzen.

Funktionale Lösung
Die Landgenossenschaft stellte ein Raum- und Funktionsprogramm zur Verfügung, auf dessen Basis das Konzept einer Gesamtlösung für zwei Bauabschnitte, das heißt mit zwei Gebäudeteilen, mit zentral liegendem Eingangsbereich verfolgt wurde.

Die beiden Bürotrakte werden getrennt erschlossen, können aber auch über einen der Gänge miteinander verbunden werden. Die zweihüftige Büroanlage besitzt außen liegende Büroräume und innen liegende, durch Höfe ausreichend belichtete gemeinschaftlich nutzbare Funktionsräume. Die Sekretariate zum Beispiel sind zum Empfangsbereich hin offen oder halboffen und durch ihre zentrale Lage von allen Büros auf kurzem Weg erreichbar. Ihnen liegen jeweils am Ende des Mittelbereiches Sitzungsräume gegenüber. Zwischen den vier Kernbereichen mit Zeltdächern, unter denen die Sekretariate und Sitzungsräume angeordnet sind, befinden sich drei Lichthöfe, deren mittlerer den Eingangsbereich bildet.

Baukörperfindung
Die Ausformung des Gesamtbaukörpers folgt weitgehend der inneren räumlichen Konzeption. Der Baukörper besteht aus einfachen, nach außen symmetrisch fallenden Pultdächern im Bereich der Büroräume sowie Zeltdächern im Kernbereich über den Sekretariaten und Sitzungsräumen.

Durch diese Baukörperausformung war es möglich, differenzierte und charakteristische Innenraumprofile wie das Pyramidendach sowie die Primärholzkonstruktion in allen Räumen sichtbar zu belassen und in die Innenraumgestaltung miteinzubeziehen. Damit entstand eine Dachlandschaft, die durch das Prinzip der Entwässerung nach außen hochbautechnisch problematische Punkte ausschließt.

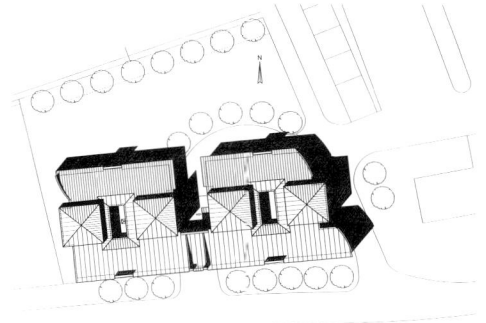

Aufsichtsplan

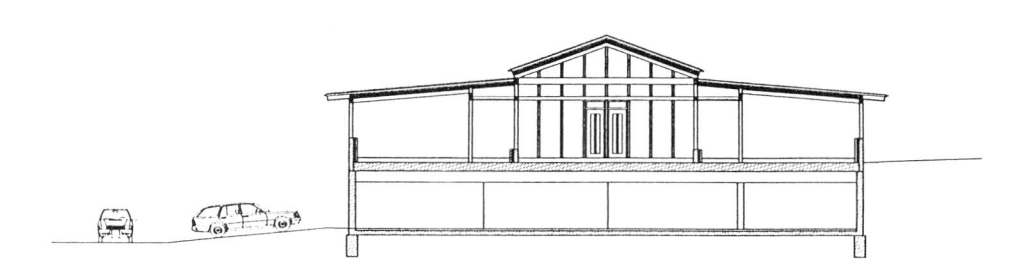

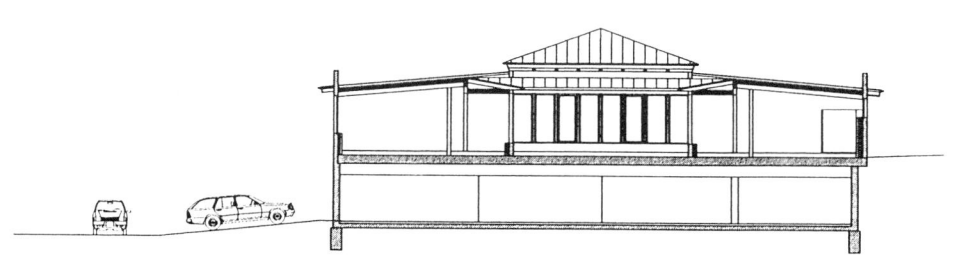

Schnitte

163

Konstruktion

Mit Ausnahme des Tiefgaragengeschosses sowie einzelner Bauteile im Erdgeschoss wie die östlichen Abschlusswände und die Nasszellenbereiche, die in Stahlbetonbauweise beziehungsweise als Ziegelmauerwerk errichtet wurden, besteht der gesamte Baukörper aus einer Holzskelettkonstruktion mit einem Stützenachsraster von 1 m.

Alle Holzbauteile wie Stützen, Pfetten, Dachsparren sind aus brettschichtverleimtem Holz hergestellt und bleiben im Raum sichtbar. Die gesamte Dachkonstruktion wurde mit einer doppelten Sparrenlage ausgeführt, um eine durchgehende Wärmedämmlage zu erhalten, wodurch die Konstruktion im Innern sichtbar gestaltet werden konnte. Die obere Sparrenlage bleibt nur im Bereich der Vordächer erkennbar und wurde aus kerngetrennten Kanthölzern hergestellt.

Ausbau

Im Innenausbau wurden grundsätzlich sowohl bei den Wandflächen als auch bei den Dachuntersichten Dreischichtholzplatten mit gewachster Oberfläche eingebaut. Dabei kamen größtenteils Fichtenholzpaneele zum Einsatz, vor allem in den Gangbereichen, der Empfangshalle und in den Büros. Das große Besprechungszimmer wurde komplett in Lärchenholz ausgeführt. Übergeordnete Büroräume wurden in anderen heimischen Laubhölzern wie Buche, Ahorn, Birke und Erle getäfelt. Als Böden wurden Lamellenparkettböden, vorwiegend in Esche, teilweise jedoch passend zu den Wandvertäfelungen in Buche und Ahorn eingesetzt. Die Möblierung wurde aus Fichtenholz, teilweise auch passend zu den Wandpaneelen in Buche, Ahorn, Erle und Birke, ebenfalls individuell geplant und auf das Raster der Primärkonstruktion abgestimmt.

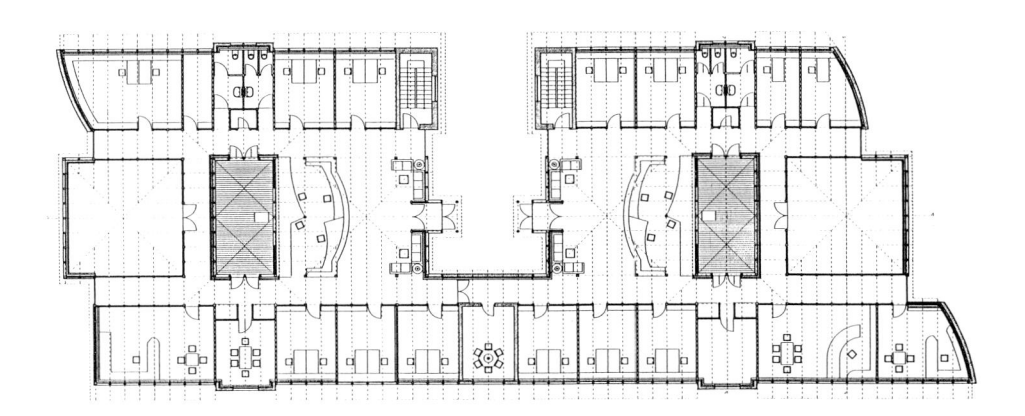

Grundriss Gesamtgebäude

VERWALTUNGSGEBÄUDE, STAINACH

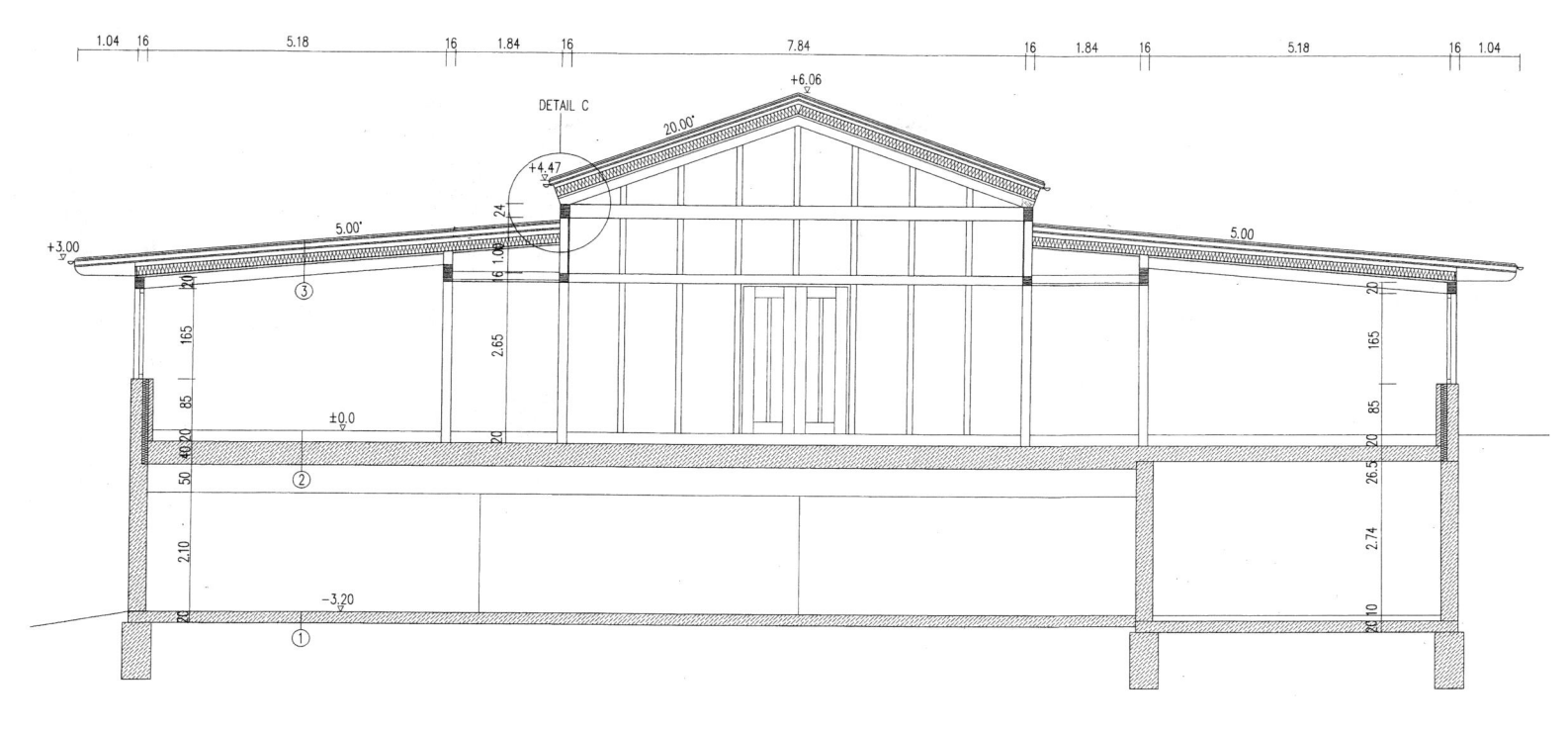

Querschnitt Konstruktion

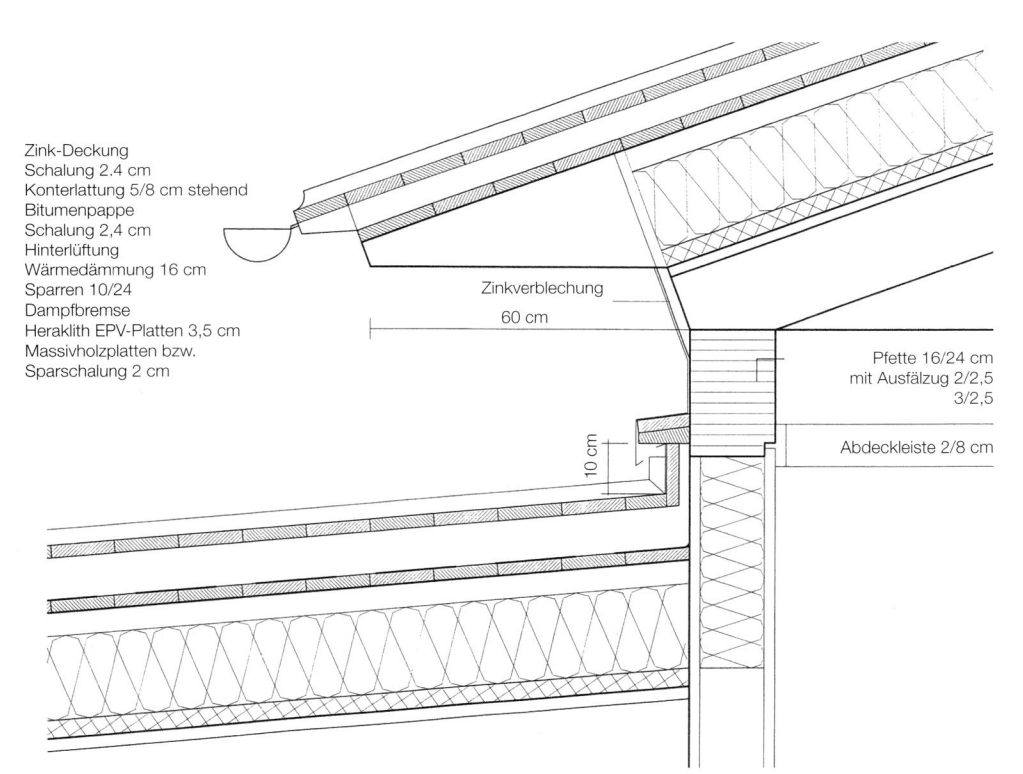

Detail C

Zink-Deckung
Schalung 2,4 cm
Konterlattung 5/8 cm stehend
Bitumenpappe
Schalung 2,4 cm
Hinterlüftung
Wärmedämmung 16 cm
Sparren 10/24
Dampfbremse
Heraklith EPV-Platten 3,5 cm
Massivholzplatten bzw.
Sparschalung 2 cm

Zinkverblechung
60 cm

Pfette 16/24 cm
mit Ausfälzug 2/2,5
3/2,5

Abdeckleiste 2/8 cm

Standort	Stainach/Österreich
Bauzeit	1994–1995
Bauherrschaft	Landgenossenschaft Ennstal
Architekten/Tragwerksplaner	Dipl.-Ing. Dr. Herwig Ronacher und Dipl.-Ing. Andrea Ronacher, Hermagor
Umbauter Raum	2720 m³
Bruttogeschossfläche	690 m²
Nutzfläche	560 m²

Acton Johnson Ostry Architects

ANGEDOCKT
Stahlfederfabrik in Surrey / Kanada

Ein Hersteller schwerer Stahlfedern musste den Betrieb aus Platzgründen aus dem Innenstadtkern von Vancouver, British Columbia, in ein vorhandenes Gebäude im benachbarten Surrey verlegen. Um einen optimalen Betrieb zu gewährleisten, wurde es außerdem notwendig, einen zweigeschossigen Trakt anzubauen. Der Unternehmer forderte von den Architekten, dass sie dieses Gebäude als Ausdrucksmittel der Corporate Identity des Unternehmens mit einem Etat von maximal 250 000 kanadischen Dollars bauen sollten.

Um den zweigeschossigen Verwaltungstrakt in dem festgesetzten Etat realisieren zu können, konzipierten die Architekten einen Holzrahmenbau. Damit konnten sie die Kosten sogar unter das Limit senken. Die tatsächliche Bausumme betrug schlussendlich 200 000 kanadische Dollar. So ist der Anbau ein Beispiel für preiswerte Architektur, die dennoch als Mittel des firmenspezifischen Corporate Designs gesehen werden kann. Der rechteckige Kubus, der an die vorhandene Bebauung angesetzt wurde, wirkt als Visitenkarte des Unternehmens zur Straße. Das abfallende Dach und ein vorstehendes Treppenhaus lockern den zweigeschossigen Baukörper gestalterisch auf, ebenso die Verwendung verschiedener Fassadenmaterialien, nämlich schwarzes und gelbes Sperrholz sowie rotes Wellblech. Der Haupteingang ist durch einen Sperrholzbaldachin gekennzeichnet.

Den Blickfang im Innern des Gebäudes bildet eine Stahltreppe, welche die zwei Stockwerke des Verwaltungsbereichs verbindet. Die Konstruktion dient als Ausstellungsobjekt der eigenen Produkte: Die Treppe hängt an einer Federaufhängung und ist außerdem auf Kompressionsfedern aufgelagert. Das Geländer besteht ebenfalls aus Stahlfedern. Die Wände des Treppenhauses sind mit Ahorn furnierten und farblos lackierten Sperrholztafeln bekleidet. Die Böden wurden mit grünen Fliesen belegt, die Wände sind weiß gestrichen, wobei einzelne Teile Akzentfarben in Rot und Gold aufweisen.

Standort Surrey B.C./Kanada

Bauzeit 1996

Bauherr Dendoff Springs Ltd., Surrey

Architekten Acton Johnson Ostry Architects Inc., Vancouver B.C.

Tragwerksplanung Fast + Epp, Vancouver B.C.

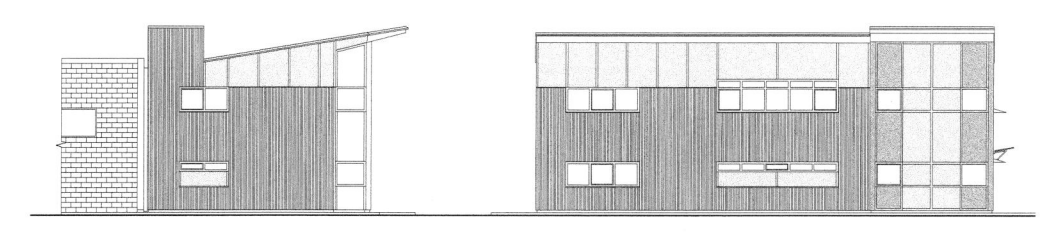

Nordwestansicht

Südwestansicht

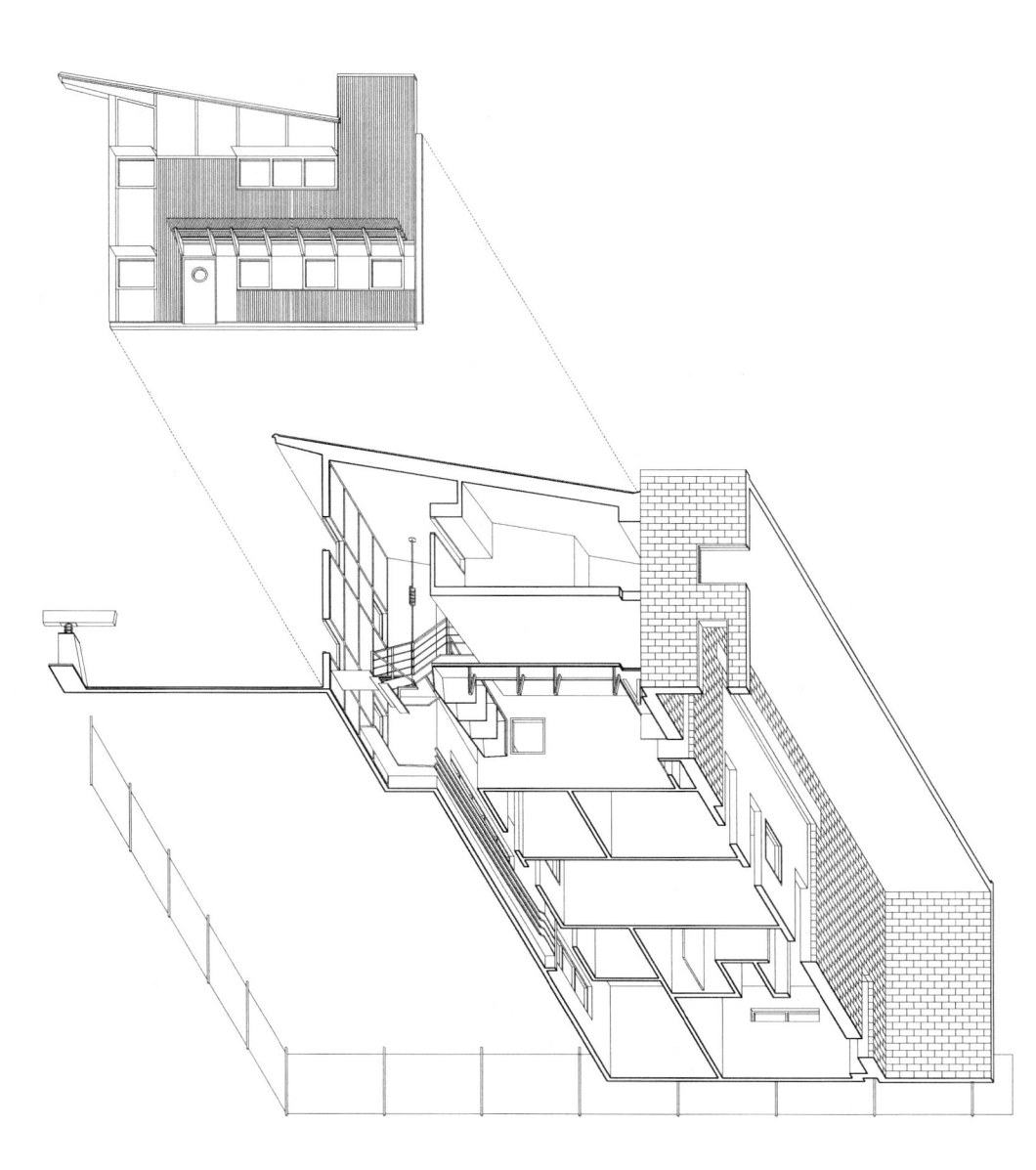

STAHLFEDERFABRIK, SURREY

Index

A
Abbrandgeschwindigkeit 42
Absorbe 103
Ahorn 54, 164, 166
Akustikdecke 64, 95
Akustikelement 31, 93, 95
Alterungsprozess 37
Anisotropie 12, 35
Anprallschutz 130, 131
Anstrich 38, 95
Arbeitsplatzqualität 58, 103, 105, 133, 135, 153
Arbeitsumfeld 98, 153
Auflager 64
Ausfallbinder 131
Ausgleichsfeuchte 21
Aussteifung 27, 86

B
balloon frame 23
Bausperrholz 21, 35, 75
Baustoffprüfung 41
Beschichtungssystem 38
Betriebskosten 16
Bewitterung 38
Bindemittelgehalt 38
Binderform 27
Birke 164
Bläuebefall 38
Blockbauweise 19
Blower-Door-Messung 135, 137
Bohlenbauweise 19
Brandabschnitt 41
Brandausbreitung 41
Brandlast 102
Brandmeldeanlage 43, 52
Brandparallelerscheinung 41
Brandschutz 39, 41 ff., 59, 64, 84, 94, 95, 122, 131, 154, 161
Brandschutzabtrennung 131
Brandschutzbestimmungen 41
Brandschutzkonzept 42, 43, 94
Brandverhalten 41
Brandwand 41, 42
Brettlagenelement 24, 93, 95
Brettschichtholz 19, 20, 24, 27, 28, 29, 41, 57, 64, 75, 78, 81, 82, 86, 89, 91, 94, 99, 107, 122, 125, 128, 130, 131, 138, 156
Brettstapelbauweise 23, 62, 68
Brettstapeldecke 68 ff.
Buche 164
Bustechnik 149, 151

C
Chemikalien 14
Corporate Design 9, 16, 138, 145, 166
Corporate Identity 9, 122, 145, 166

D
Dachform 27, 30
Dachschale 28, 62 ff., 82
Dachscheibe 70, 78, 125
Dachtragwerk 29
Dachtypen 27
Dickschichtlasur 38
Diffusionswiderstandszahl 38
Douglasie / Douglas Fir 35, 75
Dreischichtholzplatte 78, 81, 164
Druckkraft 21, 125, 130
Dünnschichtlasur 38

E
Eiche 35
Eigenleistung 6
Energiekonzept 56, 102, 126, 133, 135
Energieoptimierung 103, 122
Energieverbrauch 103
Entkoppelung 19, 25
Entzündbarkeit 42, 94, 95
Erdbebensicherheit 14, 72, 84, 86,
Erle 164
Esche 164

F
Fachwerk 19, 94, 154
Fachwerkbauweise 19
Fachwerkträger 28, 29, 41, 91
Faltwerk 31
Farbgestaltung 62, 146, 153
Farbpsychologie 148
Fassade 35 ff., 107, 108, 122, 132, 133, 160
Feng Shui 144, 146, 153
Fertigungsablauf 126
Fertigungslogistik 122
Fertigungsoptimierung 128
Festkörperanteil 38
Feuchtigkeitsänderung 99
Feuereinwirkung 59
Feuerschutzmittel 42
Feuerwiderstand 94, 131
Feuerwiderstandsdauer 41 ff.
Feuerwiderstandsklasse 94, 156
Fichte 35, 38, 164
Fischbauchform 78
Flachdach 27, 28
Flächentragwerk 31, 84, 90
Flammschutzmittel 39
Flexibilität 14, 102
Fluchtweg 39
Furnierschichtholz 21, 27, 28, 36, 39, 76, 78, 81, 99, 125
Furnierstreifenholz 27, 28
Futterholz 20

G
Gebäudetechnik > s. Haustechnik
Geschossbau 21, 109
Grundierung 38, 131

H
Haftfähigkeit 38
Hausleittechnik 148, 151
Haustechnik 98, 121, 136, 148
Hohlkastenelement 24, 121, 156
Hohlkastenträger 24, 28, 154
Holzblocktafel 24
Holzmodul 24, 158
Holzrahmenbau 20, 22, 112, 125, 133, 135, 166
Holzrippen 84, 99
Holzschutz 14, 37
Holzschutzmittel 37, 109
Holzskelettbau 20, 21, 25, 66, 153, 155, 162, 164, 165
Holzständerbau 23, 120
Holzweichfaserplatte 93

I
Insektenbefall 37
Instandsetzung 39

K
Kaltbemessung 94, 95
Kastenträger 29
Kehlbalkendach 27
Keilzinken 86, 99
Kesseldruckverfahren 37, 42
Kiefer 38, 56, 59
Kippverband 125
Klimaschleuse 98
Kreuzbalken 28
Kunstharz 38
Kuppel 31, 62, 64, 86, 88, 89, 117

L
Lack 38, 101
Lärche 35, 39, 46, 49, 66, 76, 120, 146, 164
Lärmschutz 95
Lastabtragung 125, 130, 132
Lasur 38
Lebensdauer 37
Lehmputz 112
Lehrgerüst 64, 86, 89
Luftaustausch 105
Luftdichtigkeit 126
Luftqualität 105
Lüftung 49, 60, 105, 132, 136
Luftzirkulation 49, 60, 105

M
Massivholz 35
Massivholzplatte 35
Mediengerüst 126
Membrandach 56, 57, 118, 120, 121
Mischbauweise 46, 72, 99
Modulkonstruktion 158 ff.

N
Niedrigenergiebauweise 122

O

Oberlicht 101
Okoumé 46, 109, 160
Organik 114
OSB-Platte 21, 75, 125, 130

P

Pendelstütze 64, 120
Pfettendach 27
Pfosten-Riegel-Konstruktion 101, 133
Pigmentierung 38
Pilzbefall 37
platform frame 20
Pufferzone 56, 59
Pultdach 27, 31
Pyrolyse 41

R

Rahmenbauweise 20, 22
Rahmenecke 99, 125
Rauchdichte 41
Raumakustik 95
Raumklima 99, 126, 135, 137, 148, 152, 153
Raumluft 99, 105, 149, 151, 152
Raumzellenbauweise 23, 158 ff.
Rautenkonstruktion 31, 82, 84, 86, 89, 90, 93, 94, 95
Recycling 75, 101
Restquerschnitt 41
Rettungsweg 42
Rippen 84, 89
Rosttragwerk 20
Rundholzstütze 46, 50, 75, 78, 120

S

Satteldach 31
Schädlingsresistenz 37
Schalenkonstruktion 62, 64, 65
Schallschutz 35
Scheibenwirkung 93, 95
Schindel 35
Schutzanstrich 38 ff., 42
Schwelbrand 41
Schwinden 21

Setzung 21
Simulation 60, 81, 101, 102, 126, 131, 149
Skelettbauweise > s. Holzskelettbau
Solarenergie 103, 136
Spannweite 27, 89, 154
Spanplatte 21
Sparren 27
Sperrholz 21, 35, 57, 75, 112, 166
Sprinkleranlage 42, 94, 158, 160, 161
Stahlverbinder 84
Stützenachsraster 120

T

Tafelbau 21, 23
Tageslicht-Lenkung 151
Tonnenkonstruktion 31, 90, 91, 93
Trägerrost 91, 94
Tragfähigkeit 21, 27

U

Umweltbelastung 16
Ungezieferschutz 36
Unterkonstruktion 36
Unterspannung 89
UV-Strahlung 37, 38, 39

V

Vakuumdämmung 133
Verband 91, 99, 130
Verbindungstechnik 161
Verbundelement 101, 154
Vollholz 28, 107, 156
Vorfertigung 14, 161

W

Warmbemessung 94, 95
Wärmebereitstellungsgrad 135
Wärmedehnung 42
Wärmelast 105, 126
Wärmerückgewinnung 49, 126, 135 ff.

Wartung 14, 39
Wasserspeicher 46
Western Red Cedar 36, 107
Wetterbeanspruchung 38
Windverband 64, 65
Wirtschaftlichkeit 16, 121, 132
Witterungseinfluss 38
Witterungsschutz 154
Wohlbefinden 144

Z

Zollinger-Bauweise 82, 84
Zugband 64, 65
Zugkraft 161

Literaturverzeichnis

Ackermann, Kurt, *Industriebau*, Stuttgart 1984
Arbeitsgemeinschaft Holz e.V. (Hrsg.), *Wirtschaftsbauten aus Holz*,
  Düsseldorf 1987
  Entwurfsüberlegungen bei Holzbauten, Düsseldorf 1979
  Industrie- und Lagerhallen aus Holz, Düsseldorf 1979
  Industrie- und Gewerbebauten – Planungsgrundlagen,
  Düsseldorf 1993
  Feuerhemmende Holzbauteile, Düsseldorf 1994
  Grundlagen des Branaschutzes, Düsseldorf 1996
  Holzbauten bei chemisch-aggressiver Beanspruchung,
  Düsseldorf 1996
  Brandschutz im Holzbau – gebaute Beispiele, Düsseldorf 2001
  Industrie- und Gewerbebauten, Düsseldorf 2001
Arbeitsgemeinschaft Industriebau (Hrsg.), *Stahl, Glas und Membranen im Industriebau*, München 2003
Banz, Riecks (Hrsg.), *Solvis - Auf dem Weg zur Nullemissionsfabrik*,
Leinfelden 2002
Bund Deutscher Zimmermeister (Hrsg.),
Holzrahmenbau mehrgeschossig, Karlsruhe 1996
Bundesministerium für Verkehr, Bau- und Wohnungswesen (Hrsg.),
Leitfaden Nachhaltiges Bauen, Berlin 2001
Erhorn/Kluttig, *Energiesparpotentiale im Verwaltungsbau zur Reduzierung der CO2-Emissionen*, in: Gesundheits-Ingenieur, München 1996
Herzog, Thomas, *Holzbau Atlas*, Basel 2003
IndustrieBau, Zeitschrift, München
Lenze/Luig, *Gewerbebauten – Bauen für den Mittelstand*, Stuttgart 2003
Lignum, *Bauten für Industrie und Gewerbe*, Zürich 1985
  Gewerbliche und industrielle Bauten, Zürich 1988
  Gewerbehallen, Zürich 1991
  Zweckbauten, Zürich 1995
  Hallen: Produktion, Lager, Veranstaltungen, Zürich 1998
Lorenz, Peter, *Gewerbebau – Industriebau*, Leinfelden 1991
Öko-Zentrum NRW (Hrsg.), *Umweltverträglicher Industrie- und Gewerbebau*, Hamm 1997
  ProHolz (Hrsg.), *Brandverhalten von Holzkonstruktionen*, Wien 1990
Hallen im Industriebau, Wien 1991
Rockwool (Hrsg.), *Industriebaurichtlinie Handkommentar*, Gladbeck o.J.
Ruske, Wolfgang, *Holzskelettbau*, Stuttgart 1980
  Gute Industriearchitektur machen!, in: Baumarkt, Gütersloh 1983
  Structures en bois, Denges 1984
  Ausbau und Innenausbau im Detail, Kissing 1987
  Glas, Kissing 1988
  Holz-Glas-Architektur, Kissing 1988
  Industrie- und Gewerbebau – Holzarchitektur als Teil der Unternehmenskultur, in: DBZ, Gütersloh 1989
  Holzarchitektur als Teil der Unternehmenskultur, in: Holz-Zentralblatt, Leinfelden 1990
  Holzbau als Corporate-Design-Aufgabe, in: Baumarkt, Gütersloh 1993
  Zukunft Erde - Solarstrategie und Neues Holz-Zeitalter,
  Mönchengladbach 1995
  Praxissammlung Holzbau, Mönchengladbach 1996
  Holzbau heute, Mering 1999
  Ebene Flächentragwerke, in: Bauhandwerk, Gütersloh 2000
  Fassadenkonstruktionen, in: Bauzeitung, Berlin 2000
  Ökologie und Innovation im Holzbau, in: Deutsches Architektenblatt, Stuttgart 2000
  Sichere Ausführung von Holz-Glas-Fassaden, in: Bauhandwerk, Gütersloh 2001
  Das Neue Holzzeitalter, in: DBZ Themenheft Holzbau, Gütersloh 2001
  Brandschutz im Holzbau, in: IndustrieBau, München 2001
  Fachwerkträger und Raumtragwerke aus Holz, in: Bauhandwerk, Gütersloh 2001
  Innovationen für das Bauen mit Holz, in: Bundesbaublatt,
  Wiesbaden 2001
  Industrie- und Gewerbebauten, in: Holzbau Handbuch,
  Düsseldorf 2001
  Holzwerkstoffe, in: Mikado, Kissing 2002
  Bauen mit Nagelplattenkonstruktionen, in: Bauhandwerk,
  Gütersloh 2002
  Holzkonstruktionen für Industriehallen, in: IndustrieBau,
  München 2002
  Holzbaukultur, in: Mikado, Kissing 2002
  Distributionszentrum in Bobingen, in: IndustrieBau, München 2002
  Holzwerkstoffe als Fassadenbekleidung,
  in: Normgerechte Bauausführung im Zimmererhandwerk, Kissing 2002
  Hölzerne Dachtragwerke, in: Bauhandwerk, Gütersloh 2002
  Corporate Design, in: Holzbau Magazin, Leinfelden 2002
  Fassaden aus Holz, in: Holz-Zentralblatt, Leinfelden 2002
  Brandschutz im Holzbau, in: Bauhandwerk, Gütersloh 2002
  Das Werkhaus in Raubling, in: IndustrieBau, München 2002
  Moderne Holzarchitektur in Europa, in: Holz-Zentralblatt,
  Leinfelden 2003
  Gewerbe- und Verwaltungsbau: Unternehmer setzen weltweit auf Holz, in: Mikado, Kissing 2004
  Ökologisches und wirtschaftliches Bauen in der Praxis,
  Mönchengladbach 1996
Sommer, Degenhard (Hrsg.), *Industriebauten gestalten*, Wien 1989
Unternehmensgrün (Hrsg.), *Umweltverträglicher Industrie- und Gewerbebau*, München 1996
Wilkhahn (Hrsg.), *Der Wilkhahn*, Bad Münder 1988

Abbildungsverzeichnis

Abbadie, Hervé, Paris 47, 51
Acton Johnson Ostry, Vancouver 167
APA, Tacoma 15, 72, 75 o.
Baufritz, Erkheim 145, 146, 148, 149, 150, 151, 152
Braun, Heinz, Darmstadt 46 r.
Coelan, Coesfeld 36, 37
Derix, Niederkrüchten 28
Deutsche Amphibolin-Werke, Ober-Ramstadt 63, 64 l.
DGfH/EGH, München 32, 33
Dold, Buchenbach 38 r.
Ekler, Dezsö, Budapest 114, 115, 116, 117
Frahm, Klaus, Börnsen 83, 85, 86, 87
Fujitsuka, Mitsumasa/Helico, Tokio 52, 53
Gestering, Bremen 10 o.
Glunz, Hamm 12
Grau, Tobias, Rellingen 138, 139, 140, 141
Hellinger, Reinhold, Graz 43 o.
Herzog, Thomas 10 u.
Iida, Yoshihiko, Kanagawa 66, 67, 68, 69, 70, 71
Inauen, St. Gallen 155, 157
Kaufmann, Reuthe 39 o.
Kordina/Meyer-Ottens, München 43 u.
Kündig, Bickel, Zürich 158, 159, 161
Küttinger, München 13, 30

Leenders, Krefeld 14
Lignatur, Waldstatt 118, 119, 121
Lignotrend, Weilheim-Bannholz 31, 40, 42, 93 u.
Lux, Georgensmünd 41 l.
Meickl, Gerhard, Vettelschoß 24 r., 25 o.
Merk, Aichach 39 u.
Ortmeyer, Klemens / architekturphoto, Düsseldorf 122, 123, 127
Ravenstein, Klaus, Essen 99, 101, 103, 106, 107, 109, 111
Richters, Christian, Münster 18, 76, 77, 78, 80, 81, 129, 133, 134
Ronacher, Herwig, Hermagor 162, 163, 164, 165
Rubio, Cesar, San Francisco 112, 113
Ruske, Wolfgang, Mönchengladbach 16, 24 l., 25 m., 34, 38 l., m., 73, 75 m. 75 u.
Schmidt, Jürgen, Köln 91, 93 o., 94
Strenger, Osnabrück 17
SYNERGIE HOLZ-Bildarchiv, Mönchengladbach 11, 20, 21, 22, 23, 26, 29, 41 r.
Tessler, Martin, Vancouver
Wakely, David, San Francisco 55
Wetzel, Martin, St. Georgen 25 u.
Wilkhahn, Bad Münder 8, 10 o. l.
Wilson, Chris, Hobart 56, 57, 59, 61

Holzbau Atlas

Neu überarbeitete und aktualisierte Auflage

Thomas Herzog, Julius Natterer, Michael Volz

2003. 375 Seiten
180 Farb- und 640 sw-Abb. sowie
4000 Zeichnungen
23 x 29.7 cm
Gebunden mit Schutzumschlag
ISBN 3-7643-6984-1 deutsch
ISBN 3-7643-7025-4 englisch

KOMPLETT NEU ÜBERARBEITET UND AKTUALISIERT: DAS STANDARDWERK ZUR KONSTRUKTION MIT HOLZ UND HOLZWERKSTOFFEN.

Der neue Holzbau Atlas ist mit 820 Fotos und 4000 Zeichnungen das umfassende Nachschlagewerk zur Konstruktion mit Holz und Holzwerkstoffen.
Der völlig neu bearbeitete Grundlagenteil beinhaltet das gesamte Spektrum der Hölzer und modernen Holzwerkstoffe und berücksichtigt den Stand der neuen Normung. Neu integriert wurden ein eigenes Kapitel zum Thema Ökologie sowie die bauphysikalischen Grundlagen mit den Schwerpunkten Wärme- und Schallschutz und der Brandschutz im Holzbau.
Besonderer Raum wird im Bereich der Tragwerksplanung den neuen Verbindungsmitteln, aber auch Themen wie Transport und Montage gegeben.
Der systematisch gegliederte Beispielteil stellt in vielen Abbildungen und den typischen Detailzeichnungen 120 realisierte Lösungsvorschläge für unterschiedliche Tragwerke vor und dokumentiert an über 70 ausführlichen Beispielen die vielfältigen Konstruktionssysteme für Fassaden und Gebäudehüllen. Eine neue Grafik mit farbig angelegten Holzquerschnitten sorgt für gute Lesbarkeit und rasches Verständnis der ausführlich dokumentierten Konstruktionsweisen.

EIN KLASSIKER DER HOLZBAU-LITERATUR.

Holz ist heute als nachhaltiges Baumaterial von größerer Bedeutung denn je. Zahlreiche, international tätige Architekturbüros arbeiten mit diesem so traditionsreichen wie vielseitigen Baustoff.
Konrad Wachsmanns *Holzhausbau* aus dem Jahr 1931 wird deshalb in der heutigen Diskussion um den Holzbau immer wieder ins Gespräch gebracht. Wachsmann zeigt, welche neuen Formen als Folge der industriellen Fertigung des alten Baumaterials Holz möglich sind, wenn es nach «modernen» Konstruktionsprinzipien verarbeitet wird. In einem einführenden Text stellt er die drei grundsätzlich verschiedenen Baumethoden vor: Fachwerk-, Tafel- oder Platten- und Blockbauweise.
Der Hauptteil des Buches zeigt mit Planzeichnungen und Fotografien deren vielfältige Anwendungsmöglichkeiten an einer Vielzahl von Bauten, die von bedeutenden Architekten der Zeit stammen.
Ein Vorwort des Schweizer Holzarchitekten Christian Sumi stellt die bleibende Bedeutung des Buches für heutige Architekten dar. Christa und Michael Grüning verleihen dem Buch in einem Nachwort seinen biographischen und zeitgeschichtlichen Hintergrund.

Holzhausbau

**Technik und Gestaltung
Neuausgabe**

Konrad Wachsmann
Mit Beiträgen von Christa & Michael Grüning und Christian Sumi

1995. 172 Seiten
239 sw-Abb.
21 x 29.7 cm
Gebunden mit Schutzumschlag
ISBN 3-7643-5133-0 deutsch
ISBN 3-7643-5134-9 englisch

Für weitere Informationen besuchen Sie unsere Website
http://www.birkhauser.ch
oder schreiben Sie an
promotion@birkhauser.ch

Birkhäuser – Verlag für Architektur